高等职业教育园林园艺类专业规划教材

园林生态

主　编　武艳芍
副主编　高志英　柳玉晶
参　编　范玉龙　吴　瑾　曾国仕
　　　　杨永辉　张若晨　廖秉华

机械工业出版社

本教材以“实用、够用”为原则进行编写，主要包括园林生态概述、生态学基础知识、园林生态系统、园林植物与生态因子的关系、园林生态系统的物种流动、园林植物的生态配置与造景、园林生态系统的管理与调控、园林生态规划与设计、园林生态系统评价与可持续发展等九个项目。每个项目划分若干个任务，以任务为导向重点介绍相关内容。每项目最后都设置有习题，并根据需要还安排了实训项目，作为加强学生实践技能的训练。

本教材理论与实践相结合，可作为高职高专园林、农学、园艺、生物技术等各专业的教学和相关培训用书，也可作为有关专业的教师、学生和研究人员参考用书。

本书配有电子课件，凡使用本书作为教材的教师可登录机械工业出版社教育服务网 www. cmpedu. com 下载。咨询邮箱：cmpgaozhi@ sina. com。咨询电话：010-88379375。

图书在版编目（CIP）数据

园林生态／武艳芍主编．—北京：机械工业出版社，2018. 2
高等职业教育园林园艺类专业规划教材
ISBN 978-7-111-59044-6

Ⅰ. ①园…　Ⅱ. ①武…　Ⅲ. ①园林植物—植物生态学—高等职业教育—教材　Ⅳ. ①S688

中国版本图书馆 CIP 数据核字（2018）第 018893 号

机械工业出版社（北京市百万庄大街 22 号　邮政编码 100037）
策划编辑：王靖辉　责任编辑：王靖辉
责任校对：张　力　封面设计：马精明
责任印制：孙　炜
北京中兴印刷有限公司印刷
2018 年 3 月第 1 版第 1 次印刷
184mm×260mm · 13. 25 印张 · 321 千字
0001—1900 册
标准书号：ISBN 978-7-111- 59044-6
定价：35. 00 元

凡购本书，如有缺页、倒页、脱页，由本社发行部调换

电话服务
服务咨询热线：010-88379833
读者购书热线：010-88379649

网络服务
机 工 官 网：www. cmpbook. com
机 工 官 博：weibo. com/cmp1952
教育服务网：www. cmpedu. com
金 书 网：www. golden- book. com

前　言

本教材是针对新形势下高职高专教育人才培养目标和培养模式的要求，考虑到园林技术、风景园林、园林设计等园林类专业的教学特点而编写的，可以作为高等职业教育三年制和五年制园林类专业学生的教材，同时适当兼顾各地“专升本”考试对园林生态课程的基本要求，适当照顾相关工种“职业技能鉴定”对高级工理论基础知识的普遍要求。

本教材共设9个项目，编写者都是有多年教学实践并积累了丰富的教学经验的一线教师，在原有的园林生态教材基础上进行了较大创新，力求体现以下特色：

1. 以“实用、够用”为原则，以“就业”为导向，整合教材内容。本教材针对高职高专学生未来就业岗位多集中在中小企业这一现实，依据以“实用、够用”为原则整合教材内容，增强了教材的实用性和针对性。对高职学生职业岗位业务中涉及较多的园林植物的生态配置与造景、园林生态系统的管理与调控、园林生态规划与设计等应用性方面的知识进行了重点介绍；而对于职业岗位业务中涉及较少的园林植物与生态因子的关系、园林生态系统的物质流动、园林生态系统评价等理论性的内容则进行了适当删减或简化。

2. 突出教材的实用性，强化实践性教学内容。本教材的编写围绕培养高职高专学生技术应用能力这条主线来设计教材的知识点、能力要求和组织结构，突出能力培养。每个项目的正式内容前有一段“知识目标”和“能力目标”，提出本项目的主要内容、学习目的与要求、学习的难点与重点等内容，让学生明白该项目所讲授的主要内容。正式内容讲述结束后，给出一段“实例分析”，结合该项目和已经学过的内容，分析、讲解日常生活中的实例，提高学生分析问题和解决问题的能力。在理论知识的介绍方式上，避免了部分高职教材存在的专业术语过多、理论叙述枯燥、晦涩难懂的倾向，尽量采用通俗的语言。

本教材由武艳芍任主编。参加教材编写工作的有：山西运城农业职业技术学院武艳芍、南阳理工学院范玉龙（项目二、项目九），温州大学曾国仕（项目四），山西运城农业职业技术学院高志英（项目三、项目五），辽宁农业职业技术学院柳玉晶（项目八），平顶山学院廖秉华（项目一），宝鸡市渭滨园林局吴瑾、河南省农业科学院杨永辉（项目六），山西运城农业职业技术学院张若晨（项目七）。

由于编者的能力和水平有限，教材中难免存在欠妥和不足之处，诚恳地希望各位专家、同行和读者关注本教材，将问题所在、批评意见反馈给我们，以便及时修改和不断完善。来函请寄运城红旗东街46号山西运城农业职业技术学院武艳芍收，邮政编码044000；或发电子邮件至 nxyylst@163.com。

编　者

目　录

项目1　园林生态概述

知识目标

- 了解生态学的发展简史。
- 了解园林生态学的产生背景、基础知识及其重要的意义。
- 掌握园林生态学的研究内容与方法。
- 学习园林生态学与其他学科的关系，理解生态园林研究的内容。
- 了解生态学基础知识在园林中的重要意义，园林生态能解决园林植物与环境对应的问题。
- 理解园林生态的产生、发展及生态园林的内涵、原理与应用。
- 了解园林生态学研究内容及其分析方法。

能力目标

- 能够用园林生态学研究内容与方法解释园林生态系统中的内在规律。
- 能够初步形成生态园林的思维，并将此思想与多种学科相结合分析解释园林生态学中的现象及其规律性，提出一定的解决方案。
- 能够运用学过的知识点，正确分析、解答周边生活中常见的不同生态因子作用下园林植物动态变化的基本原理及存在问题。
- 能够初步形成生态园林的思维，并将此思想应用到园林植物配置中，以解释生物在自然界分布、生长发育等的规律。

任务1　生态学与园林生态学的产生背景

一、生态学发展简史

生态学的发展史大致可概括为三个阶段：建立前期、建立与成长期、发展期。

1. 生态学建立前期

生态学思想的萌芽时期从公元前 2 世纪 ~ 公元 16 世纪的欧洲文艺复兴开始[1]。然而，积累着生物习性和生态特征的有关生态学知识的原始人类在进行渔猎生活中，就认识到生态学的基础知识。直到今天，劳动人民依然依靠生态学的知识获得动、植物生活习性方面的知识，并将其应用于生产实践之中。我国的《诗经》中就记载着如“维鹊有巢，维鸠居之”，这说的是鸠巢寄生现象的一些动物之间的相互作用。《尔雅》一书中记载了 200 多种植物形态与其环境之间的生态关系。古希腊的安比杜列斯就观察到植物营养与环境的关系，而亚里士多德及其学生都描述了动植物的不同生态类型，例如，水栖和陆栖，食草、肉食、杂食等。

2. 生态学建立与成长期

从公元16世纪~1950年是生态学的建立与成长期。例如：1807年，提出植物群落、群落外貌等概念的德国植物学家Humboldt结合地理和气候因子描述了植物物种的分布规律；1859年，首创Ecology（生态学）一词的法国Saint Hilaire等开创了有机体及其环境之间关系的研究；1869年，首次提出生态学定义的Haeckel对许多生态现象开展了研究；1877年，德国的Mobius创立了“生物群落”的概念；1890年，Merriam提出了“生命带（life zone）假说”；1896年，Schroter定义了个体生态学（autoecology）和群体生态学（synecology）两个重要的生态学概念；1895年，丹麦哥本哈根大学的Warming撰写的《植物分布学》（1909年经作者本人改写，易名为《植物生态学》）和1898年德国波恩大学的Schimper撰写的《植物地理学》两部划时代著作，总结了19世纪末叶之前有关植物生态学的研究，为“作为一门生物科学的独立分支而诞生的植物生态学”树立了生态学发展史上的里程碑。

在动物生态学领域，众多科学家为动物生态学的建立和发展做出了巨大的贡献。例如：1913年，Adams出版了《动物生态学的研究指南》一书；1927年，Elton出版了《动物生态学》一书；1929—1939年期间，Schelford撰写了《实验室和野外生态学》和《生物生态学》两部著作；1931年，Chapman注重于昆虫方面的研究，并出版了《动物生态学》一书；1938年，Bodenheimer出版了《动物生态学问题》教科书；1937年，我国第一部动物生态学著作，费鸿年的《动物生态学纲要》正式出版；1945年，苏联生态学家Кашкаров完成并出版首部《动物生态学基础》；1949年，Allee、Emerson等合写的《动物生态学》原理的出版，动物生态学才被认为跨入了成熟期。

由此可见，植物生态学的研究大致比动物生态学要早近一个世纪，自19世纪初至今，植物生态学以植物群落学研究为主流，动物生态学则以种群生态学为主流。

在植物群落学研究方面，大致有4个学派平行发展：

（1）法瑞学派　以1928年法国的J. Braun-Blanquet出版的《植物社会学》和1922年瑞士的E. Rübel出版的《地植物学研究方法》为代表著作——“以特征种和区别种划分群落类型（即群丛），建立了严格的植被等级分类系统，完成了大量的植被图”，在各学派中影响深远。

（2）北欧学派　以1921年瑞典的Rietz写作完成的《近代社会学方法论基础》为代表著作——“以注重群落分析为特点”。北欧学派与法瑞学派在1935年合称为大陆学派。

（3）苏联学派　以1908年苏联的Сукачёв撰写的《植物群落学》和1945年出版的《生物地理群落学与植物群落学》为代表著作——“注重建群种与优势种的植被等级分类系统，主要重视植被生态与植被地理工作”。

（4）英美学派　以1916年美国的Clements写作完成的《植物的演替》、1923年英国的Tansley撰写的《实用植物生态学》、1929年Clements与Weaver合写的《植物生态学》为代表著作——“重点研究植物群落的演替和创建顶极学说”。

动物生态学在1960年以前的主流是动物种群生态学——主要是关于种群调节和种群增

长的数学模型研究；生物学派的代表人物有英国的 Lack 和澳大利亚的 Nicholson 等；而气候学派的代表是澳大利亚的 Birch、Andre-wartha 和 Milne 等。种群增长模型研究，有 1920 年 Pearl 提出 Verhulst（1838）的逻辑斯谛种群增长模型；1926 年，Lotka – Volterra 构建了竞争和捕食模型；1934 年，Gause 进行了实验种群的研究。此外，1960 年以前，植物的生理生态学、动物的生理生态学或实验生态学、动物群落学、动物行为学、湖泊学等方面也都发展的突飞猛进。

3. 现代生态学发展期

从 1960 年至今，是生态学蓬勃发展的时期。人类的经济和科学技术获得的高速发展，既给人类社会带来了幸福和科技进步，也给人类带来了生态环境健康问题、人口生态问题、资源生态问题。这些生态问题也是促进生态学快速发展的时代背景和实践基础，同时，近代的数学、物理、化学和工程技术在生态学上的应用，以电子计算机、高精度的分析测定技术、高分辨率的遥感仪器和地理信息系统等高精技术为生态学发展奠定了基础条件。现代生态学发展的主流如下：

1）生态系统生态学研究是生态学发展的主流。这个时期的代表性研究计划为：有 97 个国家参加的国际生物学计划（IBP，1964—1974）——包括陆地生产力、淡水生产力、海洋生产力、资源利用和管理等 7 个领域的生物科学研究的大计划，其核心是全球主要生态系统的结构、功能和生物生产力的重点研究。IBP 共出版了 35 本手册和一套全球主要生态系统丛书。之后，1972 年该计划被更具有实践意义的人与生物圈（MAB）计划所取代。Odum 的《生态学基础》提出了“以生态系统为骨干的体系”——主要以生态系统的特点为中心。1977 年，Harper 开起了《植物种群生态学》的研究局面——主要工作在于“研究动植物生态学的汇流”，从此，种群生态学成为生态系统研究的基础。

2）系统生态学的发展是系统分析和生态学的结合，进一步丰富了方法论。这个时期的代表性人物和著作为：1971 年，Patten 等发表的《生态学中的系统分析和模拟》；1975 年，Smith 提出的《生态学模型》；1983 年，Jorgenson 出版的《生态模型法原理》和 Odum 撰写的《系统生态学引论》等方面的主要专著——被称为生态学发展中的革命。

3）从 1970 年以来，群落生态学由描述群落结构发展到数量生态学，包括群落的排序和数量分类等内容，并深入探讨了群落结构形成的机理。这个时期的代表性人物和著作为：1984 年，Strong 等发表的《生态群落》；1987 年，Gee 等撰写的《群落的组织》；1988 年，Hastings 出版的《群落生态学》文集；1982 年，Tilman 发表的《资源竞争与植物群落》和《植物对策与植物群落的结构和动态》——“重点从植物资源竞争模型研究开始探讨群落结构理论”，从 1978—1990 年，Cohen 的《食物网和生态位空间》和《群落食物网：资料和理论》陆续出版；1982 年，Pimm 撰写的《食物网》著作——“主要研究食物网理论”；1986 年，Schoener 提出的《群落生态学的机理性研究：一种新还原论?》。

4）现代生态学向宏观和微观两极发展，虽然宏观的是主流，但微观的成就同样重大而不容忽视。这个时期的代表性人物和著作为：

① 在生理生态学方面的发展：1981 年，Townsend 和 Calow 等出版了《生理生态学：对资源利用的进化研究》，之后，1987 年 Calow 在英国生态学会的支持下创办了《功能生态学》新刊。1975 年，Lacher 撰写的《植物生理生态学》一书的出版奠定了植物生理生态学研究的基础。1986 年，有 20 余名专家针对生理生态学研究新方向提出了有机体生物学的多

学科综合实验研究。

② 在行为生态学方面的发展：在1951—1953年期间，德国的Lorens和Tinbergen发展了行为生态学，并且获得了诺贝尔奖。1975年，Wilson出版了《社会生物学：新的综合》著作——“主要研究社群行为”；1978年，Krebs撰写的《行为生态学引论》是行为生态学领域的第一本系统性的专著；1975年Alock发表的《动物的行为：进化研究》、1983年Barnard出版的《动物的行为：生态学和进化论》——重点从进化角度讨论动物的行为。

③ 在化学生态学方面的发展：1969年，Sondheimer发表的《化学生态学》；1979年，Barbier撰写的《化学生态学引论》；1988年，Harborne出版的《生态生物化学引论》和1984年Bell等完成的《昆虫化学生态学》为主要的代表著作。其核心内容指出“种间和种内斗争，都会依赖于化学物质，它也是群落和生态系统的基础”。

④ 在进化生态学方面的发展：1972年，Orian提出了进化生态学的概念，即“生态学、行为学和进化论相结合，形成了进化生态学”，之后，1974年的Pianka、1973年的Emlen、1984年的Shorrocks和1977年的前苏联学者Shvarts所著的专著都以《进化生态学》或类似书名出版；1983年，Futuyma编著了《协同进化》一书。

5）应用生态学的迅速发展是20世纪70年代以来的另一重要趋势，其方向之多、涉及领域和部门之广，与其他自然科学和社会科学结合点之多，使人感到难以划定范围和界限。生态学与环境问题研究之间的相互结合，是1970年之后应用生态学最重要的里程碑，包括了污染生态学、保护生态学、生态毒理学、生物监察、生态系统的恢复和重建、生物多样性的保护等研究方向。

这个时期的代表性人物和著作为：

① 在环境生态学方面的发展：1981年，Anderson发表的《环境科学用的生态学》；1980年，Park撰写的《生态学与环境管理》；1986年，Polunin编写的《生态系统的理论与应用》；1980年，IUCN出版的《世界保护对策：生物资源保护与持续发展》等。

② 在经济生态学方面的发展：1981年，Clark出版的《生物经济学》提出“生态学与经济学相结合，产生了经济生态学”，主要研究各类生态系统、种群、群落、生物圈的过程与经济过程相互作用方式、调节机制及其经济价值。

③ 在生态工程学方面的发展：1989年，Mitsch等出版的《生态工程》一书，重点阐述了生态工程的内涵“是根据生态系统中物种共生、物质循环再生等原理设计的分层多级利用的生产工艺”。

④ 在人类生态学方面的发展：从1973年的Ehrlich、1974年的Sargent、1976年的Smith，1981年的Clapham先后以《人类生态系统》或相似书名发表了大量著作。1989年，苏联的马尔科夫出版了《社会生态学》一书。

此外，农业生态学、城市生态学、渔业生态学、放射生态学等都是生态学应用的重要领域。

6）与应用领域密切相关、从研究层次又更为宏观的景观生态学和全球生态学是近一二十年发展起来的新方向。这个时期的代表性人物和著作为：1983年，Naveh发表了《景观生态学：理论和应用》；1986年，Forman等撰写了《景观生态学》；1988年，Lovelock编写了《盖阿时代》；1989年，Rambler出版了《全球生态学：走向生物圈科学》。与全球性的环境问题和全球性变化有关的“生物圈生态学”；全球生态学的主要理论以“盖阿假说”为

主——“地球表面的温度和化学组成是受地球这个行星的生物总体的生命活动所主动调节的，并且，保持着动态的平衡状态”。

4. 生态学的定义

生态学（Ecology）是研究生物与环境之间相互关系及其作用机理的科学。这个时期的代表性人物和著作为：

1866年，德国动物学家赫克尔把生态学定义为“研究动物与其有机及无机环境之间相互关系的科学”，特别是动物与其他生物之间生态环境的有益和有害关系。1935年，英国的一位学者提出了生态系统的概念之后，美国的一位年轻学者对湖泊生态系统详细考察之后，提出了生态金字塔能量转换的“十分之一定律”，成为现代生态学发展的里程碑。

由此可见，生态学成为一门有自己的研究对象、任务和方法的比较完整和独立的学科。

5. 生态学研究的对象

生态学研究的对象随着生态学的发展不断演变，并且，它所研究的是当前人类亟待解决的与人类生存密切相关的环境问题；其研究领域从微观到宏观，即“分子—基因—细胞—个体—种群—群落—生态系统—景观—全球生物圈”都是生态学的研究对象。微观上，生态学已进入分子生态学的研究领域；宏观上，从生态系统生态学直至全球生态学。尽管近代生态学向宏观和微观两个方向发展，但无论小到分子层次，大到全球层次，生态学家都置身于生物与环境和生物与生物之间相互作用的研究。

二、园林生态学的产生背景

近年来，随着人类社会科学技术的高速发展，生产力的快速提高，生态学逐步进入了实践及建设领域之中，并且得到了全社会的广泛关注，如城市生态规划与设计、生态农业建设与改革、生态工艺和园艺、生态养殖等，尤其是应用生态学原理解决城市规划与建设中的城市生态环境问题，因此，促使园林学和生态学之间多学科的紧密结合，产生了一门新兴的学科——园林生态学。

园林生态学为生态学的一门新的分支学科——涉及了多个学科的内容，包括景观生态学、植被生态学、生态系统生态学、城市生态学、人居环境科学等多个学科；其研究对象包括城市居民、动物、植物、微生物及其周围环境；其研究目的是以健康的城市人居环境为最终目标；其研究方法是利用生态学的原理调控城市中的人、生物与环境之间的关系，实现城市资源的合理使用与可持续性发展，最终实现改善城市环境的奋斗目标。

由此可见，园林生态学可以概括为是研究城市中的人工植被下生物多样性与人类生活环境之间相互关系的科学。

任务2　园林生态学的产生

园林生态学是生态学的一门新的分支学科，是研究城市中的人工植被下生物多样性与人类生活环境之间相互关系的科学；其产生的背景具有十分深远的影响和意义。

一、西方国家园林生态学的产生背景

近100多年来，许多学者为建设可持续发展的人居环境，实现城市与乡村、建筑空间与

自然空间协调发展，进行了大量园林生态学的实践与探索，并且，提出了许多规划思想、学说和建设模式，其中，赫赫有名的理论基础是霍华德的城市理论——“认为应该把积极的城市生活的一切优点与乡村的美丽和一切福利结合在一起”。之后，直至20世纪末，一些西方发达国家兴起了“绿色城市运动”，把保护城市公园和城市绿地的活动扩大到了保护自然生态环境的区域范围之内，并且融入了生态学、社会学原理与城市规划、园林绿化于一体，形成了一系列新的理论和方法。

根据生态学的原理，生态园林把自然生态系统转化为高于自然的新型人工生态园林系统。园林生态的核心目的是把环境保护与园林绿化统一起来、把美学特征与植物习性联系起来，运用丰富的植物资源，建造人工园林生态系统，不但使其在物质环境中满足城市居民的心理、生理和精神方面的需要，而且，在保护环境方面发挥积极的作用；同时，通过园林植物与环境之间正常的能量、物质和信息的相互交换，实现一个具有一定结构、功能和自我调节能力的园林生态系统，为人们提供一个更加接近自然的城市景观，最终起到提高环境质量、改善环境条件、维护生态平衡、发挥更大生态效益与社会效益的作用。1920 年以后，西方国家提出了生态园林的概念，“以保护自然景点为出发点，与风景园林有着密切的联系，把自然景观的生态群落平移到园林设计中的生态化园林”。1930 年前后，荷兰生物学家蒂济和园林艺师普克斯按照造园师斯普令格的设计在海尔勒姆 $2hm^2$的土地上创造了一座以自然景观为主的园林——其主体为林地、池塘、沼泽地、欧石楠丛生的荒野、沙丘景观和混生着阿刺柏野草的各类植物的园林设计。1940 年前后，丹麦的詹森和莱特在伊利诺伊州的春天城建造了草原风格的林肯纪念园，在伊利诺伊湖畔 $24hm^2$的农田上布置了一大片湖边大草地的自然景观。此外，布罗尔斯在阿姆斯特丹以南的阿姆斯迪尔维恩建造了一个 $2hm^2$的生态公园，后来发展为一系列的林间空地，每个都形成了一幅美丽的风景画，水边一片宽阔的地带上交错分布着种类繁多的植物群落所组成的不同的生态系统和近自然景观的大综合。

由此可见，西方国家出现的“生态园林”一般从植物生态学的角度出发，在植物配置和地形、水体创造等方面尽量模仿自然景观——植物的自然群落和它们的自然生境，试图实现园林植物自发地发展为自然园林生态系统的设计理念。

二、我国园林生态学的产生背景

我国园林生态概念于 1980 年之后才建立理论基础——“在于提倡具有生态效益的园林绿化”。1994 年，《城市园林生态学》介绍了城市环境因子与园林植物的生态关系，城市生态系统及园林生态系统的组成、结构及其功能，城市园林生态系统的效益，以及城市生态平衡与园林绿化的关系等。1997 年，我国的李嘉乐发表了《园林生态学拟议》一文，明确提出了“园林生态学应以人类学为基础，融合景观学、景观生态学、植物学和城市生态系统等理论，研究在风景园林和城市绿化可能影响的范围内人类生活、资源利用和环境质量三者之间的关系及调节途径”等园林生态的基本概念和学科框架。

2001 年，冷平生等出版大学教材《园林生态学》，标志着园林生态学作为一门独立学科登入了科学殿堂；书中明确指出园林生态学是为人类服务的应用型生态学科，其未来的发展必须以人类生态学为基础，城市生态学、景观生态学和园林生态学为主要的理论支撑；其设计方法应该作为一项生态工程进行设计，这才是发展园林生态学的立足点和研究基础；其研

究内容主要体现在：园林在可能影响的范围内的人类生活、资源使用、环境质量和美观四者之间的关系及调节途径。

任务3 园林生态学的研究内容与方法

目前，随着城市化进程中人与人之间的物质、能量供给之间矛盾的加剧，城市居民面临的主要园林生态问题同居民自身的生产和生活环境密切相关，尤其是一系列的矛盾导致城市的人居环境与城市生态系统之间的联系出现生态失衡的现象。伴随着人们对居民和城市相互关系的深刻认识，研究城市居民与城市发展的协调可持续发展，促进了园林生态学的产生。

一、园林生态学的研究内容

园林生态学的研究内容主要体现在景观水平、生态系统水平、群落水平、种群水平上，了解园林生态首先应该从植物种群所处的环境要素出发，介绍植物种群与环境之间的相互联系，重点阐明与园林生态环境密切相关的各主要生态因子的基本特征，包括光、热、水、土、气等，以及它们对园林植物个体生长发育的影响和控制，在此基础上引入种群、群落、生态系统和景观等概念。然后，介绍园林生态系统的发展现状，园林生态研究的对象。最后，提出园林生态学未来发展的趋势。例如：现代园林生态学经济的发展，将现代科技成果与传统经济技术精华相结合，创造出具有生态合理性、功能良性循环的现代经济发展模式；基于现代信息技术背景之下的园林生态学科的发展，即现代园林生态信息的高速化、同步化与多元化，进而构建大型的湿地公园、绿色风景旅游区、现代野生动物园、观光农业生态游览区、生态绿化广场等新兴园林空间；同时，培养一大批懂得园林生态中植物配置与利用等方面的知识的专业人才。

二、园林生态学的研究方法

园林生态学的研究方法，应该构建在实践与理论相结合的知识体系的基础之上，不仅具有丰富的理论研究基础（园林生态学是不同研究层次上，景观生态学、生态系统生态学、群落生态学、种群生态学、个体生态学、植物生理学等众多学科交叉性极强的应用型学科），而且需要专业人才在一些主要城市进行园林生态的实践（涉及城市生态学、环境科学、气象学、土壤学、园艺学、林学、花卉学、人居环境科学、生态规划与设计的知识），针对不同城市的特点建立风景区、观光区等，使得实践与理论有机地结合在一起，最终确立园林生态研究与实践的有效途径。

任务4 园林生态学与其他学科的关系

一、园林生态学与基础生态学和人类学

园林生态学是生态学的一个分支学科，是在基础生态学的研究上发展起来的，属于生态学的一个特有的边缘学科；但是，需要清醒地认识到：无论是生态学还是园林生态学，都是

为人类服务的自然科学，是研究人与自然环境相互联系的内在统一，是人们对自然生态系统和人工生态系统的再认识、再利用和再改造过程中发展起来的生命力极强的新兴学科。

二、园林生态学与植物生态学

园林生态学的发展离不开园林植物，作为园林景观四要素之一的园林植物，是园林景观和谐统一的主体，离开园林植物的生态系统也就不是园林景观生态系统了。园林生态学是园林城市景观的一个新的发展理念，尤其是植物生态学的介入，使得园林景观的研究蓬勃迅速地发展起来。

三、园林生态学与景观生态学

景观生态学是研究在一定地理区域内各个生态系统之间相互关系的科学，包括景观的结构和空间分布格局、景观的功能特性与区域环境间的动态关系。景观是由相互作用的嵌块体以类似形式重复出来的复合生态系统，是具有高度空间共同性的区域。景观生态学在园林中的应用，是从植物的群体角度出发，研究园林景观与周围生境相互作用的科学。园林生态学是介于植物生态学和景观生态学两个学科之间的新兴学科，它的快速发展不但离不开景观生态学的支撑在研究手段方面的贡献，而且景观生态学将为园林生态学的发展，提供更加广泛的应用天地。从研究的侧重点来看，两个学科均强调了景观的生态效应，但是，园林生态学更强调“和谐统一的艺术”景观。同时，两个学科的研究对象也有差异，园林生态学只是景观的一种类型，它是根据区域的特点，利用原有的地形、地貌、水文、气候、土壤、植物和动物，加上人的不同喜好，形成的一种人工景观；然而，景观生态学需要解答一系列诸如景观异质性与生物多样性之间的动态关系、不同时间尺度上景观多样性的动态机制、不同干扰梯度上景观异质性的动态机理等较深层次的理论和实践问题。

四、园林生态学与城市生态学

城市生态学作为生态学的分支，研究城市生态系统的形态结构之外的各组分之间的关系，以及各个组分之间的能量流、物质流、信息流、生态流的动态，通过城市居民的活动形成的格局及其动态过程。换句话说，城市发展中的环境科学以及城市与区域的相互作用，是人居环境的外在表现形式与生物圈相互协调和谐发展的统一；同时，城市生态学是用以指导城市生态研究者认识城市与环境相互作用具体机理的科学。然而，园林生态学是把园林的艺术性与欣赏性和生态效应与生态学原理相结合起来的科学，换句话说，它是生态园林所构建的生态系统，必须满足城市园林的生态目标，必须具有健康、稳定和可持续的生态特征。

五、园林生态学与土壤学和气象学

土壤是园林植物赖以生存的重要自然资源，环境的恶化导致地球上的土壤流失迅速、可利用的土壤资源逐年减少，这就要求园林城市中人们以土壤学的观点保护城市的土壤安全；此外，土壤是城市中园林植物生存的基础条件，因此，在城市生态系统中进行土壤学的研究是园林生态学发展的必由之路。园林城市的发展依然离不开气象学的知识，不同的气象导致

不同园林的生态环境，一个更具有魅力的生态环境的建立，需要气象学在园林城市中的应用和发展。因此，园林生态学的研究与土壤学和气象学的深入研究联系紧密。

由此可见，园林生态学是一门新型的边缘性学科，随着科学技术的高速发展，人类生态意识的提高，与园林生态学相关联的学科也会随之不断扩展，这有待更多的科研工作者进行长期的研究、理念的创新和坚持不懈的实践应用。

任务5　生态园林概述

近年来，工业化的迅速发展和城市化进程的高速推进，给城市生态安全带来了巨大的生态环境危机，面对这一严峻的现实，人们清醒地认识到：在城市生态系统中，仿造自然的生态环境，以谋求优良的生存空间，通过园林绿化和植被优化与设计等手段，利用对城市生态环境具有巨大影响力的有利因素和不利因素，从国土整治、促进生态平衡的政治理念，全面改善城市生态系统中的园林绿化环境。

一、生态园林的内涵

从生态园林的产生和表达可以看出，生态园林应包含以下三个方面的内涵：

1. 具有观赏性和艺术美

生态园林体现在构建一个能够美化环境、创造宜人的自然景观，为城市人居环境提供游览、休息的娱乐场所。

2. 具有改善环境的生态作用

生态园林体现在通过植物的光合、蒸腾、吸收和吸附等植物生理生态特性，调节城市区域的小气候环境，防治风沙，降低粉尘，减轻噪声，吸收并净化生态环境中的有害物质，净化空气、水体、土壤的污染物，维护良好的生态环境健康，提高生态安全保障措施。

3. 依靠科学的配置

生态园林体现在建立具备合理的时间结构、空间结构和营养结构的人工植被生态系统，为城市居民提供一个赖以生存的良性生态循环的人居环境。

二、生态园林研究的理论基础

生态园林主要是以生态学原理为指导构建的园林绿地系统，并且在此生态系统中，构建由乔木、灌木、草本、藤本植物组成的植物群落，植物种群间相互协调，有复合的层次和相宜的季相颜色的变化，具有不同生态特征的植物能够各得其所，充分利用光、热、水、土、气等，构成一个和谐共生、稳定演替的植物群落，它是城市园林绿化工程的体现，是物质和精神文明发展的必由之路。

生态园林是在继承和发展传统园林的基础上，遵循生态学的原理，建设多层次、多结构、多功能、跨学科的植物群落生态系统，建立一个居民与其他生物（植物、动物、微生物）相联系的新体系，达到生态美、科学美、文化美和艺术美的统一。同时，应用系统工程学的理论与方法，发展园林建设，使生态、经济、社会效益同步发展，实现稳步的良性循环，创造优美、和谐、生态、可持续发展的人居环境。

知识归纳

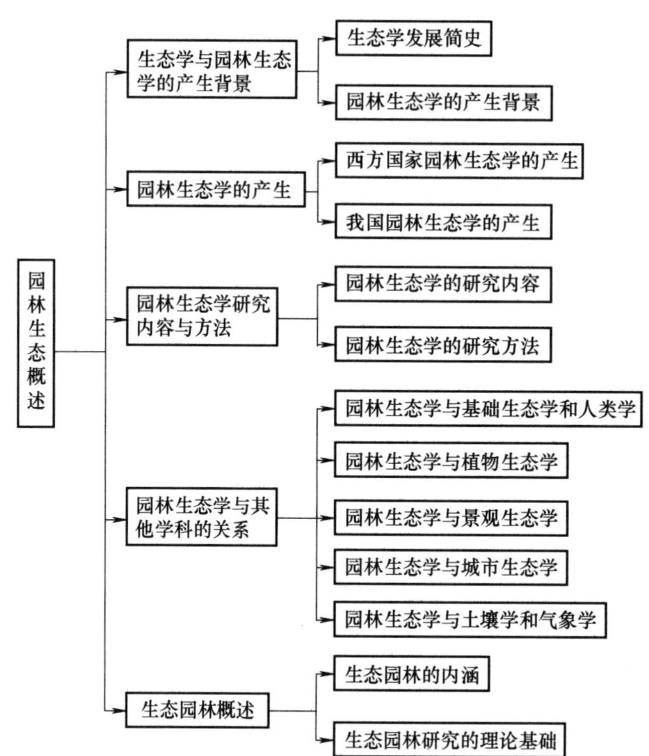

习题

简答题

1. 什么是园林生态学，它研究的对象是什么？
2. 简述生态园林的内涵。

项目2 生态学基础知识

知识目标

- 了解植物种群增长、生态对策和种内与种间关系。
- 了解群落一般结构特征、动态演替规律、分类和分布特点及生物多样性。
- 掌握生态因子的特点和变化规律。
- 掌握生态学的一般规律，并能将其运用到园林规划中。

能力目标

- 能模仿自然生态系统的物质循环、能量流动规律来设计园林，以尽量小的能耗来解决园林设计过程中的各种环境问题。
- 能运用群落生态学知识合理配置园林植物物种，特别是合理的时间结构、空间结构和营养结构。
- 能运用生态学知识，将园林设计与当地自然生态环境和经济发展相协调，做到因地制宜，将园林改善生态环境的作用与观赏、宜居有机结合。

人类社会飞速发展，不断地扩张生存空间，不可避免地过度攫取自然资源。人们日益增长的物质需求同自然环境的承载力间的矛盾已经十分尖锐。特别在城镇，人均享有的绿地面积非常有限，且这些绿地主要通过园林绿化来实现。所以，如何在紧张的城镇用地上设计既符合自然生态规律又满足人类审美需要的园林景观就显得非常迫切和重要。生态学正是研究生物与环境之间相互关系的科学，可以为园林绿化提供理论依据和技术支持。而园林设计只有符合生态规律，才能发挥应有的作用。

任务1 生态学概述

生态学（Ecology）是研究生物与环境之间相互关系及其作用机理的科学。它重点研究生物与环境、生物与生物之间的相互关系、相互作用和相互影响。研究的主体是环境和环境中的生物。

生态学相对于其他学科，算是一门年轻的学科，特别是近年一些理论的提出，一些新研究方法的产生，使生态学得到了系统、全面的发展。生态学一词源于希腊语词根 Oekologie，原意是指研究“住房、住处、栖息地”环境的科学，1866 年德国生物学家赫克尔首次给出了生态学定义，认为生态学是研究生物及其环境相互关系的科学。这是至今都在引用的生态学经典定义。它是有自己的研究对象、任务和方法的比较完整和独立的学科。它们的研究方法经过描述—实验—物质定量三个过程。1935年英国生态学家坦斯利提出了生态系统理论，认为生物及其生存的环境相互作用构成一个有机的整体，为生态学进入系统研究提供了理论基础。20世纪50年代，奥德姆系统阐述了生物与环境的关系，阐述了生态系统的组成、结构（个体、种群、群落等不同层次生命体系的生态学规律）、功能（物质循环、能量流动、信息传递），生态系统的调控、理论应用及研究方法。

整体上，可以这样来理解生态学：任何生物的生存都不是孤立的；同种个体之间有互助有竞争；植物、动物、微生物之间也存在复杂的相生相克关系。人类为满足自身的需要，不断改造环境，环境反过来又影响人类。

图2-1 阿波罗所拍摄的地球全景图

随着人类登上月球，宇航员拍摄了第一张地球全景照片（图2-1），环境意识开始在世界范围内掀起，直到现在，人类还不曾在浩瀚的宇宙发现一颗与地球类似的星球。人类赖以生存的地球在太空中显得非常孤单和脆弱。而在地球上，在改造自然的活动中，人类自觉或不自觉地做了很多违背自然规律的事，既破坏了自然环境，又损害了自身利益。例如，对某些自然资源的长期滥伐、滥捕、滥采造成资源短缺和枯竭，大量的工业污染直接危害人类自身健康等，这些都是人与环境相互作用的结果，是大自然受破坏后对人类造成的不良后果。

任务2　系　　统

一、系统的概念与特征

1. 系统的概念

系统泛指由一群有关联的个体组成，根据预先编排好的规则工作，能完成个别元件不能单独完成的工作的群体。

系统是一些部件为了某种目的而有机地结合的一个整体，就其本质而言，它是一定环境中一类为达到某种目的而相互联系、相互作用的事物有机集合体。系统是由两个以上互相联系、互相作用的要素或部分组成的、具有特定结构和功能的有机整体。系统一词原意是指由部分组成的整体（集合体）。系统的概念可以是抽象的，也可以是实际的。一个抽象的系统可以是相关的概念或思维结构的有序组合，如卡尔·马克思所创立的共产主义思想体系，凯恩斯所创立的凯恩斯经济学派等。而一个实际系统是为完成一个目标而共同工作的一组元素的有机组合。上至一个国家，下至一个单位、一个家庭及一个人内部的血液循环都是系统。系统分为自然系统和人为系统两大类。人为系统，如生活中的系统（电子系统和社会系统等）；自然系统又有生态系统、大气系统和水循环系统等。

可以从以下三个方面理解系统的概念：

1）系统是由若干要素（部分）组成的。这些要素可能是一些个体、元件、零件，也可能其本身就是一个系统（或称为子系统）。如运算器、控制器、存储器、输入/输出设备组

成了计算机的硬件系统，而硬件系统又是计算机系统的一个子系统。

2）系统有一定的结构。一个系统是其构成要素的集合，这些要素相互联系、相互制约。系统内部各要素之间相对稳定的联系方式、组织秩序及失控关系的内在表现形式，就是系统的结构。例如：钟表是由齿轮、发条、指针等零部件按一定的方式装配而成的，但一堆齿轮、发条、指针随意放在一起却不能构成钟表；人体由各个器官组成，单个各器官简单拼凑在一起不能成为一个有行为能力的人。

3）系统有一定的功能，或者说系统要有一定的目的性。系统的功能是指系统与外部环境相互联系和相互作用中表现出来的性质、能力和功能。例如，信息系统的功能是进行信息的搜集、传递、储存、加工、维护和使用，辅助决策者进行决策，帮助企业实现目标。

系统有以下四个方面的特性见表 2-1。

表 2-1　系统特性统计

整体性	一个系统要由多个要素组成，所有要素的集合构成了一个有机的整体。在这个整体中，各个要素不但有着自己的目标，而且为实现整体的目标充当着必要的角色，缺一不可
目的性	任何一个系统的发生和发展都具有很强的目的性。这种目的性在某些系统中又体现出多重性。目的是一个系统的主导，它决定着系统要素的组成和结构
关联性	即一个系统中各要素间存在显赫密切的联系，这种联系决定了整个系统的机制。这种联系在一定时间内处于相对稳定的状态，但随着系统目标的改变以及环境的发展，系统也会发生相应的变更
层次性	一个系统必然地被包含在一个更大的系统内，这个更大的系统常被称为“环境”，一个系统内部的要素本身也可能是一个个很小的系统，这些小系统常被称为这个系统的“子系统（Subsystem）”，由此形成了系统的层次性

2. 生物系统

生物的组织水平是现代生态学最好的划分方式（图 2-2），把生物按基因到群落再到生物圈可以划分为多个层次，各组织层次和物理环境（物质和能量）相互作用形成特定的功能系统。系统是指各组分相互作用、相互依赖形成的统一体，系统中包含生物成分和非生物成分，从而构成生物系统，其范畴从基因系统延伸到生态系统层次（图 2-3）。

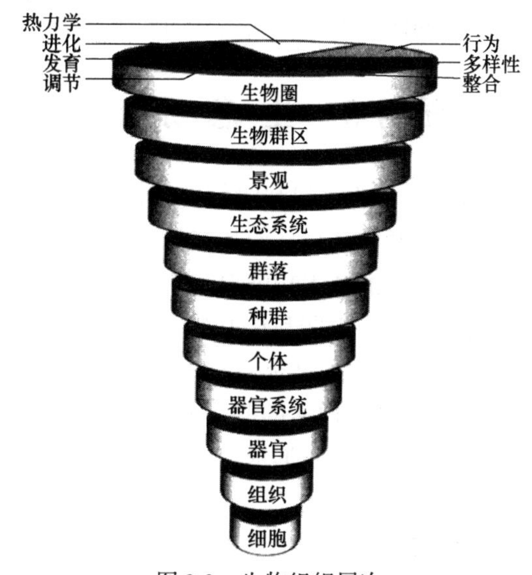

图 2-2　生物组织层次

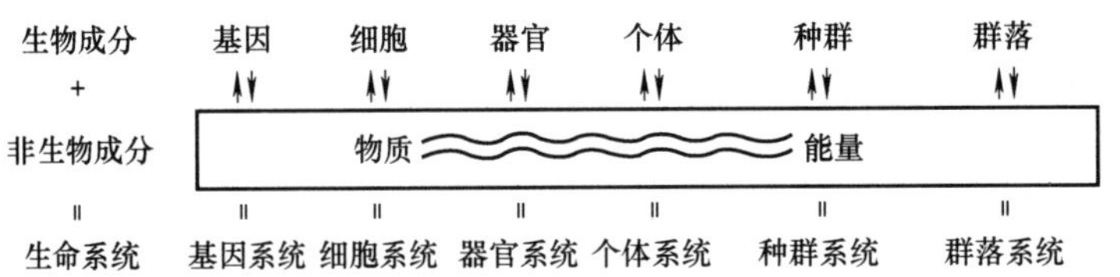

图 2-3　生物系统层次

二、系统的结构特点

系统结构，是指系统内部各组成要素之间的相互联系、相互作用的方式或秩序，即各要素在时间或空间上排列和组合的具体形式。

1）系统结构的基本特点：稳定性、层次性、开放性、相对性。

2）元素：从最基本的意义上来说，系统是由相互关联的元素构成的。元素是指从研究系统的目的来看不需要再加以分解和追究其内部构造的基本成分。例如，一家航空公司拥有飞机、工作人员和各种设备，这些便是航空公司系统中的元素。

3）大型系统与子系统：有些系统，特别是大型系统，为了便于研究，可以分解成若干个子系统。子系统在大系统的活动中起一个元素的作用，但是在需要考察子系统的构造时，又可将它分解为更小的子系统，例如，一个国家是个大系统，它由政治子系统、经济子系统、文化教育子系统、国家安全子系统等组成。而这些子系统又分别由若干个更小的子系统组成，如经济子系统由工业、农业、商业、交通运输等子系统组成。元素—子系统—系统，这种表达系统层次构造的方式具有一定的相对性，这种分解不是唯一的。

4）元素与子系统的关联性：元素与子系统之间的相互关联（作用、影响、关系等）是系统结构的另一内容。两个不同的系统可以由彼此完全相同的元素集合构成，但元素间有着不同的关联。例如，一个电感线圈和一个电容器可以不同的关联方式（如串联、并联）而构成串联谐振系统或并联谐振系统。因此，两个具有不同结构的系统，既可能是元素互不相同的两个系统，也可能是元素相同而元素间关联不同的两个系统。

任务3　生态系统

生态系统（Ecosystem）是在一定的空间和时间范围内，在各种生物之间以及生物群落与其无机环境之间，通过能量流动和物质循环而相互作用的一个统一整体。生态系统是生物与环境之间进行能量转换和物质循环的基本功能单位。

生态系统的概念是由英国生态学家坦斯利在1935年提出来的，他认为，“生态系统的基本概念是物理学上使用的‘系统’整体。这个系统不仅包括有机复合体，而且包括形成环境的整个物理因子复合体”。“我们对生物体的基本看法是，必须从根本上认识到，有机体不能与它们的环境分开，而是与它们的环境形成一个自然系统。”“这种系统是地球表面上自然界的基本单位，它们有各种大小和种类。”生态系统的范围可大可小，相互交错，最大的生态系统是生物圈；最为复杂的生态系统是热带雨林生态系统，人类主要生活在以城市和农田为主的人工生态系统中。

生态系统是开放系统，为了维系自身的稳定，生态系统需要不断输入能量，否则就有崩溃的危险。许多基础物质在生态系统中不断循环，如碳循环与全球温室效应密切相关，生态系统是生态学领域的一个主要结构和功能单位，属于生态学研究的最高层次。

一、生态系统的组成要素与作用

生态系统的组成成分：非生物的物质和能量、生产者、消费者、分解者（图2-4）。其中生产者为主要成分。无机环境是一个生态系统的基础，其条件的好坏直接决定生态系统的复杂程度和其中生物群落的丰富度；生物群落反作用于无机环境，生物群落在生态系统中既在适应环境，也在改变着周边环境的面貌，各种基础物质将生物群落与无机环境紧密联系在一起，而生物群落的初生演替甚至可以把一片荒凉的裸地变为水草丰美的绿洲。生态系统各个成分的紧密联系，使生态系统成为具有一定功能的有机整体。

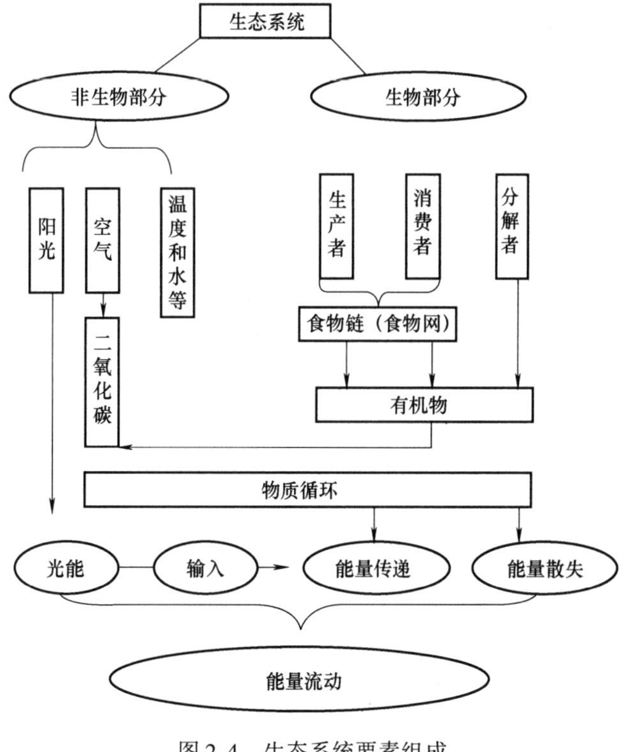

图2-4　生态系统要素组成

也可以这样理解，生态系统的组成成分为“无机环境”和“生物群落”两部分（非生物部分和生物部分）。

1. 无机环境

无机环境是生态系统的非生物组成部分，包含阳光以及其他所有构成生态系统的基础物质：水、无机盐、空气、有机质、岩石等。

2. 生物群落

生产者（Producer）在生物学分类上主要是各种绿色植物，也包括化能合成细菌与光合细菌，它们都是自养生物，植物与光合细菌利用太阳能进行光合作用合成有机物，化能合成细菌利用某些物质氧化还原反应释放的能量合成有机物，例如，硝化细菌通过将氨氧化为硝酸盐的方式利用化学能合成有机物。

生产者在生物群落中起基础性作用，它们将无机环境中的能量同化，同化量就是输入生态系统的总能量，维系着整个生态系统的稳定，其中，各种绿色植物还能为各种生物提供栖息、繁殖的场所。生产者是生态系统的主要成分。生产者是连接无机环境和生物群落的桥梁。

分解者（Decomposer）又称“还原者”，它们是一类异养生物，以各种细菌和真菌为主，也包含屎壳郎、蚯蚓等腐生动物。分解者可以将生态系统中的各种无生命的复杂有机质（尸体、粪便等）分解成水、二氧化碳、铵盐等可以被生产者重新利用的物质，完成物质的循环，因此分解者、生产者与无机环境就可以构成一个简单的生态系统。分解者是生态系统的必要成分。分解者是连接生物群落和无机环境的桥梁。

消费者（Consumer）是指依靠摄取其他生物为生的异养生物。消费者的范围非常广，包括了几乎所有的动物和部分微生物（主要有真菌、细菌），它们通过捕食和寄生关系在生态系统中传递能量，其中，以生产者为食的消费者被称为初级消费者，以初级消费者为食的消费者被称为次级消费者，其后还有三级消费者与四级消费者，同一种消费者在一个复杂的生态系统中可能充当多个级别，杂食性动物尤为如此，它们可能既吃植物（充当初级消费者），又吃各种食草动物（充当次级消费者），有的生物所充当的消费者级别还会随季节而变化。一个生态系统只需生产者和分解者就可以维持运作，数量众多的消费者在生态系统中起加快能量流动和物质循环的作用，可以看成是一种催化剂。

二、生态系统的基本特征

任何“系统”都是具有一定结构，各组分之间发生一定联系并执行一定功能的有序整体。从这种意义上说，生态系统与物理学上的系统是相同的。但生命成分的存在决定了生态系统具有不同于机械系统的许多特征。

1. 生态系统是动态功能系统

生态系统是有生命存在并与外界环境不断进行物质交换和能量传递的特定空间。所以，生态系统具有有机体的一系列生物学特性，如发育、代谢、繁殖、生长与衰老等。这就意味着生态系统具有内在的动态变化的能力。任何一个生态系统总是处于不断发展、进化和演变之中，这就是所说的系统的演替。人们可根据发育的状况将其分为幼年期、成长期、成熟期等不同发育阶段。每个发育阶段所需的进化时间在各类生态系统中是不同的。发育阶段不同的生态系统在结构和功能上都具有各自的特点。

2. 生态系统具有一定的区域特征

生态系统都与特定的空间相联系，包含一定地区和范围的空间概念。这种空间都存在着不同的生态条件，栖息着与之相适应的生物类群。生命系统与环境系统的相互作用以及生物对环境的长期适应结果，使生态系统的结构和功能反映了一定的地区特性。同是森林生态系统，寒温带长白山区的针阔混交林与海南岛的热带雨林生态系统相比，无论是物种结构、物种丰度或系统的功能等均有明显的差别。这种差异是区域自然环境不同的反映，也是生命成分在长期进化过程中对各自空间环境适应和相互作用的结果。

3. 生态系统是开放的“自持系统”

物理学上的机械系统，如一台机床或一部机器，它的做功需要电源，它的保养（如部件检修、充油等）是在人的干预下完成的，所以机械系统是在人的管理和操纵下完成其功能的。然而，自然生态系统则不同，它所需要的能源是生产者对光能的“巧妙”转化，消费者取食植物，而动、植物残体以及它们生活时的代谢排泄物通过分解者作用，使结合在复杂有机物中的矿物质元素又归还到环境（土壤）中，重新供植物利用，这个过程往复循环，从而不断地进行着能量和物质的交换、转移，保证生态系统发生功能并输出系统内生物过程所制造的产品或剩余的物质和能量。生态系统功能连续的自我维持基础就是它所具有的代谢机能，这种代谢机能是通过系统内的生产者、消费者、分解者三个不同营养水平的生物类群完成的，它们是生态系统“自维持”（Self-maintenance）的结构基础。

生态系统是功能开放的系统，所以要考虑输入环境和输出环境这一概念（图2-5）。

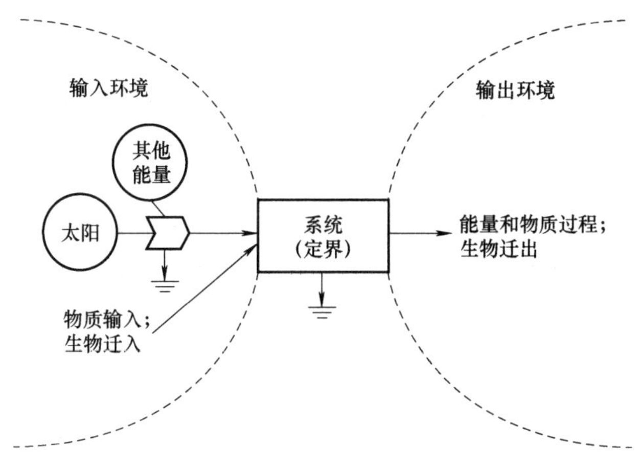

图2-5　生态系统模型

4. 生态系统具有自动调节的功能

自然生态系统若未受到人类或者其他因素的严重干扰和破坏，其结构和功能是非常和谐的，这是因为生态系统具有自动调节的功能，所谓自动调节功能是指生态系统受到外来干扰而使稳定状态改变时，系统靠自身内部的机制再返回稳定、协调状态的能力。生态系统自动调节功能表现在三个方面，即同种生物种群密度调节；异种生物种群间的数量调节；生物与环境之间相互适应的调节，主要表现在两者之间发生的输入、输出的供需调节。

三、生态系统的结构与功能

生态系统的结构主要指构成生态系统诸要素及其量比关系，各组分在时间、空间上的分布，以及各组分间能量、物质、信息流的途径与传递关系。生态系统结构主要包括组分结构、时空结构和营养结构三个方面。生态系统的功能主要是指生态系统的物质循环、能量流动和信息传递。

1. 生态系统的结构

（1）组分结构　组分结构是指生态系统中由不同生物类型或品种以及它们之间不同的数量组合关系所构成的系统结构。组分结构中主要讨论的是生物群落的种类组成及各组分之间的量比关系，生物种群是构成生态系统的基本单元，不同物种（或类群）以及它们之间不同的量比关系，构成了生态系统的基本特征。例如，平原地区的“粮、猪、沼”系统和山区的“林、草、畜”系统，由于物种结构的不同，形成功能及特征各不相同的生态系统。即使物种类型相同，但各物种类型所占比重不同，也会产生不同的功能。此外，环境构成要素及状况也属于组分结构。

（2）时空结构　时空结构也称形态结构，是指各种生物成分或群落在空间上和时间上的不同配置和形态变化特征，包括水平分布上的镶嵌性、垂直分布上的成层性和时间上的发展演替特征，即水平结构、垂直结构和时空分布格局。

水平结构是指在一定生态区域内生物类群在水平空间上的组合与分布。在不同的地理环境条件下，受地形、水文、土壤、气候等环境因子的综合影响，植物在地面上的分布并非是均匀的。种类多、植被盖度大的地段，动物种类也相应多，反之则少。这种生物成分的区域分布差异性直接体现在景观类型的变化上，形成了所谓的带状分布、同心圆式分布或块状镶嵌分布等的景观格局。例如，地处北京西郊的百家疃村，其地貌类型为一山前洪积扇，从山地到洪积扇中上部再到扇缘地带，随着土壤、水分等因素的梯度变化，农业生态系统的水平结构表现出规律性变化。山地以人工生态林为主，有油松、侧柏、元宝枫等。洪积扇上部为旱生灌草丛及零星分布的杏、枣树。洪积扇中部为果园，有苹果、桃、樱桃等。洪积扇的下部为乡村居民点，洪积扇扇缘及交接洼地主要是蔬菜地、苗圃和水稻田。

垂直结构包括不同类型生态系统在海拔不同的生境上的垂直分布和生态系统内部不同类型物种及不同个体的垂直分层两个方面。随着海拔的变化，生物类型出现有规律的垂直分层现象，这是由于生物生存的生态环境因素发生变化的缘故。例如，川西高原，自谷底向上，其植被和土壤依次为：灌丛草原—棕褐土，灌丛草甸—棕毡土，亚高山草甸—黑毡土，高山草甸—草毡土。由于山地海拔的不同，光、热、水、土等因子发生有规律的垂直变化，从而影响了农、林、牧各业的生产和布局，形成了独具特色的立体农业生态系统。以农业生态系统为例，作物群体在垂直空间上的组合与分布，分为地上结构与地下结构两部分。地上部分主要研究复合群体的茎、枝、叶在空间的合理分布，以求得群体最大限度地利用光、热、水、大气资源。地下部分主要研究复合群体根系在土壤中的合理分布，以求得土壤水分、养分的合理利用，达到“种间互利，用养结合”的目的。

时空分布格局是指生态系统随时间的变动结构也发生变化。一般有三个时间长度量，一是长时间度量，以生态系统进化为主要内容；二是中等时间度量，以群落演替为主要内容；三是短时间度量。

（3）营养结构　营养结构是指生态系统中生物与生物之间，生产者、消费者和分解者之间以食物营养为纽带所形成的食物链和食物网，它是构成物质循环和能量转化的主要途径（图 2-6）。

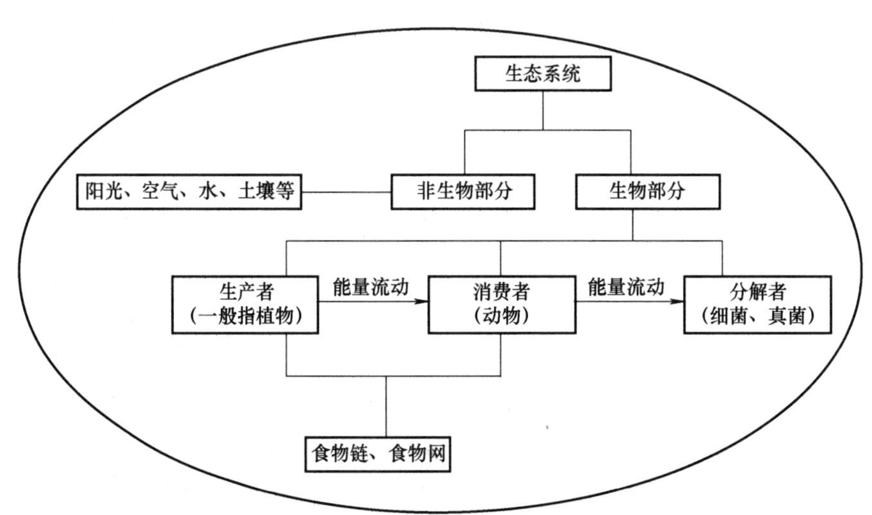

图 2-6　生态系统的营养结构

植物所固定的能量通过一系列的取食和被取食的关系在生态系统中传递，把生物之间存在的这种传递关系称为食物链。所谓食物链，就是一种生物以另一种生物为食，彼此形成一个以食物连接起来的链锁关系。受能量传递效率的限制，食物链一般有 4 ~ 5 个环节，最少

3 个。但也有例外的时候，例如，我国的蛇岛，曾出现过 7 个环节“花蜜—飞虫—蜻蜓—蜘蛛—小鸟—蝮蛇—老鹰”，但这种情况是极为特殊的。食物链主要可分为两类，一种是以活体为起点的，称为牧食食物链；另一种是以死体为起点的，称为碎屑食物链。

在生态系统中，生物之间实际的取食与被取食的关系，并不像食物链所表达的那样简单，通常是一种生物被多种生物食用，同时也食用多种其他生物。这种情况下，在生态系统中的生物成分之间通过能量传递关系，存在着一种错综复杂的普遍联系，这种联系像是一个无形的网，把所有的生物都包括在内，使它们彼此之间都有着某种直接或间接的关系。像这样，在一个生态系统中，食物关系往往很复杂，各种食物链互相交错，形成的就是食物网（图 2-7）。食物网越复杂，生态系统抵抗外力干扰的能力就会越强，反之越弱。例如，冻原生态系统是地球上最耐寒也最简单的生态系统之一，它是由“地衣—驯鹿—人”组成的食物链所构成的。地衣对二氧化硫的含量非常敏感，如果一旦地衣遭到破坏，那么冻原生态系统就会崩溃。可如果消失的地衣是存在于热带雨林生态系统中，那么虽然也会对生态系统的稳定性和功能造成一定的影响，但不会是毁灭性的。研究食物链和食物网的组成及其量的调节，是十分重要的。首先，可以带来很大的经济价值。例如，鱼类和野生动物的保护，就必须明确该区域内动物、植物间的营养关系，而且还应注意食物链中量的调节，只有这样才能使该项目自然资源获得稳定和保存，否则会破坏自然界的平衡与协调，使该地区的生物群落发生改变，对社会经济产生严重影响。其次，物质流在食物链中有一个突出特性，即生物富集作用。某些自然界不能降解的重金属元素或其他有毒物质，在环境中的起始浓度并不高，但经过食物链逐渐富集进入人体后，其浓度可能提高到数百倍甚至数百万倍。

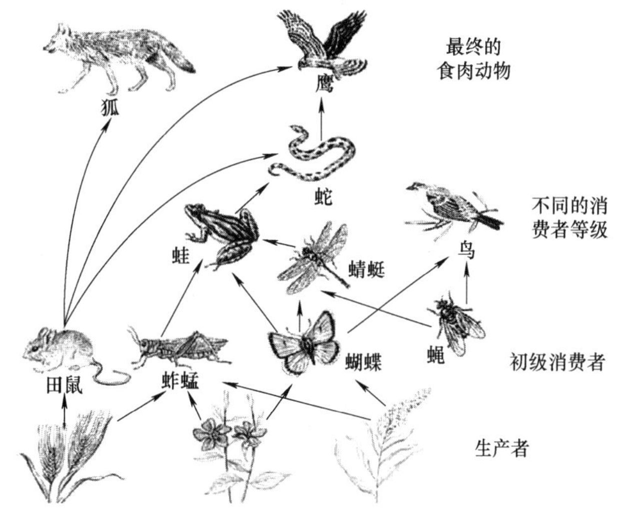

图 2-7 生态系统的食物网

2. 生态系统的功能

生态系统的功能主要是指生态系统的物质循环、能量流动和信息传递（图 2-8）。

能量流动指生态系统中能量输入、传递、转化和丧失的过程。能量流动是生态系统的重要功能，在生态系统中，生物与环境、生物与生物间的密切联系，可以通过能量流动来实现。能量流动的两大特点：能量流动是单向的；能量逐级递减。

物质循环是指生态系统的能量流动推动着各种物质在生物群落与无机环境间循环，包括组成生物体的基础元素（碳、氮、硫、磷）以及有害物质等。

信息传递是指物理、化学和行为等信息在物种之间的传递。生态系统中生物的活动离不开信息的相互作用。

生态系统的结构和功能在整体上是相互联系和依存的。生态系统的结构和功能与生态平衡密切相关。生态系统的结构，是由生态系统中的各种生物和非生物成分所组成的，其生物

成分又可分为生产者、消费者和分解者三大部分，它们在空间上都有一定的组合关系，称为结构。它们紧密联系、相互作用、相互依存，构成了一个不可分割的整体，与这些结构相伴随着的是生态系统的能量流动、物质循环和信息传递，这是生态系统的基本功能，生态系统中的生物与非生物成分，通过能量流动和物质循环而相互连接、组成网络状的复杂的统一整体，它的中心是生物。

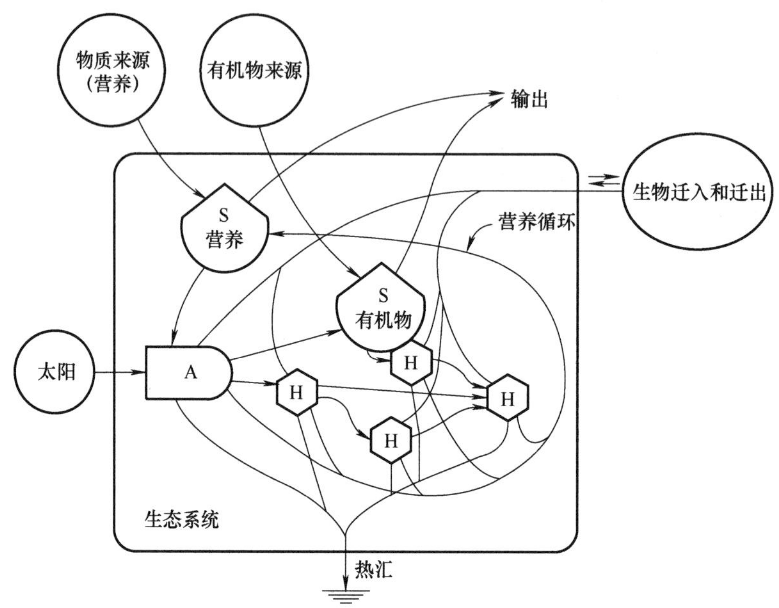

图 2-8　强调物质循环和能量流动内在动态的生态系统功能

四、生态系统平衡

生态系统平衡（Ecosystem balance）又称自然平衡（Natural balance），是指生态系统的物质循环、能量流动和信息传递皆处于稳定和通畅的状态。在自然生态系统中，平衡还表现为物种数量的相对稳定。生态系统之所以能保持相对的平衡稳定状态是由于其内部具有自动调节（或自我恢复）的能力。自动调节能力是有限度的，若外力干扰超过限度，就会引起生态平衡的破坏，表现为结构破坏或功能衰退。造成生态平衡破坏的原因有自然灾害，也有不适当的人类活动。当今，由于人类对自然的作用巨大，生态系统平衡已成为全人类共同关心的重大问题。

生态系统平衡是一种动态平衡，是生态系统内部长期适应的结果，即生态系统的结构和功能处于相对稳定的状态，其特征如下：

1）能量与物质的输入和输出基本相等，保持平衡。

2）生物群落内种类和数量保持相对稳定。

3）生产者、消费者、分解者组成完整的营养结构。

4）具有典型的食物链与符合规律的金字塔形营养级。

5）生物个体数、生物量、生产力维持恒定。

生态系统平衡是生态系统发展的一种形式，是一个相对静止时期，是量变过程。当环境

发生巨大变化时，即生态系统平衡被打破，生态系统就可能急骤变化，这是一种显著的运动，是质变过程，生态系统平衡并不是一有环境因子变化便会引起大破坏，而是有一定的范围，只有当环境因子变化超过生态阈值时才会发生大破坏。那么，是什么原因使生态系统具有这种“忍耐性”呢？这是生态系统平衡规律在起作用，具体地说，就是生态系统具有自我调节的能力，正因为如此，才使它能在一定范围内保持自己的稳定性——生态系统平衡。

现阶段的生态系统失衡问题主要是人类日益增长的发展需求同生态系统有限的生产力输出之间的矛盾，主要表现在以下几方面：

1）大规模地把自然生态系统转变为人工生态系统，严重干扰和损害了生物圈的正常运转。农业开发和城市化是这种影响的典型代表。

2）大量取用生物圈中的各种资源，包括生物的和非生物的，严重破坏了生态系统平衡。森林砍伐、水资源过度利用是其典型例子。

3）向生物圈中超量输入人类活动所产生的产品和废物，严重污染和毒害了生物圈的物理环境和生物组分，包括人类自己。化肥、杀虫剂、除草剂、工业三废和城市三废是其代表。

超限度的影响对生态系统造成的破坏是长远性的，生态系统重新回到和原来相当的状态往往需要很长的时间，甚至造成不可逆转的改变，这就是生态系统平衡的破坏。作为生物圈一分子的人类，对生态环境的影响力目前已经超过自然力量，而且主要是负面影响，成为破坏生态系统平衡的主要因素。

五、生态系统的类型

生态系统类型众多，一般可分为自然生态系统和人工生态系统两大类。

自然生态系统还可进一步分为水域生态系统和陆地生态系统两类。在陆地生态系统中，又可以分为森林生态系统、草原生态系统、农田生态系统等；在水域生态系统中，又可以分为海洋生态系统、淡水生态系统等。

人工生态系统则可以分为农田、城市等生态系统。人工生态系统有一些十分鲜明的特点：动植物种类稀少；人的作用十分明显；对自然生态系统存在依赖和干扰。人工生态系统也可以看成是自然生态系统与人类社会的经济系统复合而成的复杂生态系统。

任务4 生态系统的生物

一、生态系统的生物种群

种群（Population）是在特定时间和一定空间中生活和繁殖的同种个体的总和。种群是由同种个体组成的，但在生态系统中，种群内个体与个体之间、种群与环境之间，并不孤立，也不是简单地相加，而是通过种内关系构成一个统一的有机整体，彼此可以交配，并通过繁殖将各自的基因传给后代，种群是进化的基本单位，同一种群的所有生物共用一个基因库，表现出该种生物的特殊规律性。个体的生物学特性主要表现在出生、生长、发育、衰老及死亡等方面。而种群则具有密度、出生率、死亡率、年龄结构、生物潜能、扩散、生存对策和数量变化等特征，种群也具有一些与种群直接相关的遗传特征，包括适应力、繁殖成功率和持续力等。这些都是个体水平所不具有，而组成种群以后才出现的新的特性，对种群的研究主要是其数量变化与种内关系，种间关系的内容已属于生物群落的研究范畴。

研究生物种群要理解以下几个概念：

1. 密度指数

种群密度是指在一定空间范围内，同种生物个体同时生活着的个体数量或作为其参数的生物量。种群在单位面积或单位体积中的个体数就是种群密度，种群密度是种群最基本的数量特征。不同的种群密度差异很大，同一种群密度在不同条件下也有差异。在实际的植被描述性研究中，通常将密度、显著度和频度合并起来导出每个物种的重要值。重要值 = 相对密度 + 相对频度 + 相对显著度。针对乔木而言：重要值 = (相对密度 + 相对频度 + 相对显著度)/3。针对灌草而言：重要值 = (相对密度 + 相对频度 + 相对显著度)。

频度是指一个种在所做的全部样方中出现的频率。相对频度是指某种在全部样方中的频度与所有种频度和之比。相对频度 = (该种的频度/所有种的频度总和) ×100%。

显著度是指样方内某种植物的胸高断面积除以样地面积。相对显著度 = (样方中该种个体胸面积和/样方中全部个体胸面积总和) ×100%。

密度 = 某样方内某种植物的个体数/样方面积。相对密度 = (某种植物的密度/全部植物的总密度) × 100% = (某种植物的个体数/全部植物的个体数) ×100%。

2. 种群的年龄结构

种群的年龄结构是指一个一个种群幼年个体（生殖前期）、成年个体（生殖时期）、老年个体（生殖后期）的个体数目。分析一个种群的年龄结构可以间接判定出该种群的发展趋势（图 2-9）。

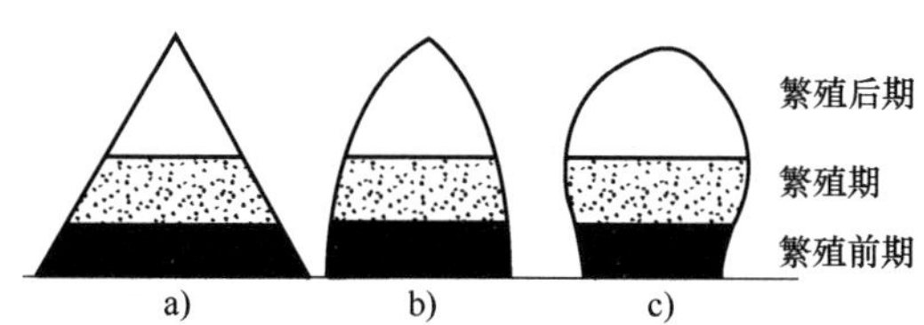

图 2-9　种群的年龄结构

a）增长型　b）稳定型　c）衰退型

增长型：在增长型种群中，老年个体数目少，幼年个体数目多，在图像上呈金字塔形，今后种群密度将不断增长，种内个体越来越多。

稳定型：现阶段大部分种群是稳定型种群，稳定型种群中各年龄结构适中，在一定时间内新出生个体与死亡个体数量相当，种群密度保持相对稳定。

衰退型：衰退型种群多见于濒危物种，此类种群幼年个体数目少，老年个体数目多，死亡率大于出生率，这种情况往往导致恶性循环，种群最终灭绝，但也不排除生存环境突然好转、大量新个体迁入或人工繁殖等一些根本扭转发展趋势的情况。

3. 空间格局

组成种群的个体在其空间中的位置状态或布局，称为种群空间格局。种群的空间格局大致可分为三类，即均匀分布、随机分布和集群分布（图 2-10）。

均匀分布（Uniform）是指种群在空间按一定间距均匀分布产生的空间格局。其根本原因是在种内斗争与最大限度利用资源间的平衡。很多种群的均匀分布是人为所致的，如在农田生态系统中，水稻的均匀分布。自然界中也有均匀分布，如森林中某些乔木的均匀分布。

随机分布（Random）是指每一个体在种群领域中各个点上出现的机会是相等的，并且某一个体的存在不影响其他个体的分布。随机分布比较少见，因为在环境资源分布均匀，种群内个体间没有彼此吸引或排斥的情况下，才易产生随机分布。例如，森林地被层中的一些蜘蛛、面粉中的黄粉虫等。

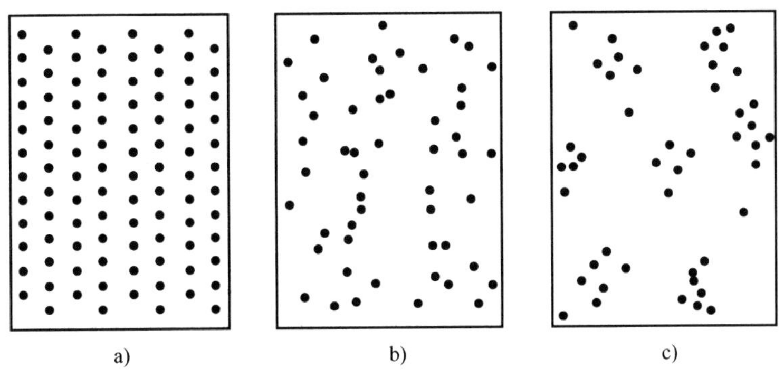

图 2-10　种群的空间格局

a）均匀分布　b）随机分布　c）集群分布

集群分布（Clumped）是最常见的分布类型。集群分布形成的原因是：环境资源分布不均匀，富饶与贫乏相嵌；植物传播种子方式使其以母株为扩散中心；动物的社会行为使其结合成群。集群分布又可进一步按群本身的分布状况划分为均匀群、随机群和成群群三类，后者具有两级的成群分布。

4. 种群增长型

种群的增长都具有特征，可以称为种群增长型。为了比较需要，根据种群增长曲线的形状，可以将种群增长型分为两种，即 J 形增长（图 2-11）和 S 形增长（图 2-12）。在 J 形增长中，密度呈指数快速增加，然后当环境阻力或其他限制因子发生有效影响时，密度增长突然停止。

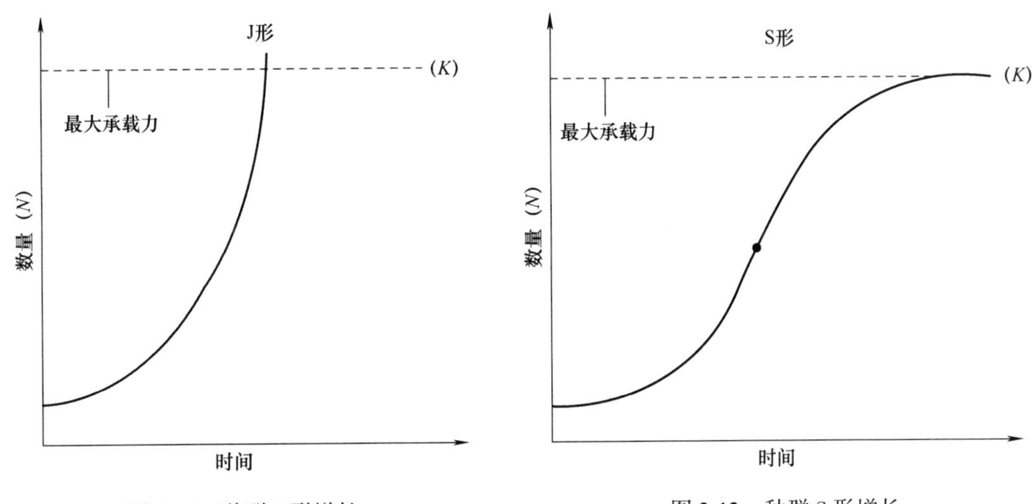

图 2-11　种群 J 形增长　　图 2-12　种群 S 形增长

在 S 形增长中，在开始的时候种群增长较为缓慢，然后加快，但不久后，由于环境阻力按百分比增加，增长也就逐渐降低，直至达到平衡状态并维持下去。这种增长型，可以用简单的逻辑斯蒂模型代表，所以这种增长型也叫逻辑斯蒂增长模型。

逻辑斯蒂曲线通常分为五个时期：①开始期，由于种群个体数很少，密度增长缓慢，又称为潜伏期。②加速期，随个体数增加，密度增长加快。③转折期，当个体数达到饱和密度一半（$K/2$）时，密度增长最快。④减速期，个体数超过密度一半（$K/2$）后，增长变慢。⑤饱和期，种群个体数达到 K 值而饱和。

逻辑斯蒂曲线意义：当 $N>K$ 时，逻辑斯蒂系数是负值，种群数量下降；当 $N<K$ 时，逻辑斯蒂系数是正值，种群数量上升；当 $N=K$ 时，逻辑斯蒂系数等于零，种群数量不变（N 表示种群大小，K 表示环境容纳量或种群的稳定平衡密度）。

5. 生存策略

由物理环境的影响和生物的相互作用产生的选择压力，塑造了不同的生活史格局，从而每个物种都能进化为种群特性的一个适应组合体。生存策略是指适应于获取和利用资源的生物生命史形式或行为方式。不同物种在生态系统中能长期生存下来，靠的就是不同的生存策略。例如，蒲公英，它常在路边等受搅动较大的环境中生存，繁殖力高，带茸毛的籽粒有很强的扩散能力，使它的后代不断追逐新环境；同时它在春天萌发早，当别的植物开始生长时，它已经开花结实，完成了生命史，避开了与别的植物的竞争。这种生存策略为称机会主义策略或 r 策略，机会物种或逃避物种被称为 r 策略者。另一类物种可忍受拥挤和竞争，但不适应于扰动的环境，它们可以在拥挤的条件依靠竞争与别的个体共存，坚持在占领的环境中长期发展下去。这类物种称为平衡物种，也称为 K 策略者。r 策略者与 K 策略者不是固定不变的，如机会物种在新环境中定植后，生存发展下去的大部分个体不得不忍受竞争和拥挤而变为平衡物种；平衡物种的种子因被携带等原因而扩散到新环境时也暂时变成了机会物种。在植物演替中，格莱姆（J. P. Grime，1979）建议划分为三种策略：①杂草策略（又称殖民策略），简称 R（Ruderal）策略；②竞争策略，简称 C（Competitive）策略；③拥挤忍受策略，简称 S（Stresstolerant）策略。动物的繁殖也可分成不同类型的策略，例如，两种极端的情况：一种是有的动物依靠生产数量很多的微小的卵方法繁殖，称为小卵策略（Small-egg strategy）；另一种是有的动物抚育数量很少的、个体大的幼仔，称为大子策略（Large-young strategy）。

二、生态系统的生物群落

生物群落是指生活在一定的自然区域内，相互之间具有直接或间接关系的各种生物的总和（图 2-13）。生物群落与生态系统的概念不同。后者不仅包括生物群落还包括群落所处的非生物环境，把两者作为一个由物质、能量和信息联系起来的整体。因此生物群落只相当于生态系统中的生物部分。

与种群一样，生物群落也有一系列的基本特征，这些特征不是由组成它的各个种群所能包括的，也就是说，只有在群落总体水平上，这些特征才能显示出来。生物群落的基本特征包括群落中物种的多样性、群落的生长形式（如森林、灌丛、草地、沼泽等）和结构（空间结构、时间组配和种类结构）、优势种（群落中以其体大、数多或活动性强而对群落的特性起决定作用的物种）、相对丰盛度（群落中不同物种的相对比例）、营养结构等。

1. 生物群落的基本特征

1）具有一定的外貌。

2）具有一定的边界特征。

3）具有一定的分布范围。

4）具有一定的结构。

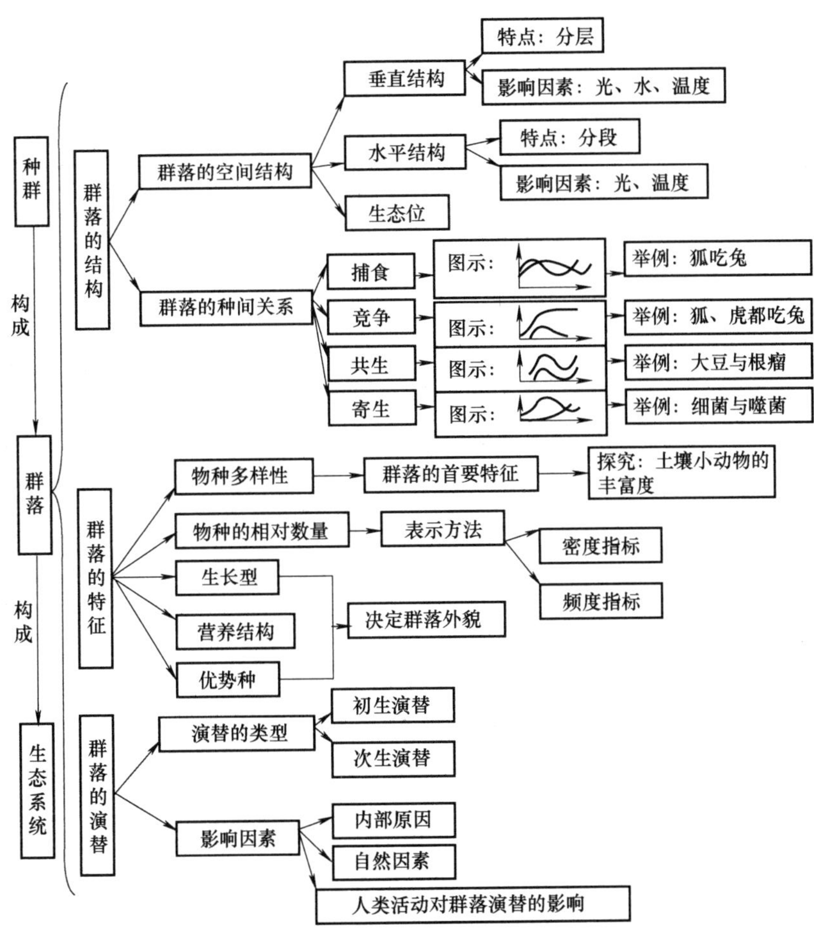

图2-13　生物群落图解

5）具有一定的种类组成。

6）具有一定的群落环境。

7）具有一定的动态特征。

8）不同物种之间相互影响。

地球上的生物群落首先分为陆地群落和水生群落两大类。它们之间尽管基本规律有相似的表现，但存在本质的差别。这些差别基本上是由环境的不同所引起的。水生群落的结构比陆地群落的简单些。在水中，水底土质不同于陆地的土壤，植物和底栖动物与水体土质的联系主要带有机械性质。水生群落生物所经受的环境因素不同于陆生生物所经受的。在研究陆地群落时，必须研究环境的降水量和温度，而在研究水生群落时，光照、溶解氧量和悬浮营养物质更为重要。

2. 群落结构

（1）空间结构　不同生活型的植物（乔木、灌木、草本）生活在一起，它们的营养器官配置在不同高度（或水中不同深度），因而形成分层现象。分层使单位面积上可容纳的生物数目加大，使它们能更完全、更多方面地利用环境条件，大大减弱了它们之间竞争的强度；而且多层群落比单层群落有较大的生产力。

分层现象在温带森林中表现最为明显，例如，温带落叶阔叶林可清晰地分为乔木、灌木、草本和苔藓地衣（地被）四层（图2-14）。热带森林的层次结构最为复杂，可能有的层次发育良好，特别是乔木层，各种高度的巨树、一般树和小树密集在一起，但灌木层和草本层常常发育不良。草本群落一样可以分层，尽管层次少些（通常只分为草本层和地被层）。

图2-14　群落垂直结构

群落不仅地上分层，地下根系的分布也分层。群落地下分层和地上分层一般是相对应的，乔木根系伸入土壤的最深层，灌木根系分布较浅，草本植物根系则多集中在土壤的表层，藓类的假根则直接分布在地表。

生物群落的垂直分层与光照条件密切相关，每一层的植物适应于该层的光照水平，并降低下层的光照强度。在森林中光照强度向下递减的现象最为明显。最上层树处于全光照之中，平均来说，到达下层小树的光只有最上层树（全光照）的10%～50%，灌木层只有5%～10%，而草本层则只剩1%～5%了。随着光照强度的变化，温度、空气湿度也发生变化。

每一层植物和被它们所制约的小气候为生活于其中的特有动物创造一定的环境，因此动物在种类上也表现出分层现象，不同的种类出现于不同层次，甚至同一种的雌雄个体，也分布于不同的层次。例如，在森林中可以区分出三组鸟种：在树冠中采食的，接近地面的，以及生活在其间灌木和矮树中的。

林地也由于枯枝落叶层的积累和植物对土壤的改造作用，创造了特殊的动物栖居环境。较高的层（草群，下木）为吃植物的昆虫、鸟类、哺乳动物和其他动物所占据。在枯枝落叶层中，在腐烂分解的植物残体、藓类、地衣和真菌中，生活着昆虫、蜱、蜘蛛和大量的微生物。在土壤上层，挤满了植物的根，这里居住着细菌、真菌、昆虫、蜱、蠕虫。有时在土壤的某种深度还有穴居的动物。

当然，也存在一些层外生物，它们不固定于某一个层。例如，藤本植物、附生植物，以及从一个层到另一个层自由活动的动物。它们使划分层次困难化，在结构极其复杂的热带雨林中经常见到这种情况。

因为下层生物是在上层植物遮阴所形成的环境中发育起来的，所以生物群落中不同层的物种间有密切的相互作用和相互依赖关系。群落上层植物强烈繁生，相应地下层植物的密度就会降低；而如果由于某种原因上层植物变得稀疏，下层的光照、热等状况得到改善，同时土壤中矿物质养分因释放加强而增高，下层植物发育便会加强。下层的繁茂生长也对动物栖居者有利。这种情况特别反映在森林群落中，哪里乔木层稀疏便会导致那里的灌木或喜光草本植被的丰富繁生。而乔木层的完全郁闭，有时甚至抑制最耐阴的草本和藓类。

生物群落不仅有垂直方向的结构分化，而且还有水平方向的结构分化。群落在水平方向的不均匀性表现为以斑块出现。在不同的斑块上，植物种类、数量比例、郁闭度、生产力以及其他性质都有所不同。例如，在一个草原地段，密丛草针茅是最占优势的种类，但它并不构成连续的植被，而是彼此相隔一定距离（30～40cm）分布的。各个针茅草丛之间的空间，

则由各种不同的较小的禾本科植物和双子叶杂类草占据着，并混有鳞茎植物。但其中的某些植物也出现在针茅草丛的内部。因此，伴生少数其他植物的针茅草丛同针茅草丛之间生长有其他草类的空隙，它们在外貌、种间数量关系和质量关系上都有很明显的差异。但它们的差别与整个植物群落（针茅草原）比较起来，是次一级的差别，而且是不太明显的和不稳定的。在森林中，在较阴暗的地点和较明亮的地点，也可以观察到在植物种类的组成和数量比例以及其他方面的类似差异。群落内水平方向上的这种不一致性，叫作群落的镶嵌性。这种不一致性在某些情况下是由群落内环境的差别引起的，例如：影响植物种分布的光照强度不同或地表有小起伏；在某些情况下是由于共同亲本的地下茎散布形成的植物集群所引起的；在另外的情况下，它们可能由种之间的相互作用引起，如在寄主种的根出现的地方形成斑块状的寄生植物。动物的活动有时也是引起不均一性的原因。植物体通常不是随机地散布于群落的水平空间，它们表现出成丛或成簇分布。许多动物种群，不论在陆地群落或水生群落，也具有成簇分布的性质。相比之下，有规则的分布是比较不常见的。某些荒漠中灌木的分布、鸣禽和少数其他动物的均匀分布是这种有规则分布的例子。

水域中某些水生动物也有分层现象，这主要决定于阳光、温度、食物和含氧量等。例如，湖泊中的水在一年当中没有循环流动的时候，浮游动物都表现出明显的垂直分层现象，它们多分布在较深的水层，在夜间则上升到表层来活动，这是因为浮游动物一般都是趋向弱光的。

（2）时间结构　组成群落的生物种在时间上也常表现出“分化”，即在时间上相互“补充”，如在温带具有不同温度和水分需要的种组合在一起：一部分生长于较冷季节（春秋），一部分生长于炎热季节（夏）。例如，在落叶阔叶林中，一些草本植物在春季树木出叶之前就开花，另一些则在晚春、夏季或秋季开花。随着不同植物出叶和开花期的交替，与之相联系的昆虫种也依次更替着：一些在早春出现，另一些在夏季出现。鸟类对季节的不同反应，表现为候鸟的季节性迁徙。生物也表现出与每日时间相关的行为节律：一些动物白天活动；另一些动物黄昏活动；还有一些在夜间活动，白天则隐藏在某种隐蔽所中。大多数植物种的花在白天开放，与传粉昆虫的活动相符合；少数植物在夜间开花，由夜间动物传粉。许多浮游动物在夜间移向水面，而在白天则沉至深处远离强光，但是不同的种具有不同的垂直移动模式和范围，潮汐的复杂节律控制着许多海岸生物的活动。土壤栖居者也有昼夜垂直移动的种类。

（3）种类结构

1）数量。每一个具体的生物群落以一定的种类组成为特征。但是不同生物群落种类的数目差别很大。例如，在热带森林的生物群落中，植物种以万计，无脊椎动物种以 10 万计，脊椎动物种以千计，各个种群间存在非常复杂的联系。冻原和荒漠群落的种数要少得多。根据苏联学者 Б. А. 季霍米罗夫的资料，在西伯利亚北部的泰梅尔半岛的冻原生物群落中共有 139 种高等植物，670 种低等植物，大约 1000 种动物和 2500 种微生物。与此相应，这些生物群落的生物量和生产力，也比热带森林小得多。

生物群落中生物的复杂程度用物种多样性这一概念表示。多样性与出现在某一地区的生物种的数量有关，也与个体在种之间分布的均匀性有关。例如，两个群落都含有 5 个种和 100 个个体，在一个群落中这 100 个个体平均地分配在全部 5 个种之中，即每 1 个种有 20 个个体，而在另一个群落中 80 个个体属于 1 个种，其余 20 个个体则分配给另外的 4 个种，在

这种情况下，前一群落比后一群落的多样性大。在温带和极地地区，只有少数物种很常见，而其余大多数物种的个体很稀少，它们的种类多样性就很低。在热带，个体比较均匀地分布在所有种之间，相邻两棵树很少是属于同种的（热带雨林），种类多样性就相对较高。群落的种类多样性决定于进化时间、环境的稳定性以及生态条件的有利性。热带最古老，形成以来环境最稳定，高温多雨气候对生物的生长最为有利，生物群落的种类多样性最大。在严酷的冻原环境中，情况相反，所以种类多样性低。

2）作用。每种植物在群落中所起的作用是不一样的。常常一些种以大量的个体，即大的种群出现。而另一些种以少量的个体，即小的种群出现。个体多而且体积较大（生物量大）的植物种决定了群落的外貌。例如，绝大多数森林和草原生物群落的一般外貌决定于一个或若干个植物种，如山东半岛的大多数栎林决定于麻栎，燕山南麓的松林决定于油松，内蒙古高原中东部锡盟的针茅草原决定于大针茅或克氏针茅等。在由数十种甚至百余种植物组成的森林中，常常只有一种或两种乔木提供90%的木材。群落中这些个体数量和生物量很大的种叫作优势种，它们在生物群落中占居优势地位。优势种常常不止一个，优势种中的最优势者叫建群种，通常陆地生物群落根据建群植物种命名，例如，落叶阔叶林、针茅草原、泥炭藓沼泽等。建群种是群落的创建者，是为群落中其他种的生活创造条件的种。例如，云杉在泰加带形成稠密的暗针叶林，在它的林冠下，只有适应于强烈遮阴条件、高的空气湿度和酸性灰化土条件的植物才能够生活；相应于这些因素，在云杉林中还形成了特有的动物栖居者。因此，在该情况下云杉起着强有力的建群种的作用。松林中的建群种是松树，但与云杉相比，它是较弱的建群种，因为松林树干稀疏，树冠比较透光，它的植物和动物的种类组成远比云杉林丰富和多样。在松林中甚至能见到生活在林外环境中的植物。

温带和寒带地区的生物群落中，建群种比较明显。无论森林群落、灌木群落、草本群落或藓类群落，都可以确定出建群种（有时不止一个）。亚热带和热带，特别是热带的生物群落，优势种不明显，很难确定出建群种来。除优势种外，个体数量和生物量虽不占优势但仍分布广泛的种是常见种。个体数量极少，只偶尔出现的种是偶见种。

生物群落中的大多数生物种，在某种程度上与优势种和建群种相联系，它们在生物群落内部共同形成一个物种的综合体，叫作同生群。同生群也是生物群落中的结构单位。例如，一个优势种植物，和与它相联系的附生、寄生、共生的生物以及以它为食的昆虫和哺乳动物等共同组成一个同生群。

3）生态位。生活在一个群落中的多种多样的生物种，是在长期进化过程中被选择出来能够在该环境中共同生存的种。它们中每一个种占据着独特的小生境，并且在改造环境条件、利用环境资源方面起着独特的作用。群落中每一个生物种所占据的特定的生境和执行的独特的功能的结合，叫作生态位。因此，一个生物群落的物种多样性越高，其中生态位分化的程度也越高。

4）生活型。生活型是植物对外界环境适应的外部表现形式，同一生活型的植物不但体态上是相似的，而且在形态结构、形成条件，甚至某些生理过程也具相似性。如今广泛采用的生活型划分是郎基耶尔的系统。他按照休眠芽在不良季节的着生位置把植物的生活型分成五大类群：高位芽植物（25cm以上）、地上芽植物（25cm以下）、地面芽植物（位于近地面土层内）、隐芽植物（位于较深土层或水中）和一年生植物（以种子越冬），在各类群之下再细分为30个较小的类群。我国植被学著作中采用的是按体态划分的生活型系统，该系

统把植物分成木本植物、半木本植物、草本植物、叶状体植物四大类别，再进一步划分成更小的或低级的单位。对于层片的划分，可以根据研究的需要，分别使用上述系统中的高级划分单位或低级化分单位。

3. 群落演替

生物群落总是处于不断的变化之中，有昼夜的改变，也有季节的改变，还有年际的波动，但这种改变和波动并不引起群落本质的改变，它的某些基本特征还是保持着。但有时在自然界也常见到另一种现象：一个群落发育成另一个完全不同的群落，这叫群落演替或生态演替。人们通常将生态系统发育认作是生态演替，包括能量分配、物种结构和群落过程随着时间发生的变化。生态演替是一个发育过程，而不只是单个物种的独立演替。例如，北京附近的撂荒农田，第一年生长的主要是一年生的杂草，然后经过一系列的改变，最后形成落叶阔叶林。在一个给定区域内，群落内发生的一个替代另一个的整个过程被称为演替系列。演替过程中经过的各个阶段叫作系列群落。最初的演替系列阶段被称作先锋阶段。演替最后达到一种相对稳定的群落，叫作顶极群落。顶极状态会持续存在，直到系统受到严重干扰（图2-15）。

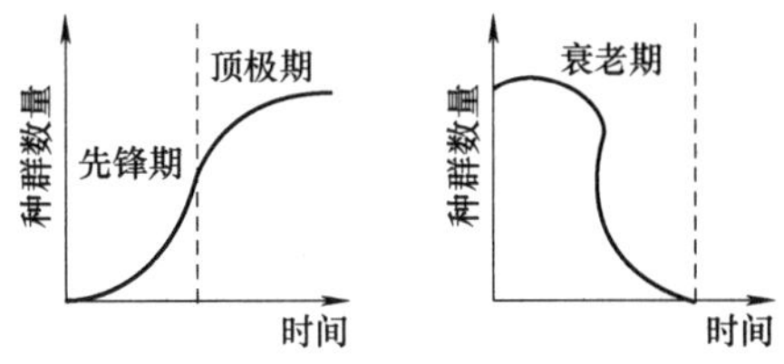

图2-15　群落演替变化

（1）演替原因　演替是由于群落的物理环境改变所产生的，也是由于种群水平上竞争-共存作用所产生的。也就是说，即使物理环境决定了变化的格局和速率，并通常限制发育的程度，演替仍然是由群落控制的。如果演替变化主要取决于内在的交互作用，这个过程就被认为是自发演替。如果输入系统的外力规律性地影响或控制变化，那就是异发演替。

在大多数情况下，生物群落演替过程中的主导组分是植物，动物和微生物只是伴随植物的改变而发生改变的。植物演变的基本原因是先定居在一个地方的植物，通过它们的残落物的积累和分解，增加有机物质到土壤中，改变了土壤的性质（包括肥力），同时通过遮阴改变了周围的小气候，有些还通过根的分泌给土壤增加某些有机化合物，这样群落内环境发生改变就为另外物种的侵入创造了条件。当改变积累到一定程度时，反而对原有植物的生存和繁殖不利，于是就发生演替。当然，外界因素的改变也可以诱发演替。理论上，内部驱动力使系统向某种平衡状态发展，外部驱动力被描述为周期性的外部输入，干扰或改变演替的轨迹。

生态系统演替的一个关键概念是自组织理论。自组织可以被定义为包括多组分的复杂系统在没有外界干扰的情况下趋于组织并达到某种稳定的脉冲阶段所经历的过程。在自然界里，从随机或无序的初始状态开始自发形成组织良好的结构、格局和行为，换句话说，就是生态系统从混乱到有序，是很普遍的。Smolin将自组织理论拓展到宇宙的起源和进化中，认为宇宙源于大爆炸和随机运动的分子群，然后再进化到现在包括地球在内的高度组织的系统。事实上，整个生态系统的演替是伴随着生物圈的进化进行的。

（2）演替时长　有些演替可在比较短的时期内完成，例如，森林火灾之后的火烧迹地上出现一系列快速更替的群落，最后恢复起稳定的原来类型。但有时演替进行得非常缓慢，甚至要几百年或上千年才能完成。根据苏联学者的研究，在泰加云杉林地区的撂荒耕地上，首先出现桦树、山杨和桤木，因为这些树种的种子很容易被风携带，它们落到土壤上就开始萌发，这些是所谓的先锋种，它们定居在撂荒地或被开垦的土地上，在那里巩固下来并逐渐

改变环境，经过 30～50 年，桦树树冠密接后，形成新的条件，新条件适合云杉生长，对桦树本身反而不利，于是逐渐形成混交林，但这种混交林存在时间不太长，因为喜光的桦树不能长久忍受遮阴，在云杉林冠下无法更新，大约在第一批桦树幼苗出现后，经过 80～120 年，就形成稳定的云杉林了（图 2-16）。

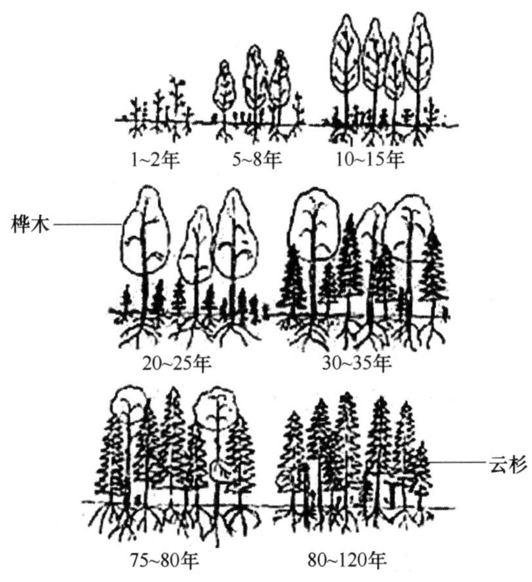

图 2-16　桦木林被云杉林演替的过程

（3）演替类型　演替有两种类型（图 2-17）：在原来没有生命的地点（如沙丘、火山熔岩冷凝后的岩面、冰川退却露出的地面、山坡的崩塌和滑塌面等）开始的演替叫原生演替。在原生演替的情况下，群落改变的速度一般不大，更替的系列群落之间保持很大的时间间隔，生物群落达到顶极状态有时需要上百年或更长时间。如果群落在以前存在过生物的地点上发展起来，那么这种演替叫次生演替。这种地点通常保存着成熟的土壤和丰富的生物繁殖体，因此通过次生演替形成顶极群落要比原生演替快得多。在现代条件下，到处可以观察到次生演替，它们经常发生在火灾、洪水、草原开垦、森林采伐、沼泽排干等之后。

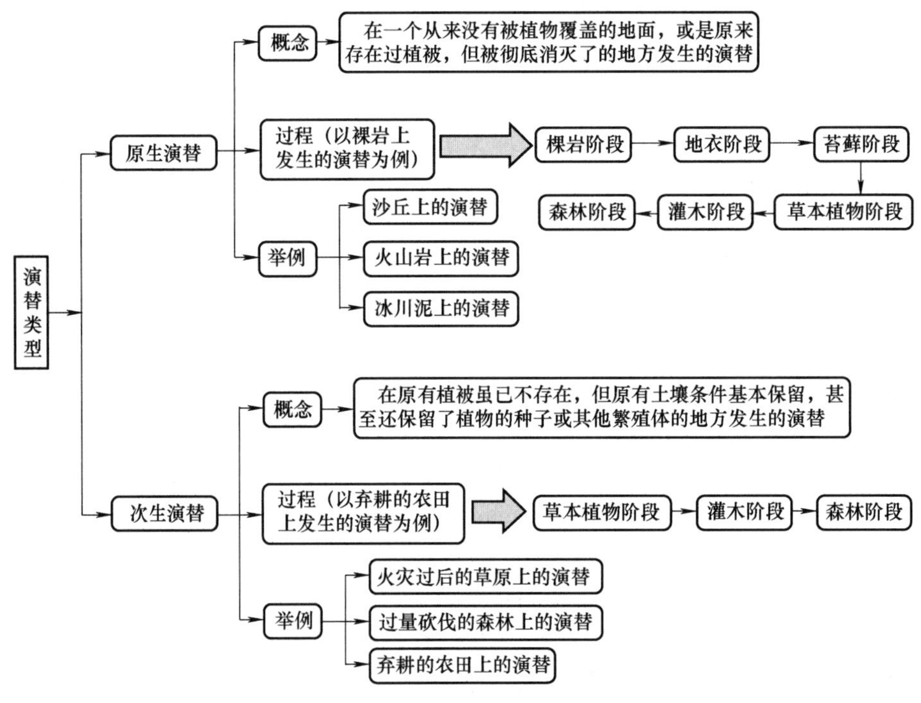

图 2-17　群落演替类型

（4）演替特点　不同生物群落的演替各有各的特点，但有许多发展趋势是大多数群落

共有的，例如，在演替过程中通常不仅有生物量积累的增加，而且有群落的加高和分层，因而结构趋于复杂化，生产力增加，群落对环境影响加大。此外，土壤的发育、循环养分的储存、物种多样性、优势生物的寿命以及群落的相对稳定性都趋向于增加。但在某些演替中，也有偏离这些趋势的例子。例如，生产力和物种多样性在演替的晚期阶段减小，因而演替的顶极阶段不是以最大生产力为特征，而是以最大生物量以及低的净生产力为特征。在演替发生的不同阶段，生态系统的生产、呼吸和生物量随时间的变化而变化（图2-18）。

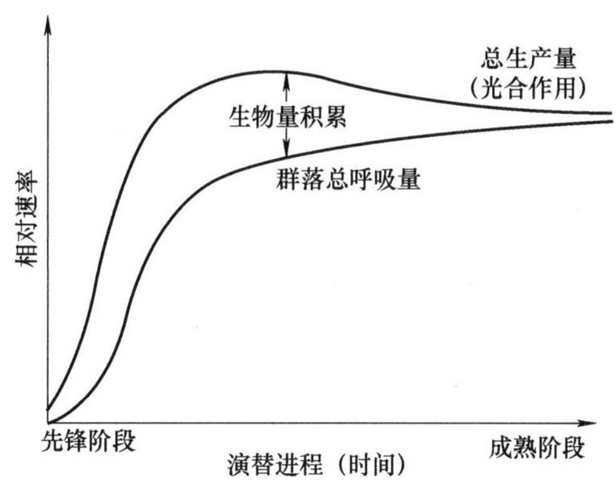

图2-18　演替进程中生产、呼吸和生物量变化

任务5　生态系统的环境

生态系统的环境是存在于生态系统外部与系统发生作用的各种因子的总称，是为系统提供输入的或接受系统输出的环境。环境是一个相对于主体而言的客体，是作为某一主体的对立面和依存面而存在的，它的内容随主体的不同而不同。因此，与某一特定主体有关的周围一切事物的总和，就是这个主体的环境。对植物而言，其生存地点周围空间的一切因素，如气候、土壤、生物（包括动物、植物、微生物）等，都是该植物的环境。

一、环境的概念

环境是指影响人类生存和发展的各种天然的和经过人工改造的自然因素的总体，包括大气、水、海洋、土地、矿藏、森林、草原、野生生物、自然遗迹、人文遗迹、风景名胜区、自然保护区、城市和乡村等。生态环境是指影响人类生存与发展的水资源、土地资源、生物资源以及气候资源数量与质量的总称，是关系到社会和经济持续发展的复合生态系统。

生态环境问题是指人类为其自身生存和发展，在利用和改造自然的过程中，对自然环境破坏和污染所产生的危害人类生存的各种负反馈效应。

生态是指生物（原核生物、原生生物、动物、真菌、植物五大类）之间和生物与周围环境之间的相互联系、相互作用。当代环境概念泛指地理环境，是围绕人类的自然现象总体，可分为自然环境、经济环境和社会文化环境。当代环境科学是研究环境及其与人类的相互关系的综合性科学。生态与环境虽然是两个相对独立的概念，但两者又紧密联系、相互交织，因而出现了“生态环境”这个新概念。它是指生物及其生存繁衍的各种自然因素、条件的总和，是一个大系统，是由生态系统和环境系统中的各个“元素”共同组成的。生态环境与自然环境在含义上十分相近，有时人们将其混用，但严格说来，生态环境并不等同于自然环境。自然环境的外延比较广，各种天然因素的总体都可以说是自然环境，但只有具有一定生态关系构成的系统整体才能称为生态环境。仅有非生物因素组成的整体，虽然可以称为自然环境，但并不能称为生态环境。

二、环境的类型

当代环境概念泛指地理环境，是围绕人类的自然现象总体，可分为自然环境和社会环境等。这两个环境的内涵是不一样的，它们互为依存，共同组成一个大系统。

1. 自然环境

自然环境定义为：“自然环境是客观存在的外界时间和空间实体”。自然环境又称为地理环境，即人类周围的自然界，包括大气、水、土壤、生物和岩石等。地理学把构成自然环境总体的因素划分为大气圈、水圈、生物圈、土壤圈和岩石圈 5 个自然圈。按环境范围的大小，自然环境可分为宇宙环境、地球环境、区域环境、生境、微环境和体内环境等。

自然环境虽是客观存在的，但人类可以影响它。自然环境包括天、地、生等自然因素，在这些因素中蕴涵着无数多的变量，其中绝大多数的变量，是人类今天还不知道和不认识的。研究自然因素演变和发展规律的是自然科学，研究如何开发利用这些自然因素和规律的是技术科学，它们各自均包括众多的学科门类。

2. 社会环境

社会环境是指人类在自然环境的基础上，为不断提高物质和精神文明水平，通过长期有意识的社会劳动，加工和改造自然物质，创造了物质生产体系，在生存和发展的基础上逐步形成的人工环境，如城市、乡村、工矿区等，是与自然环境相对的概念。社会环境一方面是人类精神文明和物质文明发展的标志，另一方面又随着人类文明的演进而不断地丰富和发展，所以也有人把社会环境称为文化—社会环境。

所谓社会环境，就是指人们所处的政治环境、经济环境、法制环境、科技环境、文化环境等宏观因素。社会环境对职业生涯乃至人生发展都有重大影响。狭义的社会环境仅指人类生活的直接环境，如家庭、劳动组织、学习条件和其他集体性社团等。社会环境对人的形成和发展进化起着重要作用，同时人类活动给予社会环境以深刻的影响，而人类本身在适应和改造社会环境的过程中也在不断变化。

由于人类改造自然的能力越来越强，对自然环境的影响越来越大，许多自然环境问题的背后都有社会环境的影子。人与自然都是生态系统中不可或缺的重要组成部分。人与自然不存在统治与被统治、征服与被征服的关系，而是存在相互依存、和谐共处、共同促进的关系。中央提出要建设生态文明，就是要求人与自然的和谐相处，实际上也是自然环境和社会环境的和谐发展。生态文明是人类为保护和建设美好生态环境而取得的物质成果、精神成果和制度成果的总和，是贯穿于经济建设、政治建设、文化建设、社会建设全过程和各方面的系统工程，反映了一个社会的文明进步状态。因而在研究中不可把自然环境和社会环境截然分开。

三、环境因子

在环境因子中，能对植物的生长、发育和分布产生直接或间接影响作用的环境因子称为

生态因子，如温度、水、二氧化碳、氧气等起直接作用的因子，以及地形、坡向、海拔等起间接作用的因子。生态因子是对具体的生物物种而言的。生物物种不同，对其起作用的生态因子就可能不同。

1. 生态因子分类

在任一环境中，都包含着许多性质不同的生态因子，它们对植物起着主要或次要、有利或有害的生态作用，且随着时间和空间的不同而发生变化。生态因子的分类可以根据不同的方法来划分，如可以根据生物因素和非生物因素来划分（图2-19）。

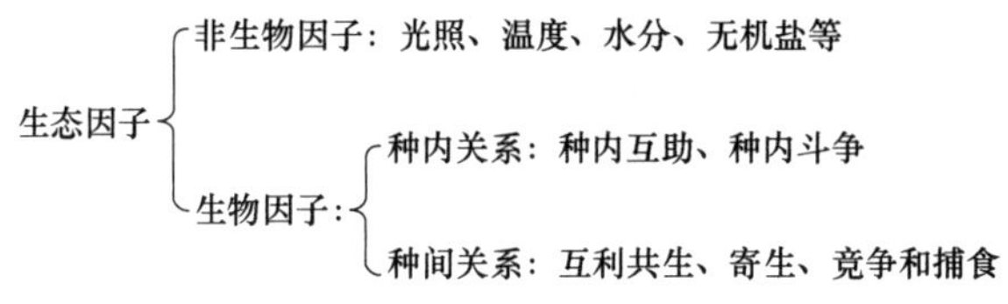

图2-19　生态因子的分类

也可根据生态因子的性质，将其分为以下五类：

（1）气候因子　如光照、温度、湿度、降水、雷电等。每个因子又可分为若干因子。如光因子可分为光照强度、光的性质和光周期性等。气候因子又被称为地理因子，因为它们随地理位置或海拔的改变而不同，如温度的纬度变化、降水量的地理分布等。

光照是地球上所有植物的能量来源，所以光照强度对植物的光合作用速率产生直接影响，单位叶面积上叶绿素接受光子的量与光通量成正相关。光子接受多则获得的能量大，光化学反应快。光照强度对植物的生长发育、植物细胞的增长和分化、体积的增大、干物质积累和重量增加均有直接影响。在一定范围内，光合作用的速率与光照强度成正比，但到达一定强度后若继续增加光照强度，会发生光氧化作用，使与光合反应有关的酶活性降低，光合作用效率开始下降，这时的光照强度称为光饱和点。另外，植物在进行光合作用的同时也在进行呼吸作用。当影响植物光合作用和呼吸作用的生态因子都保持恒定时，光合积累和呼吸消耗这两个过程之间的平衡就主要决定于光照强度。光补偿点的光照强度就是植物开始生长和进行净光合生产所需要的最小光照强度（图2-20）。为了在不同的环境中生存，植物在光照、二氧化碳和水等生态因子的作用下，形成了不同的适应特性，以保证光合作用的进行。

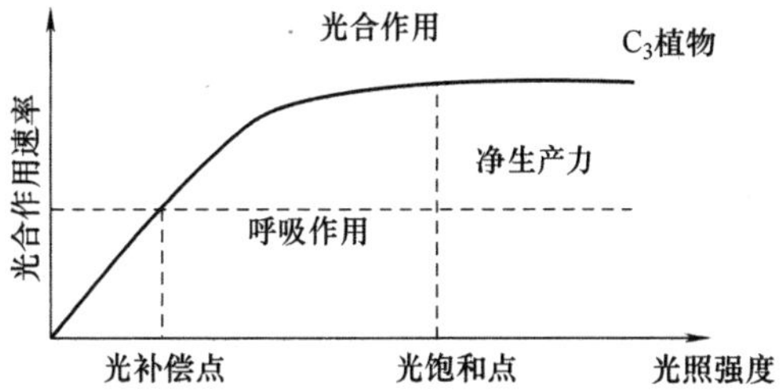

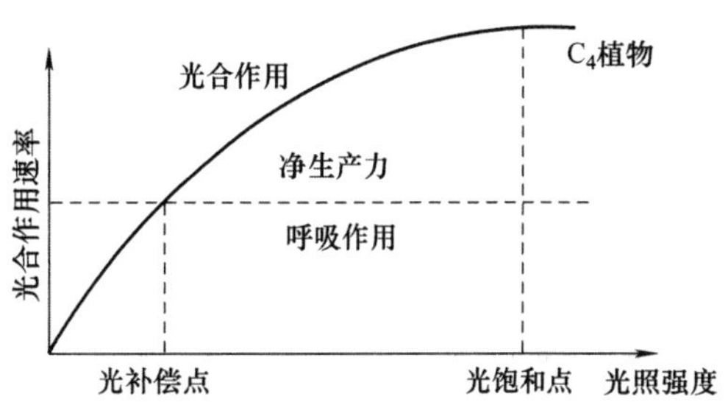

图2-20　植物光合作用的光饱和点、光补偿点示意图

就目前所知，生命只能在－200～100℃的小范围内生存，实际上，大多数物种和活动限制在更为狭窄的温度范围内，虽然许多生物在趋向于它们耐受温度的上限时，器官活动的效率增加，但通常上限比下限更快达到临界点。水中温

度的变化范围比陆地小一些，水生动物一般比陆生动物对温度的耐受幅度狭窄些。因此，温度是普遍重要的生态因子。

水是所有生命在生理上必需的，从生态学的观点看，在陆地环境中，或在水量变动很大或由于高盐度使生物因渗透作用而丧失水分的环境中，水都是重要的限制因子。雨量、温度、空气蒸发能力以及可利用的表面水供给等都是需要测定的主要因子。

（2）土壤因子　如土壤的结构、土壤的理化性质以及土壤生物等。土壤是气候因子和生物因子共同作用的产物，所以它本身必然受到气候因子和生物因子的影响，同时也对植物发生作用。

由于植物根系和土壤之间具有极大的接触面，在植物与土壤之间发生着频繁的物质交换，彼此强烈影响，因而土壤是一个重要的生态因子。人们试图通过控制环境以获得更多的收成时，常发现不容易改变气候因素，但能改变土壤因素，这就增加了研究土壤因素的重要性。

生物对于长期生活的土壤会产生一定的适应性，形成了各种以土壤为主导因子的生态类型。例如：根据植物对土壤酸度的反应，可将植物划分为酸性土植物、中性土植物和碱性土植物；根据植物对土壤中矿质盐类（如钙盐）的反应，可将植物划分为钙质土植物和嫌钙植物；根据植物对土壤含盐量的反应，可将植物划分为盐土植物和碱土植物；根据植物对风沙基质的反应，可将沙生植物划分为抗风蚀沙埋、耐沙割、抗日灼、耐干旱、耐贫瘠等类型（表 2-2）。

表 2-2　以土壤为主导因子的植物生态类型及特征

<table>
<tr><th colspan="2">生态类型</th><th>举　例</th><th colspan="2">适应机制及特征</th><th>土壤特性</th></tr>
<tr><td rowspan="3">盐碱性植物</td><td>聚盐性植物</td><td>碱蓬、滨藜盐角草等</td><td>可吸收土壤可溶性盐，聚集于体内，不受伤害</td><td rowspan="3">植物体干而硬，叶子不发达，蒸腾表面强烈缩小，气孔下陷；表面具有厚的外壁，常具有灰白色茸毛。在内部结构上，细胞间隙强烈缩小，栅栏组织发达。有一些盐土植物具有肉质性，叶肉中有特殊的贮水物质，似旱生植物特征</td><td rowspan="3">盐土：NaCl、Na_2SO_4 等可溶性盐含量大于干土重的土
碱土：富含 Na_2CO_3、$NaHCO_3$、K_2SO_4 等钙镁盐类，盐碱度高，危害植物根系，土壤结构破坏严重，引起植物生理干旱、代谢失调，一般植物不能正常生长</td></tr>
<tr><td>泌盐性植物</td><td>红树、大米草、柽柳等</td><td>吸收土壤可溶性盐，通过茎叶表面盐腺分泌排出</td></tr>
<tr><td>不透盐性植物</td><td>蒿属、盐地风毛菊、田菁等</td><td>不吸收或很少吸收土壤盐类</td></tr>
<tr><td colspan="2">酸性植物</td><td>山茶、茉莉、杜鹃等</td><td colspan="2">生长慢，叶小而厚，直根深扎，不能在钙土中生长</td><td>土壤酸性或强酸性，缺钙，多铁、铝。土壤质地坚实，通气差，缺水，碱性较强</td></tr>
<tr><td colspan="2">钙土植物</td><td>南天竹、刺柏、黄连木、野花椒、西伯利亚落叶松等</td><td colspan="2">喜钙</td><td>富含 $CaCO_3$ 的石灰性土壤，碱性较强</td></tr>
<tr><td colspan="2">沙生植物</td><td>骆驼蓬、柠条、花棒等</td><td colspan="2">具旱生植物特征，根系特别发达，无性繁殖力强。抗旱、耐热、耐寒、细胞渗透压高</td><td>沙丘性土质，流动性强、干旱、缺营养、温度变化大</td></tr>
</table>

（3）地形因子　地形因子是间接因子，其本身对植物生长并没有直接影响，但地形的变化能影响气候、水文和土壤等生态因子，从而影响植物的生长。

（4）生物因子　动物、植物、微生物对环境的影响以及生物之间的相互影响。

（5）人为因子　人为因子本来属于生物因子的一部分，把人为因子从生物因子中分离出来是为了强调人类作用的特殊性和重要性。人类对植物资源的利用和改造，以及对环境的破坏等行为已充分表明人类对环境及其他生物的影响越来越具有全球性，远远超出了生物的范畴。

也有人把构成环境的主要要素分为以下四大类：

（1）物理因素　主要包括小气候、噪声、非电离辐射和电离辐射等。

（2）化学因素　主要包括大气、水、土壤中的各种有机和无机化学物质。

（3）生物因素　主要包括环境中的细菌、真菌、病毒、寄生虫等。

（4）社会因素　主要包括社会的经济、文化、生活方式等。

2. 生态因子的特征

植物与生态因子的相互作用存在着普遍性规律，这些规律是研究生态因子影响植物生长发育的基础，对植物的生产实践具有指导意义。

（1）生态因子的综合作用　植物赖以生存的环境是由气候、土壤、地理、生物等多种生态因子组合起来的综合体，对植物起综合性生态作用。一个生态因子对植物不论有多么重要，其作用也只能在其他因子的配合下才能表现出来。例如，水分是一个很重要的生态因子，但如果只有适宜的水分条件，而没有光照、温度、矿质营养等生态因子的适当配合，植物是不能正常生长发育的，水分因子的作用就无法显示出来。由此可见，对植物的影响是生态环境中各个生态因子综合作用的结果，绝不是个别生态因子在单独起作用。不同生态因子是互相联系、互相促进、互相制约的。一个生态因子发生变化，常会引起其他生态因子不同程度的改变，如光照强度增加后，会引起气温和土温的升高、空气相对湿度降低、地表蒸发增强、土壤含水量降低等一系列变化。

（2）生态因子的主导作用　组成生态环境的所有生态因子，都是植物生活所必需的，但这些因子对植物所起的作用不是等价的。在一定条件下，其中必有一些生态因子起决定性作用，这些生态因子即为主导因子。例如：水是植物生存和生态特性形成的主导因子；光周期现象中的日照长度、植物春化阶段的低温因子等都是主导因子。主导因子往往是某一地区或某种条件下大幅度提高植物生产力的主要因素。准确地找到主导因子，在实践中具有重要意义。主导因子有两方面的含义：第一，从生态因子本身来说，主导因子的改变会引起其他生态因子的改变，如太阳辐射的变化会引起温度和湿度的变化；第二，对植物而言，主导因子的存在与否或数量上的变化，会使植物的生长发育发生明显变化。当植物主导因子的需要得不到满足时，主导因子往往会变成限制因子。

（3）生态因子的不可替代性和补偿作用　植物在生长发育过程中所需要的生存条件，如光照、温度、水分、无机盐等，对于植物来说虽然不是等价的，但都是同等重要且不可缺少的，是不可替代的。尤其是起主导作用的生态因子，如果缺少便会导致植物正常生理活动的失调，生长发育受阻，甚至死亡。所以从总体上说，生态因子是不能被代替和补偿的，这就是生态因子的不可替代性。一般在相对恶劣的环境条件下，更易发现某一生态因子的重要性。如几十年前，新西兰一个大牧场的大片牧草长得又矮又小，独有一小片长得十分茂盛，

原来在这一小片“绿洲”附近有一个钼矿工厂，工人靴子上沾有钼矿粉，正是他们踩过的地方，牧草才长得绿油油的。由此人们发现，钼能使牧草长得茂盛，而钼的这一作用是氮、磷、钾所不能替代的。

对植物而言，虽然它所需要的生态因子是不能完全被其他因子所替代的，但对于某一生态因子在一定范围内的不足或过多，是可以通过其他因子的量变加以补偿而获得相近的生态效应的，这就是生态因子的补偿作用。例如，在温室栽培花卉时光照强度的减弱所引起的植物光合作用的下降可通过二氧化碳浓度的增加得到补偿。

需要指出的是，生态因子的补偿作用只能在一定范围内做部分补偿，而不能以一个生态因子替代另一个生态因子，且生态因子之间的补偿作用也不是经常存在的。

（4）生态因子的限制作用　植物的生存和繁殖依赖于生态因子的综合作用，但在有的环境条件下，其中一种或少数几种生态因子的数量过少或过多，超出其他生态因子的补偿作用和生物本身的忍耐限度时，就会限制生物的生存和繁殖，这些因子就是限制因子。如山茶和山茶属其他喜酸植物，若栽种到钙质土中，由于钙质土 pH 值过高，常生长不良甚至死亡。土壤的 pH 值就是限制因子。

如果植物对某一生态因子具有较强的适应能力，或者该生态因子在较宽的范围内对植物没有影响或影响不大，且在环境中该生态因子的数量适中而且比较稳定，那么这个生态因子一般不会对植物起限制作用；相反，如果植物对某一生态因子的适应能力较弱，或者只能在该生态因子的较窄范围内生存，且该生态因子在环境中变动较大，那么这个生态因子往往就是限制因子。例如，氧气在陆地上是丰富而稳定的，因此它一般不会对植物起限制作用；但氧气在水中的含量有限且波动较大，因此它常常成为水生植物分布的限制因子。

植物在较差环境中长势不好或不能生存，很大程度上是由于某种生态因子的限制作用。找到该生态因子，消除其限制作用，就能使植物生长状况发生明显的改变。因此，在实践中发现和消除限制因子具有重要意义。限制因子的确定要通过观察、分析、试验相结合的途径进行。首先要通过野外观察和分析，找出起显著作用的生态因子；其次要分析这些生态因子是如何对植物起作用的；最后应设计室内试验去确定某一生态因子与植物的定量关系。

（5）生态因子的阶段性　植物在整个生长发育过程中，对各个生态因子的需求随着生长发育阶段的不同而有所变化，也就是说，植物对生态因子的需求具有阶段性。植物生长发育所依赖的是不断变化的生态因子，不仅不同年龄阶段或发育阶段的需求不同，而且不同器官或部位对同一生态因子的需求也不一致。例如：植物的生长温度太低往往会对植物造成伤害，但春化阶段低温又是植物所必需的；同样，在植物的生长期，光照长短对植物的影响不大，但在有些植物的开花期、休眠期，光照长短则至关重要；植物发芽所需温度一般比正常营养生长所需温度要低，营养生长所需温度又常较开花结实温度低。

（6）生态因子的直接作用和间接作用　在植物生长和发育所依赖的生态因子中，有些直接作用于植物，而有些间接作用于植物。区分生态因子的直接作用和间接作用，对分析影响植物生长发育及分布的原因是很重要的。许多生态因子，如光照、温度、水分等，对植物的生长发育、分布以及类型起直接作用，仅环境中的地形因子，如地形的起伏、坡度、海拔及经纬度等，虽不能对植物起直接作用，但地形因子的变化能引起光照、温度、水分等多种生态因子的相应改变，从而影响植物的生长发育和分布，起到间接的生态作用。例如，一幢东西走向的高大建筑物的南北两侧，生态环境有很大差别。在北半球地区，建筑物南侧接受

的太阳直射光多于北侧，因此南侧的光照较强、湿度较小，适合阳性植物的生长；北侧的光照弱、湿度要大一些，比较适合阴性植物的生长。建筑物南北朝向本身并不影响植物的新陈代谢，但却通过影响光照、空气湿度而间接影响植物的生长。

在实践中，生态因子的直接作用和间接作用可从很多方面表现出来，而且会随环境的变化而变化，只有辩证地分析各生态因子，区分直接因素和间接因素，才能找出本质因素而去除非本质因素，从而更好地促进植物的生长发育。

3. 生态因子作用的基本原理

（1）李比希最小因子定律　最小因子定律最早是由德国化学家李比希（Liebig）提出的。李比希于1840年在其所著的《无机化学及其在农业和生理学中的应用》一书中，分析了土壤与植物生长的关系，认为每一种植物都需要一定种类和一定数量的营养元素，并阐述在植物生长所必需的元素中，供给量最少（与需要量比相差较大）的元素决定着植物的产量。例如，当土壤中的氮可维持250kg产量，钾可维持350kg产量，磷可维持500kg时，则实际产量只有250kg。如果多施1倍的氮，产量将停留在350kg，因这时的产量为钾所限制。他指出："植物的生长取决于在最小量植物状态的食物的量，" 这一概念被称为"李比希最小因子定律"（Liebig's law of the minimum）。

应用最小因子定律时还应该注意：当限制因子增加时，开始增产效果较大，继续下去则效果渐减。如果土壤中的氮维持其最高产量的80%，磷维持90%，最后实际产量是72%，而非80%。该定律只有在严格稳定状态下，即在物质和能量的输入和输出处于平衡状态时，才能应用。应用该法则时，必须要考虑各种生态因子之间的关系。如果有一种营养物质的数量很多或容易吸收，它就会影响到数量短缺的那种营养物质的利用率。生物可利用代替元素，如果两种元素是近亲，常常可以由一种元素取代另一种元素来实现功能（此规律也适用于其他的生态因子）。

（2）耐受性法则　1913年，美国生态学家V. E. Shelford在Liebig最小因子定律的基础上又提出了耐受性法则，或称Shelford耐性定律。即：生物对每一种生态因子都有其耐受的上限和下限。在这个生态因子作用范围内，生物能生长、发育、繁殖并能很好地适应；若生态因子作用强度超出这个范围，即质或量上的不足或过多，该生物种就不能生存甚至灭绝。生态因子的这种上下限之间的范围就是生物对这种生态因子的耐受范围，即生态幅。

Shelford的耐受性法则可以形象地用一个钟形耐受曲线来表示（图2-21）。该法则发展的结果是导致耐受生态学（Toleration ecology）的形成。

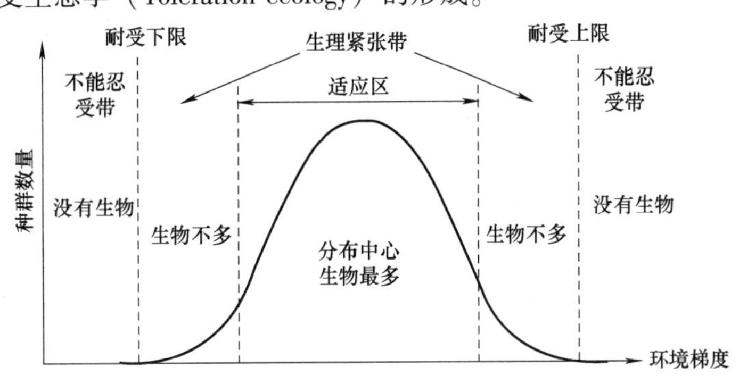

图2-21　耐受性法则示意图

耐受性法则把最低量因子和最高量因子相提并论，把任何接近或超过耐受下限或耐受上限的生态因子都称作限制因子。

对同一生态因子，不同种类的植物有不同的耐受极限，如原产热带的花卉一般在18℃左右才开始生长，而原产温带的花卉在10℃左右就能开始生长。每个物种对生态因子适应范围的大小称为该物种的生态幅。物种的生态幅和分布区是物种长期适应环境的结果，这种适应是建立在“与环境协同进化”这一基本原理之上的，并以遗传的形式最终保存下来。物种对某种生态因子的耐受性是相对稳定的，但在一定范围内，物种对生态因子的耐受性可以随环境的变化而变化，并具有一定的调节适应能力，甚至能够逐渐适应极端环境。

耐受范围有宽有窄且有界，对同一生态因子，不同种类的生物耐受范围是很不相同的。例如：鲑鱼对温度的耐受范围是0～12℃，最适温度是4℃；豹蛙对温度的耐受范围是0～30℃，最适温度是22℃；南极鳕所能耐受的温度范围最窄，是-2～2℃。一般而言，如果一种植物对所有生态因子的耐受范围都是广的，那么这种植物的分布也一定很广，即为广生态幅物种；反之则为狭生态幅物种（图2-22）。根据植物对各种生态因子适应幅度的差异，可将其分为很多类型。如就温度而言，有的植物能耐受很广的温度范围，称为广温性植物；有的只能耐受较窄的温度范围，称为狭温性植物。同样，根据光照可划分为广光性植物和狭光性植物；根据湿度可划分为广湿性植物和狭湿性植物；根据耐盐性可划分为广盐性植物和狭盐性植物等。

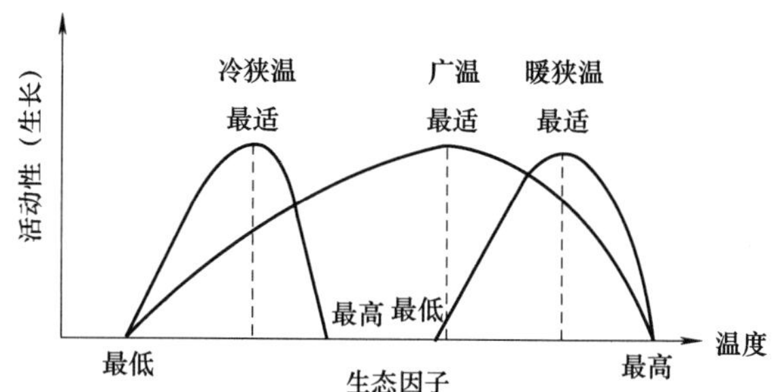

图2-22　狭温性与广温性植物的生态幅

自然界的植物很少能够生活在对其来说最适宜的地方，常常由于其他植物的竞争而从最适宜生境中被排挤出去。例如，许多沙漠植物在潮湿的气候条件下能够生长得很茂盛，但是它们却只分布在沙漠中，因为只有在那里它们才占有最大的竞争优势。当植物不在某一生态因子的最适范围时，对另一些生态因子的耐性限度往往下降。例如，当土壤中氮的含量较少时，在该类土壤上生长的草类对干旱的抵抗力就会相应下降。热带兰在其本土上只能生长在阴暗处，不能忍耐阳光的直射，而当其处于温度较低的地区时，在阳光较为充足的条件下反而比在阴暗处长得好。植物的耐受范围会因生长发育时期、季节、环境条件的不同而发生变化。繁殖期的耐受范围一般很低，因此植物在种子萌发、开花、结实阶段的耐受性很窄。当一种植物生长旺盛时，会提高对一些生态因子的耐受范围，相反，当遇到不利因子影响它的生长发育时，也会降低它对其他因子的耐受范围。

植物的耐受范围是可以改变的。这是因为植物对环境的缓慢变化有一定的调整适应能力，甚至能逐渐适应于极端环境，但这种适应性是以减弱对其他生态因子的适应能力为代价的。一些生态幅窄的生物，对范围狭窄的极端环境条件具有极强的适应能力，但却丧失了在其他环境下生存的能力。相反，生态幅广的生物对某些极端环境的适应能力则很低。

4. 植物对生态因子适应性的调整

在强大的环境面前，植物显得非常渺小，但植物作为一个群体，对环境的适应和对生态因子的耐受性并不是完全被动的，通过进化可以使它们积极地适应环境，甚至改变自然环境

条件，从而减轻外界环境对其生长的限制作用。例如，地理分布较广的物种，长期生活在不同的地方性环境条件下，受其影响而发生遗传分化，形成不同的生态型。这种同一物种的不同生态型在耐受性方面有了明显差异，能够更好地适应特定的生境条件。

（1）驯化（Acclimatization） 生物借助于驯化过程可以调整它们对某个生态因子或某些生态因子的耐受范围。如果一种生物长期生活在它的最适生存范围偏一侧的环境条件下，就会导致该种生物耐受曲线的位置移动，并可产生一个新的最适生存范围，而最适生存范围的上下限也会发生移动。因此，驯化能在一定程度上扩大其生态幅。

驯化是指在自然环境条件下所诱发的生理补偿变化（图2-23），通常需要较长时间。有时将试验条件下所诱发的生理补偿机制也称为驯化，这种驯化对于小动物一般只需较短时间。驯化实质上是利用了生物的遗传变异性，并常常与引种工作联系起来。如三叶橡胶原产于巴西亚马逊河流域（5°N），现已在我国云南南部栽种（25°N）。在过去的1000年中，尽管人类付出了巨大的努力，但是增加的驯化物种仍然十分有限，认真地反思这一点，将对我们大有裨益。在全世界14种最有价值的驯化大型哺乳动物中，唯一一个在过去1000年里被驯化的只有驯鹿，而这却是14种物种之中价值最低的（相比之下，5种最有价值的家畜——绵羊、山羊、牛、猪和马，到公元前4000年已经被反复驯化了多次。）。现代饲养者驯化其他大型野生哺乳动物长期坚持的努力，有些实际上已经失败（如非洲大羚羊、麋鹿、驼鹿、麝牛和斑马），要不就是虽然实现了放牧养殖（鹿和美洲野牛），却仍然不能成群，而且其经济价值与五大家畜相比是微不足道的。而与之相反的是，所有最近得到有效驯化的哺乳动物物种（如北极狐、毛丝鼠、仓鼠、实验用小白鼠和兔子）都是小型哺乳动物，其经济价值在牛、羊面前实在是相形见绌。同样，那些只有在现代才首次驯化的野生植物（如蓝莓、澳洲坚果、美洲山核桃、草莓），它们的价值与小麦和大米之类在远古就已驯化的作物相比还是不值一提的。

图2-23 驯化比较图

（2）休眠（Dormancy） 休眠即处于不活动状态，是生物抵御暂时不利环境条件的非常有效的生理机制。环境条件如果超出了生物的适宜范围（但不能超出致死限度），虽然生物能维持生活，但却以休眠状态适应这种环境，因为动植物一旦进入休眠期，它们对环境条件的耐受范围就会比正常活动时宽得多。各类生物皆有休眠特性。例如，动物的冬眠（Hibernation）和夏眠（Aestivation），植物的落叶，生物的午休等。

（3）昼夜节律和其他周期性的补偿变化　生物在不同季节表现出不同的生理最适状态，因为驯化过程可使生物适应于环境条件的季节变化，甚至调节能力也有季节性变化。因此，生物在一个时期可以比其他时期具有更强的驯化能力或更大的补偿能力。补偿能力的周期性变化，大多反映了环境的周期性变化，即耐受性的节律变化或对最适条件选择的节律变化，这些变化大都是由外在因素决定的。

在温带，生物使它们的活动性合乎时宜的最可靠的依据之一是光周期。光周期不同于大多数其他的季节因子，它在一定的季节和地区通常是相同的。随着纬度增加，年日长周期的变动幅度亦增加，这就形成纬度和季节暗示。在加拿大温尼伯湖、马尼托巴湖，最长的光周期是16.5h（6月），最短的是8h（12月末）。在美国佛罗里达州的迈阿密，光周期变化范围为10.5~13.5h。光周期已经证明是“定时器”或“触发器”，它启动一系列导致植物生长和开花，鸟类和哺乳类换毛、脂肪沉积、迁移和繁殖，昆虫开始滞育的生理活动。光周期性和生物钟结合形成适应能力很强的定时机制。在高等植物中，有些种类在增加日照长度时开花，称为长日照植物，另一些种类在短日照时开花，称为短日照植物。动物亦同样对长日照或短日照起反应。花卉栽培者通过改变光周期，经常可以在不开花的季节得到盛开的鲜花。

实训1　园林植物群落的多样性

一、目的

通过对群落中物种的多样性测定，认识多样性指数的生态学意义及掌握测定物种多样性的方法。

二、材料与工具

铅笔，卷尺，野外调查记录表，记录本。

三、方法与步骤

1. 样方设置

在调查地点设置10m×10m的调查样方，并在样方的四个角和中心分别设置2m×2m、1m×1m的灌木和草本样方。

2. 调查内容

调查时主要记录调查地点、样点面积、样地环境等，样地内植物调查群落结构，各种类别按其植物的类别分别记录，需要调查的基本指标如下：

（1）乔木　名称、树高、胸径、郁闭度、应用形式、生长表现、观赏效果等。

（2）灌木（包括小乔木）　名称、高度、盖度、总盖度、应用形式、生长表现、观赏效果等。

（3）草本　名称、高度、盖度、总盖度、应用形式、生长表现、观赏效果等。

四、数据统计

Simpson指数也称集中性概率指数，Greenberg（1956）建议将下式作为多样性测度指标：

$$D_S = 1 - \sum_{i=1}^{S} \frac{N_i(N_i - 1)}{N(N-1)}$$

式中 S 为样地内物种数目；N_i 为种 i 的个体数；N 为种 i 所在样地的所有物种的个体数。

五、实训报告

根据上述调查结果，分析园林植物多样性分布情况。

知识归纳

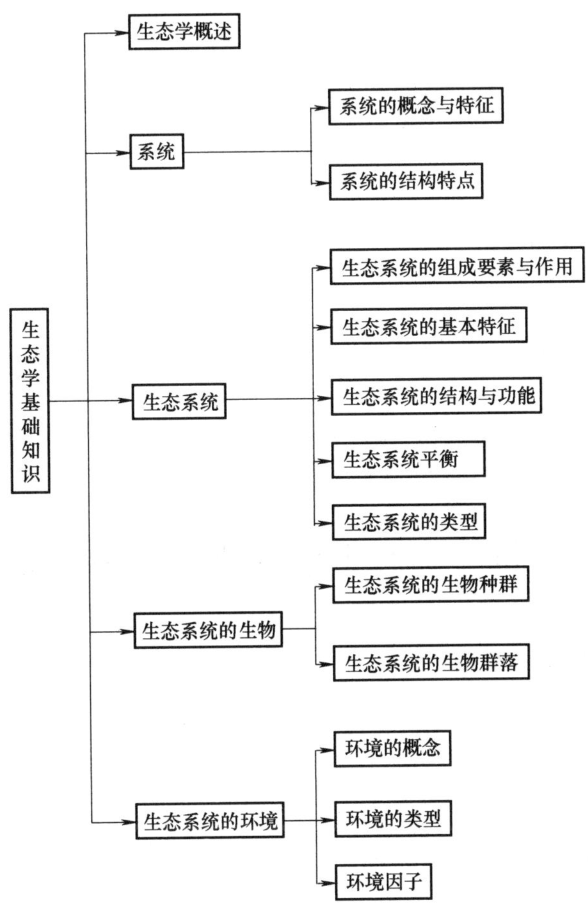

一、名词解释

1. 生态学
2. 生态系统

二、简答题

1. 生态系统的基本特征有哪些？
2. 生物种群空间分布格局的类型及其成因是什么？
3. 生物群落的基本特征有哪些？
4. 环境的类型有哪些？
5. 生态因子的特征有哪些？

项目3 园林生态系统

知识目标

- 认识园林生态系统的组成、特点及分类。
- 掌握园林生态系统的结构和基本功能。
- 了解园林生态系统的效益。

能力目标

- 能够把园林生态学基础知识熟练应用于园林绿地规划实践，并能设计简单的园林生态。
- 能够对城镇园林绿地系统进行生态分析。
- 能够对园林绿地系统的合理性进行科学评价。

任务1 园林生态系统的组成、特点及分类

一、园林生态系统的组成

园林生态系统是由园林生态环境和园林生物群落相互联系、相互作用所构成的具有一定结构和功能的生态复合体。其中，园林生态环境是园林生物群落存在的基础，为园林生物的生存、生长发育提供物质基础；园林生物群落则是园林生态系统的核心，是园林生态环境紧密相连的部分。园林生态系统由园林生态环境和园林生物群落两部分组成。

1. 园林生态环境

园林生态环境通常包括园林自然环境、园林半自然环境和园林人工环境三部分，见表3-1。

表3-1 不同园林生态环境类型特点与组成

园林生态环境类型	特　点		环境组成类型
园林自然环境	自然气候	为园林植物提供生存基础	光照、温度、湿度、降水等
	自然物质	维持植物生长发育等方面的需求	土壤、水分、氧气、各种无机盐以及非生命的有机物质等
园林半自然环境	经过人们适度的改造，受人类影响较小的园林环境		如各种大型的公园绿地环境、生产绿地环境、附属绿地环境等
园林人工环境	人工创建的，受人类强烈干扰的园林环境		如温室、大棚及各种室内园林环境

2. 园林生物群落

园林生物群落是指生活在一定的园林区域内，相互之间具有直接或间接关系的各种生物的总和，是园林生态系统的核心。园林生物群落包括园林植物、园林动物和园林微生物三类。

（1）园林植物　园林植物是园林生态系统的初级生产者，它利用光能进行光合作用合成有机物质，为园林生态系统的正常运转提供物质及能量基础。凡适合于各种类型园林绿地栽培的植物都可以称为园林植物。园林植物包括各种园林树木、草本植物、花卉等陆生和水生植物。

（2）园林动物　园林动物是指存在于园林生态系统中的所有动物，常见的园林动物主要有各种鸟类、小型兽类、两栖类、爬行类以及昆虫等。园林动物是园林生态系统的重要组成部分，对改善园林生态环境，维护园林生态平衡具有重要意义。园林动物的种类和数量随园林生态环境的不同而有较大的变化。园林植物群落层次越多，物种越丰富，园林动物的种类和数量就越多；相反，在人口密集、园林植物种类和数量贫乏的区域，园林动物的种类和数量较少。

（3）园林微生物　园林微生物是指存在于园林生态环境中的各种细菌、真菌、放线菌、藻类等，包括园林生态环境空气微生物、水体微生物和土壤微生物。

二、园林生态系统区别于自然生态系统的特点

园林生态系统来源于自然生态系统，但由于人类的干预，使得园林生态系统又明显区别于自然生态系统，主要体现在以下几个方面。

1. 植物种类构成的人为性

园林生态系统的植物种类是经过人类引种、挑选、驯化、培育而来的，其构成的群落是在人类干预下形成的。

2. 系统的高度开放性

与自然生态系统相比，园林生态系统的开放性大，更依赖于外界物质和能量的输入。一方面系统除了所需太阳能自然输入外，还需要向系统人为地输入一定量的水肥、农药、电力等物质和能量；另一方面系统中的枯枝落叶、杂草等物质也会被清除出系统，从而使园林生态系统的开放程度远远大于自然生态系统。

3. 系统环境条件的高“质量”性

为了使园林植物具有更好的生长环境，人类对园林生态系统的自然环境进行调控和改造，如通过设施建设、水肥管理、中耕除草等手段调节园林生物生长发育的环境条件，从而使园林生态环境的“质量”显著高于自然生态环境。

4. 系统稳定机制的脆弱性

与自然生态系统相比，园林生态系统的生物种类较少，园林生物对园林环境条件的依赖性较强，使园林生态系统的自然调节机制减弱，系统的自我稳定性差。因此，人类常需增加如施肥、灌水等的投入，以保持园林生态系统的稳定性。

5. 系统“目的”的服务性

自然生态系统的目的是充分利用环境中的能量和物质，维持系统结构和功能稳定。而园林生态系统的目的则是满足人类在社会生活和生态环境方面的需求，使人们置身其中精神愉悦，身心得以放松。

6. 系统特征的空间性

园林生态系统更注重空间特征的组合，园林植物景观设计中较重要的一条就是考虑植物配置时的空间特征，通过空间特征的变化，形成不同的景观。同时，正因为植物景观设计中空间的变化可以千变万化，从而构成了丰富的植物景观。这也是园林设计的魅力所在。

三、园林绿地生态系统的分类及形态结构、数量特征

1. 城市中各种园林绿地生态系统的分类

城市中各种园林植物的分布地区或凡是栽植各种园林植物（也包括自然生长植物）的地方均称为园林绿地生态系统。在我国《城市园林绿化管理暂行条例》中则将其分为公园、宅旁庭院绿地系统、行道绿地系统、防护绿地系统、圃地、墓地和风景名胜区；也有些书中将城市园林绿地分为三类：公园、公用绿地和专用绿地。总之，国内专家对园林绿地系统分类的说法尚未完全统一。至于自然保护区，是为了保护某种天然资源而划定的特定范围的自然地域，一般是自然生态系统，很少在城镇范围内，如长白山自然保护区，辽宁老铁山蛇岛自然保护区，四川卧龙、王朗以保护大熊猫为目的的自然保护区等。《城市园林绿化管理暂行条例》中的绿地系统分类如下：

（1）公园　公园是指由市政建设投资修建，经过艺术布局，具有一定的设施和内容，以供群众游览、休息、娱乐、游戏、进行科学技术活动及美化城市为主要功能的园林绿地系统。若按主题内容划分，有植物园、动物园、儿童公园、科教公园、森林公园等。若按所处位置划分，有城镇中心公园、街头微型公园、水上公园、滨河公园、近郊公园、远郊公园等。

1）市、区级综合公园特征：是指在市、区范围内以供城市居民良好的休息、游览、文化娱乐的综合性功能为主的有一定用地规模的绿地系统。市级公园面积一般在 $10hm^2$ 以上，居民乘车 30min 可到达；区级公园面积可在 $10hm^2$ 以下，步行 15min 可到达，服务半径为 1000～1500m。综合性公园的内容、设施较为完备，规模较大，质量较好。可设有露天剧场、音乐台、俱乐部、陈列馆、游艺室、溜冰场、茶室、餐馆。公园内一般有明确的功能分区，如文化活动区、儿童游戏区、休息区、动植物区等。综合性公园要求有风景优美的自然环境，用地土壤条件应适合园林植物正常生长的要求。综合性公园应尽量利用城市原有的河湖、水系等条件，如果没有天然河湖可利用，可考虑修建人工湖。

2）小型公园绿地系统：是在城市中分布最广，与广大群众接触最多，利用率最高的公共绿地。其设施内容是以植物题材为主，适当配备休息座椅、喷泉、花坛、宣传廊等园林小品。在新建城市中，小型公园绿地系统可与居住区内公共绿地相结合，建设小区公园。在旧城市改建中，贯彻“充分利用，适当改造”的方针，充分利用零星空地，开辟街头绿地作为群众休息场所。

3）儿童公园：一般是指为儿童服务的户外公共活动场所，是强调互动乐趣的功能性园林系统，同时儿童公园也强调了使用主体的特殊性，一般作为儿童成长活动的重要社会场所。儿童公园的选址用地应选择通风好、日照佳、排水畅、交通安全的地方；绿地应占公园总用地 60% 以上，具有良好的活动环境；地形水体应体现美观、安全的原则；活动项目应注意知识性、科学性、趣味性和安全性；植物设计应模拟自然景观，创造身临其境的森林环境，可适当设置植物角，有毒、有刺、有刺激性、有异味、给人体带来危害的植物不可以使

用，以免发生事故。

4）动物园：动物园作为以动物展出为主题的专类公园，是城市生态环境的一分子，主要任务是供城市居民参观及普及动物学知识。但动物园教育策略不应该以关养动物为基础，而应该将焦点放在生态系统的保护上，应充分发挥其动物优势，将动、植物在有限的空间内完美有机地结合在一起，既能满足游客娱乐观赏的要求，也能承担起对自然生态系统的保护和对公众教育的责任。动物园的用地选择应远离有烟尘及有害气体的工厂、企业，城市的喧闹区。园址应选择在城市上风方向，有水源、电源及方便的城市交通联系。如果将其设立在综合性的公园内，应设在公园的下风方向。

5）植物园：包括植物展览馆、实验室和栽培植物的苗圃、温室、场圃等地。植物园必须具有各种不同的自然风景景观，各种完善的服务设施，以供群众参观、学习、休息、游览的需要。植物园的用地必须远离居住区，但要尽可能设在远郊，要有较方便的交通条件，使群众方便到达。园址选择必须避免在城市有污染的下风下游地区，以免妨碍植物的正常生长，要有适宜的土壤水文条件。应尽量避免建在垃圾场，土壤贫瘠，或地下水位过高，缺乏水源的地方。

（2）宅旁庭院绿地系统　庭院绿地是指分散附属于居住区、各单位庭院与私人住宅，以美化人工建筑设施环境为主要功能，不公开或半公开性的绿地。庭院绿地在城市中分布最广，面积较大，且分散性很强，主要改善和美化以建筑设施为主的庭院环境，直接为生产、生活服务，所以有时也被称为专用绿地。就空间形态而言，这类绿地多围绕各种建筑设施展开布置，在城市用地中属非独立性用地。庭院绿地指标反映了城市普遍环境质量水平。

（3）行道绿地系统　它是指城镇街道、广场以及公路、铁路等行道树，或栽植的草坪、花卉等绿地。如街道树、交通绿化岛、分车绿化岛、导向岛、桥梁和立体交叉桥头的绿地以及公路、铁路两侧的行道树等，附属于城市道路的绿地。其主要功能是遮阴、防尘、降低噪声、美化街景、组织交通。

（4）防护绿地系统　它是指以改善城市自然条件、卫生条件及防灾避难为主要功能的绿地系统，如城市防护林、护堤林、防风林、卫生林、保水林和固沙林等。防护绿地系统具有独立的空间形态，即为限定性绿地空间。通常呈片状或带状分布于城市周围或若干地段，对城市环境起到整体性或区域性保护，可以防止或减轻环境灾害的产生及显著改善和提高城市生态环境质量。这类绿地具有特定的防护功能，其指标高低在一定程度上反映出城市抵御各种自然灾害及整体环境保护能力的大小。

1）城市防风林带：保护城市免受大风沙的侵袭，一般位于城市外围，建立总宽度为100～200m的防风林带，与主导风向垂直。在某些夏季炎热的地区，应设置通风林带，与夏季盛行风向平行，并可结合水系、城市道路，形成透风走廊，使季风吹入城市中心区。

2）卫生防护林带：介于工厂与居住区之间，依工业、企业散发的有害气体不同及骚扰程度不同，设有不同级别宽度的林带。

3）农田防护林：为了保证郊区农业生产不受大风影响，以获得高额而稳定的产量而设置的防护林带。一般由一定间距的方格网组成。

（5）圃地　它是指为城镇绿化培育苗木、草坪、花卉的场地。如苗圃、草圃、动物圃和园林绿化科研圃等。

（6）墓地、风景名胜区　墓地是指历史上的古墓遗址或现代人民英雄、烈士陵园等。如北京的十三陵、八宝山，南京的中山陵、雨花台等。风景名胜区一般是以城郊以外的大面

积的自然山水、名胜、森林、湿地、风景林地等为主要内容的绿地系统，配备一定设施后，可供游览、休息，适时对公众开放。如安徽的黄山、湖南的韶山、陕西的华山等以山景为主；还有以水景为主的，如杭州的西湖、青海的青海湖、武汉的东湖等；此外还有以山水结合的历史古迹、休养避暑胜地或革命圣地等为主的各类风景名胜区。

2. 园林绿地生态系统的形状结构

依照城市园林绿地系统的外部形态可以将形状结构划分为以下5类基本结构：

(1) 块状结构　这种绿地系统布局形式，可以做到均匀分布，居民方便使用，但对构成城市整体的艺术面貌作用不大，对改善城市小气候条件的作用也不显著。如公园、花园、广场绿地呈现方形、块形、不等边三角形，均匀分布，分散独立，不成一体。

(2) 带状结构　利用河湖水系、城市道路、旧城墙等因素，将市区各地区绿地，相对加以集中，形成纵横向绿带，放射状绿带与环状绿地交织的绿地网。带状绿地的布局形式容易表现城市的艺术面貌。依各种工业、企业的性质、规模、生产协作关系、运输要求为系统，形成工业区的片状绿地。将生产与生活相结合，组成一个相对完整的片状绿地。结合各市的道路、河川水系、谷地、山地等自然地形条件或构筑物的现状，将城市分为若干区，各区外围以农田或带状绿地相绕。其布局灵活，可起到分割城区的作用，具有混合式的优点。如形状较狭长的城市阔林绿地、城市道路绿地、河岸绿地等。

(3) 楔形结构　城市中由郊区伸入市中心的由宽到窄的绿地，称为楔形绿地。一般是利用河流、起伏地形、放射干道等结合城市郊区农田防护林来布置。优点是能使城市通风条件好，有利于城市艺术面貌的体现。缺点是这种形式把城市分割成放射状，不利于横向联系。简单地说是指城市园林绿地从城市中心向城市外围辐射的方式，如北京的京石、京开、京津塘等公路绿地。

(4) 环状结构　围绕全市，形成内外数个绿色环带，使公园、花园、林荫道等统一在环带中，使全市在绿色环带包围之中。但是在城市平面上，环与环之间联系不够，显得孤立，市民使用不便。概括地说是指城市园林绿地形成相对独立的环状结构的形式，如北京的三环、四环绿化等。

(5) 混合式结构　将前几种绿地系统配合，使城市绿地呈网状布置，与居住区接触面最大，方便居民散步、休息和进行各种文娱休息活动。它可以将城市绿地点、线、面相结合，组成较完善的体系。有助于城市环境卫生条件的改善，有利于丰富城市总体与各部分的艺术面貌。

3. 种类成分特征

处在不同地理位置上的每一个城镇，原来的自然植物群落就有不同，因此城市化以后，在城市中适宜栽植的园林植物种类成分也各不相同，这主要是受当地的气候环境所决定，受城市所在自然植被区域的制约。我国共分8个植被区域。一般在我国南方地区，例如，属于热带雨林或亚热带常绿阔叶林区域的地方，适宜在城镇中栽培的园林植物种类较多，如果设计得好，完全可以做到月月花香、五彩缤纷。而在北方，如温带针阔叶混合林或寒带针叶林区域，随着纬度北移，植物种类逐渐减少。那些在北方城市盲目引种南方贵重树种所造成的巨大损失，是值得吸取教训的。每个城市都应从实际出发，根据当地气候特点，依据本地区的植物区系或植被类型，以栽培本地乡土植物为主，同时注意引种驯化工作，逐渐增加适宜在本地区生长的优良绿化植物，这样也会把北方城市美化得绿草茵茵、鸟语花香。

4. 数量特征

绿地生态系统是城市景观的重要组成部分，与水、土、气候以及人为活动方式有着很密切的关系，城市绿化程度在一定程度上反映了景观生态的状况，也是城市景观质量的重要指标。常用的绿地指标如下：

（1）城市绿化覆盖率 植物枝叶所覆盖的面积称为投影盖度，通常称为覆盖率。运用植物群落的概念，对城市植物覆盖面积进行统计，得出城市绿化覆盖面积。它与城市总面积之比，即城市绿化覆盖率。绿化覆盖率是全国衡量城市绿化的标准，其公式如下：

$$\text{城市绿化覆盖率}(\%)=\frac{\text{城市绿化覆盖面积}}{\text{城市总面积}}\times 100\%$$

公式中的绿化覆盖面积，凡成片的绿地可按种植面积计算，对于零散或稀少的行道树等绿地计算种植面积时可以参照投影面积（但不可超过投影面积）。同时应把水面上的绿色面积计算在内。

（2）城市公共绿地定额指标 公共绿地是城市土地平衡的要素，其定额反映城市绿化质量和水平，通常以人均公共绿地面积或人均公园面积来表示：

$$\text{人均公共绿地面积}(m^2/\text{人})=\frac{\text{城市公共绿地总面积}}{\text{城市总人口}}$$

$$\text{人均公园面积}(m^2/\text{人})=\frac{\text{城市公园总面积}}{\text{城市总人口}}$$

（3）城市绿地定额指标 以城市全部绿地面积（公共绿地、专用绿地、街道绿地、园林生产防护林地以及风景游览区绿地等）占城市总面积的百分数以及城市人口人均绿地面积，反映城市绿化实际用地面积，通常用城市绿地率或人均绿地面积来表示：

$$\text{城市绿地率}(\%)=\frac{\text{城市园林绿地总面积}}{\text{城市总用地面积}}\times 100\%$$

$$\text{人均绿地面积}(m^2/\text{人})=\frac{\text{城市园林绿地总面积}}{\text{城市总人口}}$$

任务2 园林生态系统的结构

一、园林生态系统的物种结构

园林生态系统的物种结构是指构成园林生态系统的各种生物种类以及它们之间的数量组合关系。不同的园林生态系统类型，其生物的构成种类和数量差别较大。如草坪类型物种结构简单，仅由一个或少数几个物种构成；大型公园、植物园、城市森林等物种结构多样，是由众多的园林植物、园林动物和园林微生物所构成的功能健全的园林生态系统。

二、园林生态系统的空间结构

园林生态系统的空间结构是指系统中各种生物的空间配置状况，包括垂直结构和水平结构两类。

1. 垂直结构

在同一地段上所配置的园林植物，有的是高大乔木，属于上层植物；有的是灌木丛，属于中层植物，有的是靠近地表的草本植物，如草坪和一些草本花卉等，属于下层地表植物。上、中、下不同层次的各种植物，在空间上表现出明显的垂直结构特征。随着植物层次的差异，各种动物（如鸟类、蝶类以及各种昆虫等）也表现出不同空间的分布特征，有的在树冠上栖息，有的在树干中栖息，有的在地表或土壤中栖息，不同垂直层次上的各种生物体，各具有本身的特殊功能。

园林生态系统的垂直结构是指园林生物群落，特别是园林植物地上营养器官在不同高度的空间垂直配置状况，即成层现象。园林生态系统的植物垂直结构主要有以下几种配置方式（图3-1）。

（1）单层结构　仅由一个层次结构。

（2）灌草结构　由灌木和草本两个层次构成。

（3）乔草结构　由乔木和草本两个层次构成。

（4）乔灌结构　由乔木和灌木两个层次构成。

（5）乔灌草结构　由乔木、灌木和草本三个层次构成。

（6）多层结构　除乔木、灌木和草本三个层次外，还包括藤本植物和附着、寄生植物，它们并不形成独立的层次，而是依附于各层次其他植物体上，所以被称为层间植物。

a)　b)　c)　d)　e)　f)

图3-1　园林生态系统的垂直结构

a）单层结构　b）灌草结构　c）乔草结构　d）乔灌结构　e）乔灌草结构　f）多层结构

2. 水平结构

园林生态系统的水平结构是指园林生物群落，特别是园林植物群落在一定范围内植物群落在水平空间上的组合与分布。其表现形式主要有自然式、规则式、混合式三种类型。

（1）自然式结构　自然式结构是指水平分布上不要求一定的株、行距，也不按中轴对称式排列，无论成分中的树木、草坪、花卉等植物的种类或数量有多少，均要求搭配自然，突出自然美。园林植物在平面上的分布是仿照自然界植物群落的结构形式，经艺术提炼而成，其分布表现为随机分布、集群分布或镶嵌分布，没有人工作用痕迹。只有掌握了植物的生理生态习性，才能配置出较为理想的自然式结构，如森林公园等。

（2）规则式结构　规则式结构又称几何式结构、图案式结构。园林植物在水平分布上按特定的图形排列，或呈对称式、均匀式等规律性排列，把美丽的自然植物进行规范式的人工造型，如小型城市公园等。

（3）混合式结构　混合式结构兼容了自然式和规则式的特点，既可以克服自然式结构缺乏庄严肃穆的氛围，又可以克服规则式结构略显呆板的缺憾，而将两者有机结合，可取得较好的景观效果。在实践中，绝大多数园林采取此结构。

总之，园林植物的配置必须与周围环境密切配合，要因地制宜，使之形成协调、统一的整体，体现出生物与环境的和谐美、自然美、生态美。

三、园林生态系统的时间结构

园林生态系统的时间结构是指由于时间的变化而产生的园林生态系统的结构变化，其主要表现为季相变化和长期变化。

1. 季相变化

园林植物群落的外貌随季节的更迭而呈现不同的外貌，称为季相。植物的物候现象是园林植物群落季相变化的基础。在不同的季节，园林呈现不一样的风光，如传统的春季品花、夏季赏叶、秋季看果、冬季观枝。对园林植物进行配置时，就应充分考虑这一规律，做到四季各有重点景观，每月或每个季度均有不同的花开。结合各地区的特点，设计出在不同节日期间可观赏到不同特色的园林植物景观（图3-2）。

图3-2　西北农林科技大学校园一角景观

2. 长期变化

长期变化是指园林生态系统在大的时间尺度上的结构变化：一方面表现为园林生态系统经过一定时间的自然演替变化，如园林生态系统中乔木幼苗经过长期生长表现出高大繁茂的外部形态的变化；另一方面是通过长期规划或以不断的人工抚育为基础所形成的预定结构表现（图3-3）。

图3-3　园林景观长期变化

四、园林生态系统的营养结构

在园林生态系统中，各种不同的生物群落可归纳为生产者（绿色植物）、消费者（主要指动物，一般分为初级消费者和次级消费者两类，初级消费者即草食动物，次级消费者即肉食动物等）、分解者（细菌和真菌等微生物），这三大生物功能群彼此之间具有复杂而特殊的营养关系，通常称为营养结构。各种生物之间以食物为纽带，形成食物链和食物网，把生态系统中的各种生物和非生物环境联系起来，使物质循环、能量转化得以不断进行。自然界中自然生态系统的食物链、食物网是比较复杂的，即营养结构也是十分复杂的，而园林生态系统的营养结构由于人为干扰严重而趋向简单，其特点是园林动物、园林微生物稀少，缺乏分解者。这主要是由于园林植物群落简单，土壤表面的各种植物残体，特别是各种枯枝落叶

被及时清理造成的。园林生态系统营养结构的简单化，迫使既为园林生态系统的消费者，又为控制者和协调者的人类不得不消耗更多的能量以维持该系统的正常运行。

1. 园林生态系统的食物链

园林生态系统中的食物链包括捕食食物链、腐食食物链、寄生食物链。捕食食物链，它是以植物为基础，后者捕食前者，如树叶—虫子—小鸟；腐食食物链是以动、植物的遗体为食物链的起点，腐烂的动、植物遗体被土壤或水体中的微生物分解利用，后者与前者是腐生性关系，如植物残体—蚯蚓—线虫类—节肢动物；寄生食物链是指一些寄生生活的生物之间存在的营养关系。园林生态系统食物链主要以捕食食物链为主，腐食食物链为辅，这是因为园林生态系统是一个开放的系统，人为活动频繁，为了保持系统环境，动、植物残体被人为清除，使残留在园林生态系统中的很少，所以腐食食物链相对较弱。

2. 园林生态系统的食物网

园林生态系统的食物链彼此交错连接，形成一个网状结构，即食物网。园林生态系统中的食物网相对自然生态系统的较为简单，主要因为园林生态系统的破碎化，一方面破碎化造成园林绿地的面积较小，小块的绿地不可能满足大型动物对栖息地环境的要求；另一方面小块的园林绿地只能靠道路绿地连接起来，但道路绿地的人流和车流量大，不利于动物的迁移，造成动物数量的稀少，以上两个原因使得园林生态系统的食物网结构简单，营养级数量较少。

3. 园林生态系统的营养结构特点

园林生态系统中的营养结构符合生态系统的基本原理，除此之外还具有其自身的特点。由于园林生态系统中的生物种类较少，所以食物链和食物网相对简单，表现为营养结构也相对简单，营养级的数量较少，这与食物网的特征相符。另外，园林生态系统营养结构的变化还与其人工能量的流入相关，人工追加肥料和土壤较多，人工投入保证了园林生态系统中物质循环和能量流动按人为的方向运转。

任务3　园林生态系统的基本功能

园林生态系统也具有3个基本的功能特征：物质循环、能量流动和信息传递。园林生态系统中的信息传递一般来说相对较弱，主要原因是在设计过程中较少考虑植物之间的相互影响，特别是植物间的相克现象。但是以生态的要求进行植物景观设计时必须考虑不同植物间的信息传递，以求利用植物间的信息传递促进园林生态系统的健康发展。

一、园林生态系统的能量流动

1. 园林生态系统的物质生产的基本概念

（1）初级生产　园林生态系统中的能量流动开始于园林植物通过光合作用对太阳能的固定，因为这是园林生态系统中第一次能量固定，所以园林植物所固定的太阳能或所制造的有机物质称为初级生产量或第一性生产量。在初级生产过程中，园林植物固定的能量有一部分被植物自己的呼吸消耗掉，剩下的可用于植物的生长和繁殖，这部分生产量称为净初级生产量，净初级生产量是可供生态系统中其他生物利用的能量。

（2）次级生产　园林生态系统的次级生产是指园林生态系统中的消费者和分解者利用

初级生产物质进行同化作用建造自身和繁殖后代的过程。一般净初级生产量只有一小部分被食草动物所利用，即使是被园林动物吃进体内的植物，也有一部分通过动物的消化道排出体外，例如，蝗虫只能消化吃进食物的30%，其余70%以粪便形式排出体外。被异养生物同化的能量称为净次级生产量，其中一部分用于动物的呼吸代谢和生命的维持，并最终以热的形式消耗掉，其余部分用于动物的生长和繁殖。

2. 园林生态系统的能量流动过程

（1）能量的概念　能量是园林生态系统的驱动力，园林生态系统中各种生物的生理状况、生长发育行为、分布和生态作用，主要由能量需求状况的满足程度所决定。园林生态系统中的能量关系主要表现在三个方面：①有机物质的合成过程，即生产者（园林植物）吸收太阳能合成初级生产量；②活的有机物质被各级消费者消费的过程；③死的有机物质腐烂和被生物分解的过程。能量在上述三个过程的转化可视作能量流。能量输入园林生态系统而得以储存，通过消费者的消耗和腐生生物分解等一系列能量转化的代谢活动，能量不断消耗并转化为热能输出系统，所以，园林生态系统必须不断有能量的补充，否则就会瓦解。

（2）园林态系统能量来源　园林生态系统的能量来源主要来自太阳辐射，同时各种人工辅助能也占相当大的比重。人工辅助能是指人们在从事生产活动过程中有意识投入的各种形式的能量，如施肥、灌溉、育种，目的是改善生产条件，提高生产力。一旦人工辅助能的补充终止，园林生态系统就会按照自然生态系统演替的方向进行，而不是按人工的意愿进行，因而对于园林生态系统就如同种庄稼一样，必须不断地投入能源，才能保证园林生态系统按照人们的意愿进行运转。人工辅助能在园林生态系统中所占的比重相对较大，且有增多的趋势。

（3）园林生态系统能量流动的途径　捕食食物链和腐食食物链是园林生态系统能量流动的主要途径。园林生态系统中的能量沿着这两种食物链不断流动。能量流动以捕食食物链作为主线，将绿色植物与消费者之间进行能量代谢的过程有机地联系起来。通过取食与被取食的关系，沿着食物链将生态系统中的生产者与消费者联系起来，同时产生反馈作用进行调节。捕食食物链的每一个环节上都有一定的新陈代谢产物进入到腐食食物链中，从而把两类主要的食物链联系起来。

3. 园林生态系统能量流动的特点

园林生态系统的能量流动与自然生态系统一样，能量的流动是沿着生产者和消费者的顺序，即按营养级逐级减少的。生态系统中的能量流动是一个能量不断消耗的过程，这是生态系统中能量流动的特点之一。在能量流动过程中，一部分能量用于维持生命活动而被消耗，另一部分能量用于合成新的组织或作为势能储藏起来。生态系统中能量流动的另一个显著特点是能量的流动是单方向的。当太阳的光能进入生态系统后，一部分以热能的形式逸散到环境中，它不再返回太阳，而被绿色植物固定的太阳光能也因转变为化学能不会再返回太阳。动物从植物获得能量同样不再回到植物，而动、植物呼吸时放出的能量散发到外界环境中也不能重新利用。但园林生态系统由于人为干扰，使其与自然生态系统的能量流动过程不同，表现在以下三个方面：

1）园林动物数量较少，对园林植物的消耗也少。

2）园林生态系统的开放程度大，其人工辅助能相对较多。

3）园林植物的枯枝落叶及修剪枝叶，大部分经人工收集处理，能量消耗于系统外部。

只有小部分由园林微生物分解将营养物质还原给园林生态环境，营养物质流失量大。

4. 能量流动在园林生态系统中的应用

园林生态系统的能量流动主要受人为干扰，但应尽量增加园林植物的种类及数量，以充分发挥园林动物与园林微生物的作用，减少园林管理者的能量投入，同时，促进园林生态系统自身的调节机制，使人类更能接近自然，享受自然。

二、园林生态系统的物质循环

园林生态系统中生命成分的生存和繁衍，除需要能量外，还必须从环境中得到生命活动所需要的各种营养物质。物质是能量的载体，没有物质，能量就会自由散失，也就不可能沿着食物链传递。所以，物质既是维持生命活动的结构基础，也是储存化学能的运载工具。将园林生态系统的能量流动和物质循环紧密联系，共同进行，维持园林生态系统的生长发育和进化演替。能量流进入并通过生态系统，最终从生态系统中消失；它是单向流动的，但物质却不同，它们一旦从与能量的结合中解脱，就会返回生态系统的非生物环境，重新被植物吸收利用。

1. 物质循环的概念和分类

园林生态系统从大气、水体和土壤等环境中获得营养物质，通过园林植物吸收，进入生态系统，被其他生物重复利用，最后归还于环境中，这个过程就叫作园林生态系统物质循环。在园林生态系统中能量不断流动，而物质不断循环，能量流动和物质循环是园林生态系统的两个基本过程。正是这两个过程，使园林生态系统各个营养级之间和各种成分之间组成一个完整的功能单位。

园林生态系统的物质循环也称为园林生态系统的养分循环。园林生态系统的物质循环相当复杂，有些养分主要在生物和大气之间循环，有些养分在生物与土壤之间循环，或者两者兼而有之。园林植物和园林动物体内保存的养分，构成内部循环。根据养分循环活动的范围，可将物质循环分为三类：地球化学循环、生物地球化学循环和生物化学循环。地球化学循环，是指养分在生态系统之间的循环；生物地球化学循环，是指养分在生态系统内部的循环；生物化学循环，是指养分元素在生物体内部的循环。在园林生态系统中，由于人为投入较多的物质和能量，而流出系统的物质和能量也相对较多，因而系统之间的地球化学循环相对较多。同时植物体内部之间养分元素的再次分配也较多，决定了园林生态系统主要以地球化学循环和生物化学循环为主。地球化学循环的类型包括水循环、气体型循环、沉积型循环三类。

2. 地球化学循环

（1）水循环　水循环是指地球上的水连续不断地变换地理位置和物理形态（相变）的运动过程，又称为水分循环或水文循环。水和水的循环对于生态系统具有特别重要的意义。不仅生物体的大部分（约 70%）是由水构成的，而且各种生命活动都离不开水。水在一个地方将岩石浸蚀，而在另一个地方又将浸蚀物沉降下来，久而久之就会带来明显的地理变化。水中携带着大量的多种化学物质（各种盐和气体）且周而复始地循环，极大地影响着各类营养物质在地球上的分布。除此之外，水对于能量的传递和利用也有着重要影响。地球上大量的热能用于将冰融化为水、使水温升高和将水化为蒸汽。因此，水有防止温度发生剧烈波动的重要生态作用。

水循环主要是在植物、陆地、海洋和大气层之间进行，主要是指海洋蒸发的水分经过大气环流，即水分的垂直运动与水平运动，把一部分水分送到大陆上空，再经降水落到陆地上，又有一部分经过地表径流或地下径流流入到河流、湖泊，最后流入到海洋的整个循环过程（图3-4）。

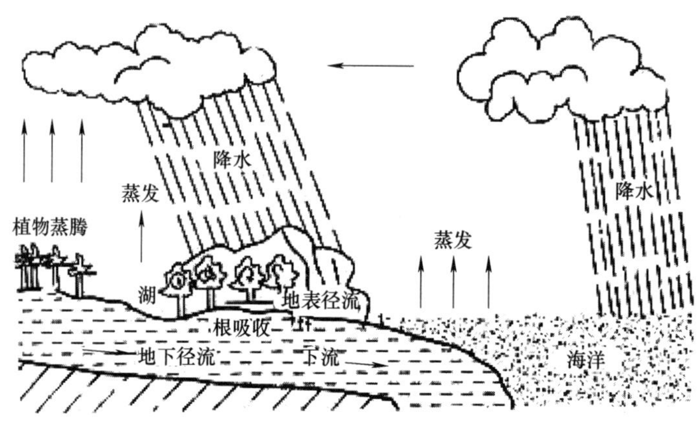

图3-4　水循环

水循环的另一特点是因为每年降到地面的雨雪大约有35%又以地表径流的形式流入海洋，这些地表径流能够溶解和携带大量的营养物质，因此它可以将各种营养物质从一个生态系统搬运到另一个生态系统，这对补充某些生态系统营养物质的不足起着重要作用。在生产实践中，水循环对于人类社会及生产活动也有着重要的意义。水循环的存在，使人类赖以生存的水资源得到不断更新，成为一种再生资源，可以永久使用。位于杭州市余杭区余杭镇中泰乡西面的中泰花木生态园，从规划选址开始就一直遵循着生态园林的建设原则。例如，其中的中泰苗圃整个区域山地占50%以上，农田、水域各占20%左右，其他10%左右。园区水源主要有：自西向东的溪流（属南若溪支流）、中心景观湖（人工）和周围山上地表径流，纵横交错长达30000m的循环水系。利用这些水资源，规划建设了中心湖——桂湖景区、生态湿地科研展示区和湿生、水生植物种植生产区。溪水进入中泰水循环体系后，首先被用作农田灌溉，灌溉水被植物吸收后，剩余部分通过排水沟进入湿生、水生植物种植区。在这一区域内，水体得到净化。净化后的水通过沟渠重新回到溪流中被用作农田灌溉，从而形成中泰水循环体系，这一水循环系统既为苗木生产提供了水源，同时也发挥着净化水质、调节流量、涵养水源、控制洪水、清除和转化毒物与杂质、保留营养物质、保持小气候、提供野生动物栖息地、旅游休闲、教育和科研等方面的作用。

（2）气体型循环

1）碳循环。碳是植物有机物质的主要组分之一。大气中的碳通过植物光合作用从大气中以二氧化碳的形式进入陆地生态系统的生物地球化学循环。除此之外，含碳的岩石经过风化以及溶在雨水中以碳酸氢根形式经植物根的吸收进入生物地球化学循环。植物呼吸释放的二氧化碳又将碳返回大气，合成构成植物体有机物的碳进入捕食食物链和腐食食物链。腐食食物链中的腐生异养生物呼吸放出二氧化碳也能释放大量的碳，但有一定数量的碳以甲烷形式返回大气层。被释放的二氧化碳只有小部分被植物重新吸收利用，大部分返回大气层或溶于海水中（图3-5）。

2）氮循环。氮气在大气中含量最高，约占大气的78%，这一巨大的氮库对大多生物是无效的。地球上多数类型的净生产受缺氮的限制。大气中氮以氮气、氨气、硝酸根离子、铵离子形式存在，这四种形式的氮都可进入生物地球化学循环。硝态氮和氨态氮主要以干尸沉降形式进入生态系统，它们可以被植物叶片直接吸收，其数量占植物需氮量的10%左右。氮循环与碳循环有较大的不同，虽然这两种元素都通过大气库进入生态系统，但氮储量与生物退化有广泛联系，而且氮循环没有碳循环那样复杂的调节途径，氮进入生态系统后，会引起生态系统一系列复杂的变化。氮先被植物以硝酸根离子、氨根离子形式吸收，转化成有机物，再沿营养链流动，最终返回土壤（图3-6）。

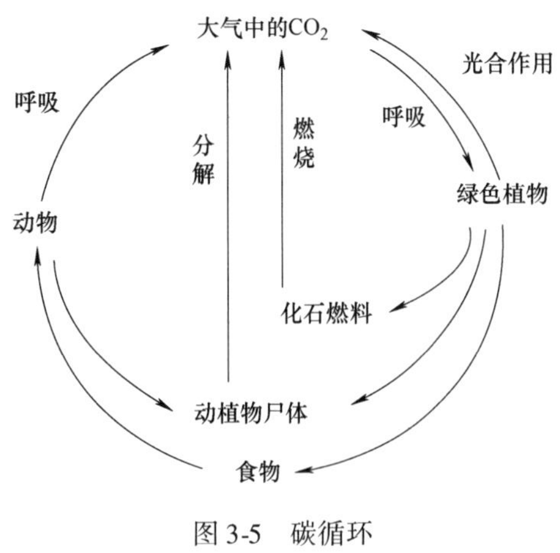

图3-5 碳循环

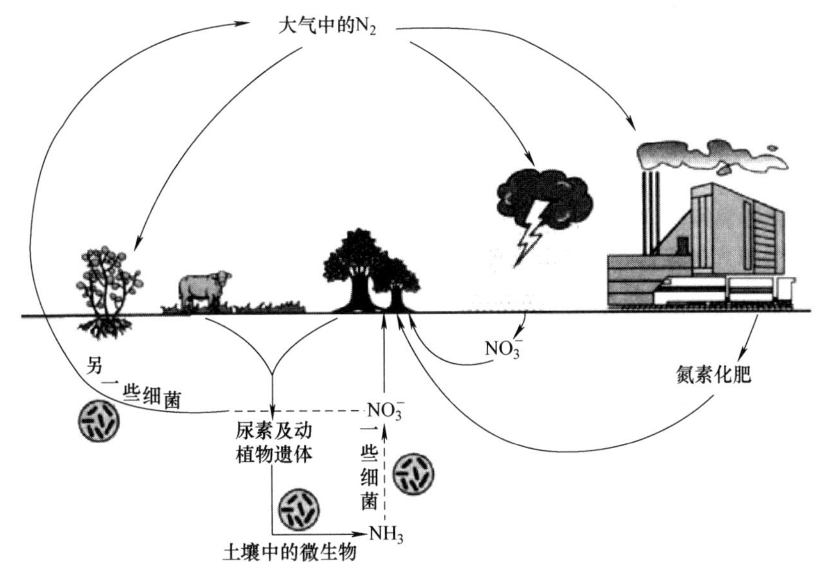

图3-6 氮循环

（3）沉积型循环 沉积型循环中主要进行的是硫循环。硫在大气中的数量比氮少。硫的循环与氮和碳非常相似。硫与碳一样，在海洋面与大气层之间，大量硫以二氧化硫的形式发生交换，虽然这一交换的途径还未十分明了，但可以推测，在气、水相面具有一个与碳十分相似的平衡体系来维持二氧化硫浓度。在大气中硫以二氧化硫和硫化氢的形式存在。大气二氧化硫的来源包括植物释放、海水及火山爆发、化石燃料及有机质燃烧（如林火或采伐剩余物焚烧）等。硫化氢可来自火山或嫌气微生物对有机物的分解二氧化硫和亚硫酸根与大气水结合生成次硫酸和硫酸，再与金属盐反应（如海水中的氯化钠）而形成硫酸盐微粒悬浮于空气中。大气硫酸盐通过多种途径进入生物地球化学循环，其中一部分可通过植物叶片直接从空气中被吸收（如二氧化硫），但大部分硫酸盐从大气沉降到土壤中，主要是以硫酸根形式由根系从土壤中吸收，用于有机分子（如氨基酸）合成等。这些物质最终通过腐食食物链再返回土壤，再次进行分解作用或被植物吸收。在好气条件下，真菌和细菌进行分解而形成无机硫酸盐；在厌氧条件下，白硫菌属将硫化氢氧化成硫，而硫杆菌属则将硫化氢氧化成硫酸根离子。土壤硫酸盐的有效性受复杂的化学自养和异样微生物区系的控制（图3-7）。

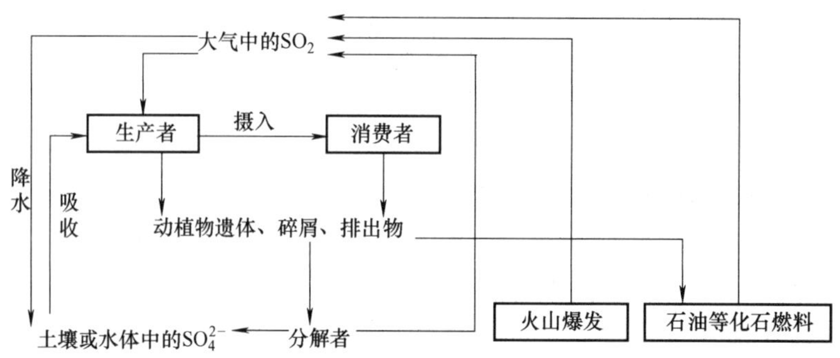

图 3-7　硫循环

3. 生物化学循环

生物化学循环是指养分在植物体内的再分配。园林植物不仅依靠根和叶片从植物体外部获得营养和能量以满足自身的生长发育需求，而且在植物体内，储存的营养物质还能进行再分配。例如，叶子脱落前，衰老叶片中的有机养料和矿质大部分已被运到植物仍然生长的部位或储藏器官。假如植物没有能力把即将脱落的老龄叶的养分转移到体内，将会有大量的养分随凋落物损失掉。据芬兰研究，欧洲松 4 年生针叶脱落前比其原重减少了 17%，氮、磷、钾相应减少了 69%、81% 和 80%，这些养分从针叶输出，先是储存在靠近老叶的树皮和新枝里，然后在树木的生长发育过程中输向最需要营养的组织和器官，通过这一途径，树木每年可以获得相当多的所需养分。养分在植物体内的再分配，对植物有着多方面的作用，植物体内储存的养分可以在土壤养分不足时，或在 1 年内养分难以利用期间维持植物生长，如落叶树种在春初的萌发、长叶、开花所消耗的养分绝大部分来自树木体内储存的养分；而当土壤养分充足时，即使植物生长不需要更多的养分，仍能继续吸收养分并储存起来，以供不足时利用。植物体内养分的再分配只能在一定程度上缓解养分的不足，并不能从根本上解决养分的亏缺，要保证植物正常生长发育必须通过额外补充养分来满足植物生长需要。

4. 园林生态系统物质循环的特点

园林生态系统内部的物质循环是指在园林生态系统内，各种化学元素和化合物沿着特定的途径从环境到生物体，再从生物体到环境，不断进行的反复循环变化的过程。例如，园林树木的落叶被土壤中微生物分解成简单物质进入土壤后，被园林树木根系再吸收利用。

园林生态系统中养分元素循环具有以下几个特点：

（1）人工投入养分的量相对较多　所有生态系统中养分元素的绝大部分来源于土壤，除此之外，不同生态系统的养分元素的补充途径、方法和数量不一致。园林生态系统主要是以观景休闲为主，这就需要投入大量的人力和能量来进行维护。其中要投入大量植物所需的营养元素，绝大部分是氮、磷、钾，除此之外，就是植物生长不需要但又是维持植物生长所必须施用的一些物质，如施杀虫剂和杀菌剂，通过大气和其他途径输入养分元素相对较少。而在自然生态系统中，人工投入的养分元素基本上没有，只通过大气和沉降等途径获得养分元素，并积累起来。

（2）养分元素流失量较大　与高投入的养分元素相比，园林生态系统中养分元素的流失量也相对较大，其流失是通过雨水冲刷、淋洗流失、枯枝落叶人为收集等途径流出系统，还有一部分是为了维持良好的景观而对植物人为地修建，而被修剪掉的植物体部分被收集走使养分元素流失。

（3）人为控制养分元素的流失是降低养分成本的有效方法　园林生态系统养分成本的维持一方面是不断对植物进行修剪，消耗养分，另一方面是不断对消耗的养分进行补充，这两方面可以在园林生态系统的设计过程中通过有目的地选择园林植物而得到优化。例如：可以选用一些观赏性强而生长缓慢的植物来减少植物的修剪次数，从而减少植物的修剪次数而减少养分元素的损失；可以选择一些本身具有固定养分元素功能的植物来减少植物养分元素不断地被消耗掉，如蝶形花科植物具有固氮能力，能将大气中的氮固定下来作为本身生长所需的营养元素，从而不断提高园林生态系统中的养分元素，减少人为养分的投入，降低养分成本。

5. 物质循环在园林生态系统中的应用

（1）减少园林生态系统中养分投入的措施

1）在一些有条件的由园林植物构成的小片丛林中，在收集了枯枝落叶后可适当堆积在系统内，通过微生物的分解，使养分元素回归土壤，提高土壤肥力，减少系统能量流失，从而减少人为养分投入，降低养分运行成本。

2）对园林植物的养护采取科学决策，以较少的投入维持系统的运行。例如，对园林植物进行科学施肥，只补充植物生长所需要的量，这样既可以降低养分成本又可以减少对生态环境的污染。对于病虫害的防治采用综合防治措施，并把综合防治贯穿规则设计到养护的整个过程，尽量避免施用杀菌剂和杀虫剂，减少对生态环境的污染，维持系统生物多样性。

3）对植物的修剪制定合理的修剪时间。例如：落叶植物的修剪可以安排在冬季进行，这样可减少养分的损失；施肥前应进行植物的修剪，以使植物损失的养分尽快得以恢复。同时对植物修剪的枝条进行养分分析，在土壤养分分析的基础上，进行针对性施肥。

4）对植物施肥尽量选用有机肥，以改善土壤的理化性质和结构，促进植物的生长发育。

5）在植物景观设计中，根据植物特点选择合适植物。不同的植物对环境的要求不同，同时对环境的改善作用也不同，为减少养护成本，提高植物成活率，维持植物景观，就要求必须做到适地适树，使植物健康生长，形成最佳景观效果。

（2）利用园林生态系统废弃物优化园林生态系统　园林绿化废弃物对绿地生态系统物质循环、能量流动、土壤肥力、污染物吸附、粉尘控制和野生动物栖息等影响得到越来越多的共识。从生态资源角度出发，研究和推广绿地废弃物资源化，优化绿地生态系统结构，是更好发挥绿地废弃物生态功能的根本目标和途径，也是城市绿化转型发展的重要方面。

1）原地利用：枯枝落叶的形成和分解过程基本处于动态平衡，可在自然物质循环过程中，形成自我维持和自肥的生态机制。因此，园林生态系统可保持枯枝落叶的自然形态，利用自然过程分解利用。同时，枯枝落叶也是营造绿地野趣和季相景观的重要方面，更是许多小型野生动物的栖息地和食物。原地利用途径可以应用于环城绿带、城郊公园、城郊森林等大型绿地。

2）粉碎覆盖：树干和树枝分解较慢，尤其是行道树修剪物，将切割粉碎后的木片和木屑覆盖在绿地土壤表面，通过分解过程，促进绿地生态系统物质循环，这样可明显改善土壤质量，钝化重金属污染，并对降低大气悬浮物具有积极效果。粉碎覆盖途径可广泛应用于公园绿地、居住区绿地和道路绿地等。

3）堆肥利用：堆肥技术是推进园林绿化废弃物产业化发展的主要途径，除了必要的政策扶持和资金补助外，还应进一步筛选转化效率高而专一的菌株，研制适宜的堆肥温度、湿度、pH 条件和 C/N 等综合参数，降低堆肥过程的臭味等次生污染，提高堆肥效率。

三、园林生态系统的信息传递

信息传递不像物质循环那样是循环的，也不像能量流动那样是单向的，而是双向的，有从输入到输出的信息传递，也有从输出到输入的信息反馈。正是由于这种信息传递，才使生态系统产生了自动调节机制。

1. 园林生态系统信息的分类

生态系统中包含着多种多样的信息，主要可以分为物理信息、化学信息两大类。

（1）物理信息　生态系统中以物理过程为传递形式的信息为物理信息，如光信息、声信息、电信息、磁信息等。光对植物的重要作用主要表现在光合作用上，但在一些情况下，光也可以作为一种信息调节和控制植物的生长发育。例如，许多园林植物都具有明显的光周期现象，当日照时间达到一定长度时才能开花，根据这种情况被划分为长日照植物、短日照植物、日中性植物。有些植物如夜来香、一串红、无花果等的种子必须接受某些波长的光信息才能萌发。光照时间长短与光照强度的变化，如一年四季变化及昼夜变化，不仅对一些植物的开花、休眠发挥着调控作用，甚至对植物叶片的运动有影响，例如：合欢树叶片在白天张开，在夜晚闭合；鸟类在繁殖季节时，常伴有鲜艳色彩羽毛或其他的奇特装饰以及美妙动人的鸣叫等，这些特长能在求偶时尽情显露。有些植物也能感受声音的信息，如含羞草在强烈声音的刺激下，就会表现出小叶合拢、叶柄下垂的运动。

在生物中存在较多的是生物放电现象，特别是鱼类。植物与动物一样，其组织和细胞存在着放电现象，因为活细胞的膜都存在着静电位，任何外部的刺激，包括电刺激都会引起动态电位的产生，形成电位差，引起电荷的传播，植物细胞就是电刺激的接收器。植物对磁场也有反应，据研究，在磁场异常地区播种的小麦、黑麦、玉米、向日葵及一年生牧草，其产量比在磁场正常地区低。蒲公英即使在很弱的磁场中，开花也要晚得多，在磁场中长期生长会死亡。许多动物是靠感受地球的磁场信息来辨别方向的，如候鸟的迁徙能准确地到达目的地、工蜂将花蜜运回蜂巢。

（2）化学信息　生态系统的各个层次都有生物代谢产生的化学物质参与传递信息、协调各种功能，这种传递信息的化学物质通称为信息素。信息素尽管量不多，但却涉及从个体到群体的一系列活动。化学信息是生态系统中信息传递的重要组成部分。在个体内，通过激素或神经体液系统调节各器官的活动；在种群内，通过种内信息素协调个体间的活动，以调节受纳动物的发育、繁殖、行为，并提供某些情报储存在记忆中；在群落内，通过种间信息素调节种群间的活动。种间信息素类物质已知结构的约有 0.3×10^4 种，主要是各类次生代谢物，如生物碱、萜类、黄酮类、苷类和芳香族化合物等。

同种动物间以释放化学物质传递信息是相当普遍的现象。例如：长爪沙鼠能从四种小型啮齿类的外激素中分出同种的气味；鼷属可通过气味区别出本亚种和其他亚种；猎豹和猫科

动物有着高度发达的用尿标志的结构，它们总是仔细观察前兽留下来的痕迹，并由此传达时间信息，避免与栖居在同一地区的对手相互遭遇。生物种间也存在着化学通信联系，而且这种联系不仅见于动物与动物之间，也常见于动物与植物、植物与植物之间。不同的动物对植物的气味有不同的反应，蜜蜂取食和传粉，除与植物花的香味、花粉和蜜的营养价值紧密相关外，还与许多花中含有昆虫的性信息素成分有关。事实上，除一些昆虫外，差不多所有的哺乳动物，可能还有鸟类和爬行类，都能鉴别滋味和识别气味。

在植物群落中，一种植物通过某些化学物质的分泌和排泄而影响另一种植物的生长甚至生存的现象是很普遍的。一些植物通过挥发、淋溶、根系分泌或残株腐烂等途径，把次生代谢物释放到环境中，促进或抑制其他植物的生长和萌发，影响其竞争力，从而对群落的种类结构和空间结构产生影响。有些植物分泌化学亲和物质，起到相互促进的作用，如榆树和栎树，白桦和松树之间的相互拮抗作用。

物种在进化过程中，逐渐形成释放化学信号于体外的特性，这些信号或对释放者本身有利，或有益于信号接受者，从而影响着生物的生长、健康或物种的生物特征。例如：黄鼬（黄鼠狼）有一种臭腺，释放出来的臭液气味难闻，它既有防止敌害追捕的作用，也有助于获取食物；有些金丝桃属的植物，能分泌一种能引起光敏性和刺激皮肤的化学物质——海棠素，使误食的动物变盲或致死，故多数动物会避开这种植物，但叶甲却利用这种海棠素作为引诱剂以找到食物之所在；烟草中的尼古丁和其他植物碱可使烟草上的蚜虫麻痹；成熟橡树叶子含有的单宁不仅能抑制细菌和病毒，同时它还使蛋白质形成不能消化的复杂物质，限制脊椎动物和蛾类幼虫的取食；胡桃树的叶表面可产生一种物质，被雨水冲洗落到土壤中，可抑制土壤中其他灌木和草本植物的生长。这些都是植物进行自我保护并向其他生物所发出的化学信息。

2. 信息在园林生态系统中的应用

（1）光信息在园林生态系统中的应用　利用光信息可调节和控制园林生物的发生发展。例如，利用各种昆虫的趋光特点进行诱杀。昆虫都有趋光的特点，但不同昆虫对各种光波长的反应不完全相同，因此可用不同的光来诱杀害虫。碧沙岗公园在南大草坪等处首次使用了太阳能杀虫灯，利用光趋性，对害虫进行诱杀、捕杀，经过一年多的试验观察，灯控区内的夜蛾科害虫危害率降低40%～50%，能够诱杀1000多种园林害虫，减少了农药施用量，促进了园林生态平衡。

根据各种园林植物的光周期特性和繁殖器官不同，人工控制光周期在花卉上应用很多，例如，菊花属短日照花卉，在自然光照条件下，一般于立冬前后开花。为了观赏的目的，如果要使菊花赶上国庆节开花，可把5月扦插的菊花苗，在7月中旬以后将每天日照时间控制在8～10h，其余时间用黑布罩盖。经过处理，1个月后菊花便会出现花蕾。如果从5～6月起，每天下午5时至翌日7时进行黑暗处理，菊花则可在夏天怒放。在菊花始蕾前1个月，每天除让菊花接受自然光照外，晚上再辅以日光灯照射，将光照时间延长13～14h，并保持一定温度，花期则会延迟到元旦至春节。此外，在园林植物的引种中，纬度相近地区的植物引种易成功。短日照植物北移因生长季日照延长，长日照植物南移因生长季日照缩短，都有延迟发育的作用；反之，短日照植物南移，或长日照植物北移有促进发育的作用。短日照植物引种时，温度和光照长度的效应是相互叠加的，对发育期提早或推迟的影响较为突出，南北距离较远时，则不易成功。长日照植物南北引种，光温影响是补偿的，一般较易成功。但在热量条件较差地区，从高纬度引种短日照植物，往往有利于避霜早熟。在育种上可利用光照处理调节不同光周期的植物，在同一时间开花进行杂交，培育优良品种。

（2）化学信息在园林生态系统中的应用　卡尔逊和林茨于1959年倡议采用性外激素这一术语。它是昆虫分泌到体外的一种挥发性的物质，是对同种昆虫的其他个体发出的化学信号而影响它们的行为，故称为信息素。根据其化学结构，目前已人工合成20多种性外激素，将其用于防治害虫上，效果显著。例如，利用性外引诱剂“迷向法”防治害虫。具体做法是，释放过量的人工合成性引诱剂，使雄虫无法辨认雌虫的方位，或者使它的气味感染器变得不适应或疲劳，不再对雌虫有反应，从而干扰害虫的正常交尾活动，这种“迷向法”防治害虫的方法在城市园林害虫防治上已广泛应用。

植物间的信息传递表现为植物向外分泌的次生代谢物质，对其他植物产生直接或间接的相互排斥和促进的作用称为化感作用。有的植物如胜红蓟、莎草等在生长发育过程中能分泌一些化学物质，使周围的其他植物死亡而形成单一植物群落；有的植物喜欢与其他植物共居，并且相互间有明显的促进作用，如玫瑰和百合、皂角和白蜡树等。利用植物化感作用的相生相克效应在园林绿化过程中合理地进行植物配置。植物与植物之间存在着相生相克的关系，这就要求园林设计师在考虑绿化美化效果的同时也要兼顾到植物之间的适应性。如果把相克的植物配置在一起，经过一段时间的生长，优势种群生长过旺，使次生种群不能正常地生长，这样不仅起不到美化效果，而且还会破坏植物之间的生态平衡。反之，把相生的植物放在一起，那么就会达到一种和谐的效果。因此，在园林绿化过程中，必须要十分了解植物的生长习性。在园林绿化中，杂草将会破坏植物生长的和谐。防除杂草，人们会首选除草剂，但大量使用化学除草剂对农业生态系统和人类赖以生存的环境造成巨大危害，并且绿化的地带又是人类活动的主要场所，除草剂的使用将会危及人们的身心健康和自然界，有些植物所释放的化感物质只有类似除草剂的特征和作用，且有很强的选择性和高效性，可以对其周围的杂草进行抑制。

在自然界中，有些植物分泌出的物质，可使食草动物、昆虫产生厌食、拒食效果，具有毒杀和干扰激素等作用，从而来保护自身的安全。

任务4　园林生态系统的效益

城市园林生态系统是城市生态系统中具有自净能力的组成部分，对于改善生态环境质量、丰富与美化景观起着十分重要的作用。城市园林绿化对保护环境、维护城市生态平衡具有极其重要的作用，其主要体现为园林生态系统的生态效益、社会效益和经济效益三个方面。

一、园林生态系统的生态效益

城市中的太阳辐射、气温、空气湿度、风等因子及其作用对于形成不同地区的小气候具有重要作用，因此从探讨园林生态系统对上述因子的影响方面，便可了解小气候的变化情况。

1. 园林植物具有遮阴降温效应

太阳辐射照到园林植物的树冠上，一般约有15%被反射，75%被吸收，10%左右透过

树冠，其中树冠吸收的部分主要用于蒸腾散热。由于透过树冠达到地面的辐射减少，使地面及近地层空气的增温明显减少。园林树木在夏季对气温的影响主要表现在以下几个方面：

1）能使日平均温度降低1～3℃。

2）能使最高温度降低2～4℃。

3）能减少日高温持续时间，在日最高温达38℃时，35℃以上的高温持续时间减少3h。

4）能降低地面温度，一般在高温期间可降低10～15℃。

在沈阳、北京等地调查中发现，气温越高，绿化地带的降温效果越显著。一般是25～30℃时，可降低1℃左右；30～35℃时，降低2℃左右；35℃以上时可降低2～3℃，可见树冠是夏季空气的天然冷却器，这种说法颇有道理。此外，地被植物也可以降低气温。夏季中午草坪的辐射温度比铺石地面低1.4℃，两种地面上的气温相差1.6℃。

2. 园林植物可提高相对湿度

园林生态系统可以增加空气湿度。据实测，一株普通的白杨树夏季白天平均蒸腾25kg/h的水分。当园林绿化覆盖率达到30%以上时，空气相对湿度能增加大约8%。据测定，公园中的湿度比城市中其他地方高27%。郑芷青观测了广州飞蛾岭和睡狮头园林生态系统的不同地段的湿度，林地内年平均湿度较住宅旁绿地和裸露地高，年均相对湿度较裸露地高达14%（表3-2）。

表3-2 1990—1991年各测点相对湿度比较表 （单位:%）

月份	林地	绿地	裸露地
1	93	85	70
4	89	88	82
7	86	81	75
10	85	77	60
年均	86	81	72

3. 园林植物可以减轻城市“热岛效应”

城市“热岛效应”是指城市中的气温明显高于外围郊区的现象。不同性质的垫面对太阳辐射的吸收、反射率都不同。城市内道路、建筑物、广场等，它们对太阳辐射的反射率较大（如光滑路面的反射率为30%），而它们所吸收的辐射能绝大部分用于加热空气，从而使城区内温度大大高于郊区，形成所谓的城市“热岛效应”。但树木却具有吸收和反射太阳光线的作用，大约有20.25%的热量被反射回空中，有35%的热量被树冠吸收。就大面积布局的城市园林而言，在夏季由于植被对太阳的反射及自身的蒸腾作用，使园林绿地内部的温度降低。而对周围非绿地而言，在夏季由于上层空气增热较快，加热了的空气密度小、体积变大而上升，邻近的园林绿地因地温较低空气凉爽，地面气压较高，从而高气压的园林绿地大气向低气压的空地吹去，这就是生活在大片绿地周围的人们感到凉风习习的原因。园林绿化可以通过气压的变化，形成一个有效的循环，使城市的“热岛效应”得到有效的缓解。

4. 园林植物具有防风与调节气流的作用

城市绿地可以降低气流速度。当气流进入树丛时，由于与树干、树枝和树叶的摩擦，消耗了大量能量，风速锐减，能降低大风对城市的负面影响。绿地也能促使空气对流，大片绿地和周围的空地间有一定的温差，当平静无风时，这种气温梯度能导致一定的气压梯度。据

估算，绿化地带的较冷空气可以 1m/s 的速度流向非绿化地区，产生局部小环流。

5. 园林植物具有防止闪光的作用

辐射直接影响人的温热感，也影响人的视觉。特别是当太阳光通过反光物质（如玻璃、钢铁、铝合金、水泥、水面等）的表面再反射到人的视野中时，就会产生不舒适感。例如：夜间对面射来的车灯等反射光常使人感到不舒适；空气中固体微粒的散射常使人不易辨清直射光与散射光的光源，这将导致产生光雾使人感觉非常不适。绿色植物却是直射光和反射光的良好屏障，所以在交通上常利用树木代替高速公路上的遮光板，既可控制车灯对驾驶员的影响，又可以起到美化的作用。还可以用树木区分各种类型的车道与人行道，也可以用固定模式指点人们方向（如在交叉路口、方形广场等地），即可做分车的绿化岛及导向岛等。

6. 净化空气与防治污染

城市中由于人口、交通及工业的集中，使其空气污染逐渐严重。在现代城市建设中，为防治城市空气污染，在城市中发展园林绿地，使之具有较大面积、构成良好的园林生态系统，其效果才更明显，才能达到净化空气、防治污染的目的，其主要作用表现如下：

（1）碳氧平衡　城市是一个巨大的能源消耗系统，产生大量的温室气体及有害物质。1996 年，东京耗氧量达 4.8×10^7t；美国仅石油燃烧耗氧量相当于国内植物制氧量的 25%。城市绿地作为城市系统的子系统，能通过光合作用吸收一定的二氧化碳并还原成有机物，同时释放出氧气。绿色植物每生产 1g 干物质，吸收二氧化碳达 1.47g，释放氧气量达 1.07g。1hm^2 城市阔叶林一天可吸收 1000kg 二氧化碳，释放 730kg 氧气。每人耗氧超 800g/天，因此 1hm^2 城市森林绿地制氧量可供 1000 人生理所用。

（2）吸收有毒气体　据国内外的大量调查，许多植物都具有吸收氟化氢、二氧化硫、一氧化氮等有毒气体的作用。中国科学院于 1979 年对植物吸收二氧化硫的能力进行了研究（表 3-3）。不同树种对二氧化硫都有一定的吸收能力，对降低空气中的二氧化硫含量有积极作用。绿色植物通过气体交换，使一定数量的空气污染物质进入植物体内，降低了空气中污染物的浓度。

表 3-3　植物吸收 SO_2 的能力（mg/g 干叶）

植　物	电厂污染	对照区	差　值	对二氧化硫的抗性
白蜡	5.83	2.75	3.08	中
水杉	6.84	3.98	2.86	弱
柿树	5.85	3.63	2.22	较强
女贞	4.90	2.82	2.08	强
香椿	4.32	2.85	1.47	中
柳杉	4.16	2.78	1.38	较强
国槐	5.11	4.13	0.98	中
广玉兰	2.94	2.47	0.47	强

园林植物对空气中氟化氢的吸收能减少氟化物对环境的危害。对氟化氢净化能力较强的树种有榆树、花曲柳、刺槐、旱柳、泡桐、梧桐、大叶黄杨、女贞等；而臭椿、桃叶卫茅、紫丁香等则净化能力较差。对于大气中重金属铅、镉的吸收，各种植物间的差异很大，最高量和最低量相差 7～8 倍，一般乔木 > 亚乔木 > 灌木。

（3）吸滞尘埃　园林树木能大量减少空气中的灰尘和粉尘，树木吸滞和过滤灰尘的作用表现在两方面：一方面由于树林枝冠茂密，具有强大的减低风速的作用，随着风速的减低，气流中携带的大粒灰尘下降；另一方面由于有些树木叶子表面粗糙不平，多茸毛，分泌黏性油脂或汁液，能吸附空气中大量的灰尘及飘尘。蒙尘的树木经过雨水冲洗后，又能恢复其滞尘作用。树木的叶面积总数很大。据统计：森林叶面积的总和为森林占地面积的数十倍。因此其吸滞烟尘的能力是很大的。我国研究人员对一般工业区的初步研究表明，空气中飘尘的浓度，绿化地区较非绿化地区少10%～50%。可见，树木是空气的天然过滤器。吸滞尘埃量较大的园林树种有针叶树、旱柳、家榆、加拿大杨等。值得重视的是，对于草坪的滞尘作用应当充分认识，由于它的叶面积指数较大（生长旺盛季节可达22～28），滞尘效果不比其他植物逊色，而且它还具有防止二次起尘的重要作用。当然由树木组成的林带也具有自己的特色，它体积高大，防风作用强，对于减少空气中的含尘量与影响范围都是比较大的。因此，采用乔木、灌木、草坪等组成园林绿地系统是比较理想的。

（4）杀菌作用　城市由于其特殊的生态环境，细菌种类多且密度大，常见的菌类有杆菌、球菌、丝状菌、真菌等100多种。这些微生物都借助于空气中的灰尘等悬浮物进行传播。植物的叶面有阻尘、吸尘作用，从而阻挡了有害微生物的传播途径，减少了其对人类及生境的危害。蒋臼珍对南京市及杭州市不同地方空气中的含菌量进行了检测（表3-4）。从表3-4可以看出：绿化状况越好，空气中的细菌含量越少。据调查，北京王府井与中山公园相距很近，人流状况也差不多，但园林绿化覆盖率却差异很大，空气中的含菌量前者是后者的7倍，海淀镇的含菌量是海淀小公园的18倍，香山停车场内空气中的含菌量是香山公园的2倍，一些道路上的空气含菌量为公园的5倍。可见，园林绿地对防治生物污染能起到积极的作用。

表3-4　不同绿地类型空气中的含菌量

类　别	采样地点	绿化程度	细菌含量/（个/m^3）
公共场所	解放路百货商店（杭州）		15600
	武林汽车站候车室（杭州）		31551
	火车站候车室（杭州）		18448
	火车站（南京）		49700
	百货公司（南京）		21100
街道	天目山路（杭州）	行道小树	20690
	天水桥（杭州）	行道小树	14136
	西山路（杭州）	树大浓荫	4310
	新街口（南京）	绿化好，人车多	24480
	太平路（南京）	绿化好，车多	7850
	西康路（南京）	绿化好，人车少	5530
公园	玉泉公园（杭州）	绿化好，人多	3267
	西山公园（杭州）	绿化好	2069
	玄武湖（南京）	水面为主，绿地为辅	6980
	灵谷寺（南京）	森林公园	1372
植物园	植物园草坪（杭州）	树丛中心大草坪	950
	植物研究所（南京）	人少，树木茂密	1046

(5) 减弱噪声　城市中的噪声是一种环境污染，对人们的工作、学习和身体健康均有影响。城市中的园林植物则是消除噪声的有效措施，据国内外调查，消减噪声与树种特性，园林绿带的宽度、结构等有密切关系。

研究表明，30m宽的林带可以降低噪声7dB；高大稠密的宽林带可降低噪声5~8dB，甚至10dB；乔、灌、草相结合的绿地，可降低噪声8~12dB。树木对声波频率吸收的变化，与人的听觉器官对不同频率的反应恰好相对应。人对低频率噪声反应不敏感，而对2000~5000Hz的高频噪声反应敏感，而树木吸收声音频率能力最大区域恰在4000~5200Hz之间。从大量调查中发现，疏松的树木群比成行的树木消减噪声效果好，分枝低、树冠低的乔木比分枝高、树冠高的乔木消减噪声效果好，行道树之间栽植灌木和绿篱比单行乔木消减噪声效果好，具有重叠排列、大而坚硬叶子的树种在着叶季节消减噪声效果较好，针叶树消减噪声好于落叶树等。因此采用针阔混交，乔、灌、草结合以及多层次、多条带的方式消减噪声的效果是比较好的。汪嘉熙等对绿地消减噪声的效果进行了研究（表3-5），发现不同种类的绿地对消减噪声都起着一定的作用，桧柏、雪松、水杉对消减噪声的效果较好，而悬铃木、龙柏、海桐效果相对较差。

表3-5　各种林带消减噪声的效果

绿地类型	绿带宽带/m	绿带离生源距离/m	通过绿带后衰减值/dB	相应空地衰减值/dB	绿化树带净衰减值/dB
桧柏林带	18	6	16	6	10
雪松、水杉（4行）	22	18	15	7	8
悬铃木（3行）	25	0	16	10	6
椤木、海桐、绿篱	4	11	8.5	2.5	6
毛白杨纯林带	34	8	16	11	5
龙柏、海桐（4行）	13	35	6	2	4
悬铃木（1行）	10	6.5	7	5	2

(6) 其他　城市园林植物除上述净化空气、防治空气污染以外，对于利用水生植物防治城市污水（如造纸厂的废水等）的问题已引起普遍重视。据国内外试验，在污水中培植水生植物（如水浮莲、水花生、浮萍以及芦苇、香蒲等）及其共生的微生物，对于降低污水色度、减少重金属（如铅、镉、铬、铜等）含量、降低化学需氧量、增加溶解氧等均有良好效果，可以起到一定程度的净化污水的作用，如果将这种生物措施再辅助以其他工程措施（如机械爆气等），效果是较为理想的。至于利用栽植树木减少土壤污染（尤其是重金属污染）的问题已取得良好效果，今后必将受到广泛重视和推广应用。

二、园林生态系统的社会效益

我国非常重视城市园林绿化事业，设置了许多可供游览、观赏、休息，以及开展文体活动、科普学习的场所与园林景点，使人们从中得到无穷的乐趣，既可放松精神缓解疲劳，又可陶冶情操。所以加强城市园林生态系统的建设既是美化环境，又是实现城市精神文明建设的重要标志之一，具有重要的社会效益。

1. 美化环境、陶冶情操

园林是自然景观的提炼和再现，是人工艺术环境和生态环境的创造，是美化城市的一个

重要手段。园林包括姿态美、色彩美、嗅觉美、意境美，使人感到亲切、自在、舒适，而不像硬建筑那样有约束力。一个城市的美丽，除了在城市规划设计、施工上善于利用城市的地形、道路、河流、建筑配合环境，灵活巧妙地体现城市的美丽外，还可以运用树木花草不同的形状、颜色、用途和风格，配置出一年四季色彩丰富，乔木、灌木、花卉、草皮层层叠叠的绿地，镶嵌在城市、工厂的建筑群中。它不仅使城市披上绿装，而且其瑰丽的色彩伴以芬芳的花香，点缀在绿树成荫、翡郁葱茏中，更能起到画龙点睛、锦上添花的作用。人们从园林有关景象的直觉开始，通过联想而深化认识、展开想象，脑子里产生优美的意境，仿佛看到了景外之景，听到了弦外之音。这种园林意境融会了人的思想情趣与理想的精神内容，满足了人们对感情生活、道德情操的追求，为广大人民群众劳动、工作、学习、生活创造优美、清新、舒适的环境。

2. 建筑用途

园林植物同其他建筑材料一样，可用于建筑设计与施工，发挥建筑物的作用。通常是运用树木对视线的遮挡与引导作用，依据园林植物自身特有的形状、色泽、体积、结构特征、随季节而变化的动态发育规律以及设计者的目的，采用框景、衬景、遮景、补景、增景、隔景等工艺手段，灵活巧妙地布置园林植物，使建筑物之间、建筑物与周围环境之间取得和谐的美感，起到一定的建筑效果。

3. 防火、防震及保卫作用

城市园林生态系统具有一定的防火功能。由于许多园林树木本身具有不易着火的特性，因此将其种植在城市居民区和工作区的各种建筑物之间，可以起到防止火势蔓延的作用。一般不易着火的树木具有以下特点：含树脂少，含水多，萌芽、分蘖能力强，着火时不易产生火焰。防火比较好的树种主要是阔叶树，其中落叶阔叶树种有银杏、麻栎、臭椿、刺槐、白兰、柳树、泡桐、悬铃木、枫香、乌桕、桦树等；常绿阔叶树种有珊瑚树（法国冬青）、厚皮香、山茓、茓茶、罗汉松、蚊母、八角金盘、夹竹桃、女贞、青冈栎、大叶黄杨、棕榈等。

城市绿化有利于战备，对重要的建筑物、军事设备、保密设施等可以起隐蔽作用。起隐蔽作用的树种应以常绿树种为主，一年四季皆有效果。较好的隐蔽树种有桧柏、侧柏、龙柏、樟树、雪松、马尾松、黑松、棕榈、石楠、柳杉、女贞、珊瑚树、广玉兰、蚊母、桉树等。落叶性高大乔木如杨树、悬铃木、枫杨等在春、夏、秋季能起明显作用，也应适当配置。绿化植树比较茂密的地段如公园、街道绿地等，还可以减轻因爆炸引起的振动而减少损失，同时也是地震避难的好场所。1976 年 7 月北京市受唐山地震波及，从调查证实，15 处公园绿地总面积 400 多公顷，疏散居民 20 余万人。同时地震不会引起树木倒伏，可充分利用树木搭棚，创造临时户外生活的条件。

三、园林生态系统的经济效益

过去人们往往不重视城市园林生态系统的经济效益，认为园林绿化只能观赏，不能利用（即食用或药用），甚至有人在思想上就认为搞园林绿化是赔钱行业，全靠国家投资，最多每年发动群众搞些植树活动等。这种思想有局限性，限制了城市园林绿化事业的发展。实际上发展城市园林事业是全民的社会性问题，既应有政府的重视和投资，也应充分发动群众调动全民的积极性。政府部门既要重视城市园林生态系统的生态效益、社会效益，也要重视它的经济效益。目前，许多国家对城市绿化的经济效益已相当重视，尤其是对发展家庭园艺更为突出。例如，波兰的华沙市内，有许多块隙地，分布于街头巷尾，市政当局鼓励居民发展家庭果园、菜园和种花，或开辟大片草坪，或在大街两侧设置立体园林，目前这类小巧的花园、果园、菜园达3000hm^2，占市区面积的6%左右。在巴黎也提倡大力发展家庭园林，分布于大街小巷，家庭园林的参加者占全市居民的20%，为当地市场提供花卉、蔬菜和水果达30%以上。在罗马等地也均有类似情况。许多国家利用城市高层建筑发展阳台花卉，或进行盆栽水果、蔬菜和药用植物，于是矮化苹果、矮化葡萄、矮生柠檬、盆栽草莓、盆栽药材已成为家庭园林的主要种植对象，既可供观赏、美化环境，又有经济价值，这一发展趋势也必将影响我国的城市园林绿化。

我国园林植物资源丰富，发展城市药用和食用园林植物更为有利。例如：利用香樟、乌桕、油茶和山茶等的种子可以榨油；丁香玫瑰、瑞香、刺槐、香樟等可提供香精原料；杏、柿、枣、梨、枇杷、橘、葡萄、苹果等可供食用及制酒、果酱、罐头等；白榆、白杨、悬钩子、杉木、女贞、木桂、紫薇、锦鸡儿、月季、木芙蓉、杨梅、合欢、肉桂、五味子等数不胜数，如果能充分利用和发展，其效益是非常可观的。

此外，搞好城市园林绿化也可以积蓄一定木材供国家建筑使用和满足居民生活需要，如果能充分利用枯枝落叶做肥料，或用叶子、果实与种子生产家畜饲料，均可收到经济效益。

当前，首要的是提高人们对城市园林生态系统经济效益的认识；同时应建立合理的规章制度和经济政策，以促进城市园林绿化的经济效益，但重点应放在发展多种形式的园林绿化生产方面。

实训2　校园道路绿地系统群落结构调查

一、实训目标

1. 了解校园道路绿地系统群落物种的组成及组成特征。

2. 根据调查结果，为校园道路绿地系统植物群落的合理配置提出一些参考建议。

3. 通过本次训练，使学生掌握植物群落调查的方法及调查全程序，使其具备相应生态系统调查能力。

4. 通过本次训练，使学生具有初步的生态系统实践应用能力。

二、实训地点

调查选择本校校园或所在地其他学校校园，进行实地调查。

三、实训方法

1. 样地的选择

调查以校园内的道路绿地系统作为一个典型群落，采取每木调查的方式，对校园所有主干道的行道树及道路旁2m以内的绿地系统进行全面调查。

2. 调查内容

1）绿地系统中群落的植物名称：包括乔木、灌木和地被植物三类。

2）群落结构。

3）群落中植物的数量：乔木和灌木按株统计，地被植物按面积统计。

四、实训用具

《植物志》3本、数码相机3台、调查记录表、卷尺、标本夹。

五、实训过程

1. 实训小组的建立

2. 实训计划的安排

3. 实训计划的实施

1）确定调查地点。

2）调查设计。

3）调查用具准备。

4）现场调查、记录。

5）调查资料整理。用 Excel 进行资料的录入和整理。

6）撰写调查报告。调查资料整理汇总后，每个学生自拟题目撰写调查报告。调查报告应由学生本人在教师指导下独立完成，而且要求材料真实，报告结构完整，语言通畅，格式符合论文规范（表3-6、表3-7）。

表3-6 乔木（灌木）植物调查表

调查地点： 调查日期：

样地编号	植物种类名称	所属科、属	数量/株	备注

表3-7 地被植物调查表

调查地点： 调查日期：

样地编号	植物种类名称	所属科、属	面积/m^2	备注

知识归纳

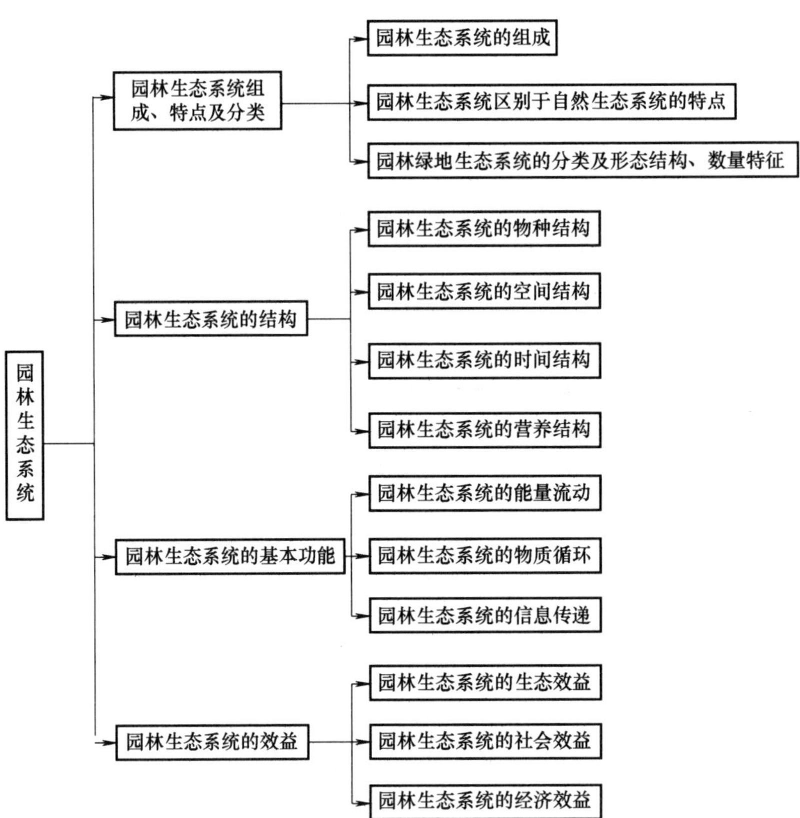

习题

一、名词解释

1. 园林生态系统
2. 园林生态系统结构
3. 食物链
4. 植物群落

二、填空题

1. 在园林生态系统中，生物群落包括（　　）（　　）（　　）。
2. 园林生态系统的功能包括（　　）（　　）（　　）。

三、思考题

1. 园林生态系统与自然生态系统的区别表现在哪些方面？
2. 园林生态系统的结构包括哪些内容？
3. 简述园林生态系统能量流动的特点。

项目4　园林植物与生态因子的关系

知识目标

- 了解环境与生态因子的概念及分类。
- 认识生态因子作用的原理及规律。
- 掌握非生物因子（光、温度、水分、土壤、大气）对园林植物的影响及园林植物对非生物因子的适应。
- 掌握生物因子（微生物、动物、人）与园林植物的关系。

能力目标

- 能够利用植物与环境之间的相互作用关系分析一些自然现象。
- 能够将生态因子对园林植物的影响应用于园林建设和管理。

任务1　非生物因子对园林植物的作用

一、光照条件对园林植物的作用

1. 光照强度的生态作用

（1）光合作用　光合作用是绿色植物利用叶绿素等光合色素在可见光的照射下，将二氧化碳和水转化为有机物，并释放出氧气的生化过程。在一定的生态条件下，光照强度制约着光合作用及有机物产量。在黑暗中光合作用停止，呼吸作用依然进行，消耗着储存的有机物，表现为植物向外界释放 CO_2。在较微弱的光照下，植物光合作用便已开始，并从外界吸收 CO_2。当光照强度达到某一水平时，光合作用吸收的 CO_2 与呼吸作用释放的 CO_2 彼此平衡，此时的光照强度称为光补偿点。超过光补偿点后，光合作用强度几乎与光照强度成比例地增长，有机物合成量超出呼吸消耗量的数额就是净光合作用。净光合作用增长到一定程度趋于稳定，即使提高光照强度也不再起促进作用，此时的光照强度称为光饱和点（图4-1）。

（2）光照强度对植物生长和形态的作用　光照强度与植物茎、叶的生长及形态结构有密切关系。光是影响叶绿素形成的主要因素，一般植物在黑暗中不能合成叶绿素，但能合成胡萝卜素，导致叶片发黄。在弱光照条件下，植物幼茎的节间充分延伸，形成细而长的茎；在充足的光照条件下则节间变短，茎变粗。光能促进植物组织的分化，有利于胚轴微管中管状细胞的形成，因此在充足的光照条件下，树苗的茎有发育良好的木质部。萌芽是由树木体内的生长激素引起的，当树皮暴露在较强的太阳光辐射下，生长激素增多，刺激不定芽，从而形成较多的侧梢。在弱光照下，大多数树木的幼苗根系都较浅，较不发达。充足的阳光还能促进苗木根系的生长，形成较大的根茎比。

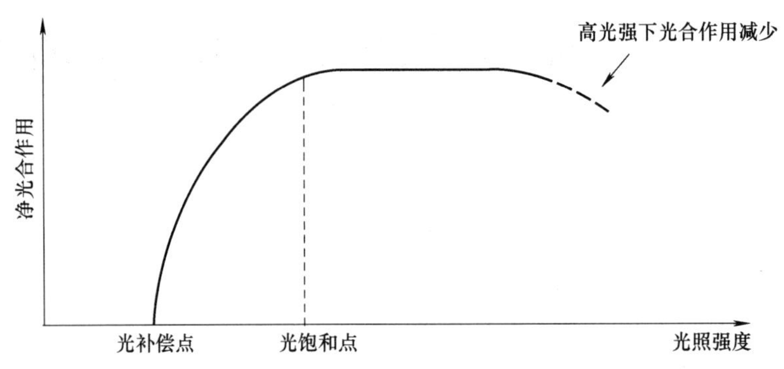

图 4-1　光合作用对光照强度的响应

2. 光质的生态作用

光是一种电磁波，具有能量。光具有粒子性质，又称为光子。光子的能量与其波长成反比，分为 7 种颜色：赤、橙、黄、绿、青、蓝、紫。在可见光区，紫光波长最短，能量最大；红光波长较长，能量最小。植物的光合作用只是利用可见光的大部分，通常将这部分辐射称为生理有效辐射或光合有效辐射。在生理有效辐射中，红、橙光是被叶绿素吸收最多的部分，具有最大的光合活性，所以也称为生理有效光。其次是蓝、紫光也能被叶绿素、胡萝卜素等强烈吸收，只有绿光在光合作用中很少被吸收利用。

大多数植物在全可见光谱下生长最好，有些植物能够在缺少其中某些波长的情况下生长。许多试验证明，不同波长的光对植物的生长有不同影响：蓝紫光和青光对植物生长及幼芽形成有很大作用，能抑制植物的伸长而使植物形成矮粗形态；青蓝紫光还能影响植物的向光性，并能促进花青素等植物色素的形成；蓝光还能激活光合作用中同化 CO_2 的酶类；蓝紫光也是支配细胞分化的最重要光线；红光能促进植物伸长生长；不可见光中的紫外线能使植物体内某些激素的形成受到抑制，从而抑制茎的伸长；紫外线还能引起植物向光性的敏感和促进花青素形成，它使植物细胞液，特别是表皮细胞液累积去氢黄酮衍生物，再使之还原成为花青素；红外线能促进植物茎的伸长生长，促进植物种子或孢子萌发，提高植物体温度等。

3. 园林植物对光的生态适应

（1）园林植物对光照强度的适应　植物一般都需要在充足光照条件下完成生长发育过程，但是不同树种，尤其是幼龄阶段，对光照强度的适应范围，特别是对弱光的适应能力有明显差异。有些植物能适应较弱的光照，另一些植物需在较强光照条件下才能正常生长发育而不耐荫蔽。根据植物对光照强度的要求，一般可将植物分为阳性植物、阴性植物和耐阴植物。

1）阳性植物。阳性植物需要全日照，需光的最下限是全日照的 1/10～1/5，而且在水分、温度等生态因子适合的情况下，不存在光照过度的问题，在荫蔽和弱光条件下生长发育不良。这类植物多生长在旷野、路边等地。如蓟、蒲公英、杨、柳等，旱生植物和大多数农作物也属于阳性植物。

这类植物的形态特征是叶子排列稀疏，角质层较发达，栅栏组织和海绵组织分化明显，机械组织发达，其叶内总表面（叶内细胞间隙的总表面）比叶外表面多16～29倍。单位面积上的气孔数多。叶脉很密，叶绿素含量高，类胡萝卜素含量相对较高，并有明显的叶绿体位移现象。

2）阴性植物。阴性植物是指在较弱的光照条件下要比在强光下生长得好的植物。需光量可低于全日照的1/50，呼吸和蒸腾作用均较弱。它们最适的光合作用所需的光照强度低于全日照。阴性植物多生长在潮湿、背阴的地方或生于密林内。如林下蕨类植物、苔藓植物以及铁杉、红豆杉、人参、三七、半夏等。这类植物枝叶茂盛，没有角质层或角质层很薄，栅栏组织不发达，有的甚至栅栏组织与海绵组织很难区别，叶内总表面仅为叶外表面的6～9倍。气孔与叶绿体较少，叶绿体大，有利于吸收散射光。由于单位面积内叶绿素含量少，因此它能在低光照强度下吸收较多的光线，以提高其光合效能。阴性植物叶绿素 a/b 值小，叶绿素 b 在蓝紫光部分的吸收带较宽，它能在散射光下强烈利用蓝紫光。阴性植物叶绿体的一个明显特征是具有大的基粒，每个基粒可能含有100个类囊体，这与其叶绿素 b 比例较高相一致，因为基粒类囊体含有比基质片层更低的叶绿素 a/b 值。同样，阴性植物有自己独特的生理特征。

3）耐阴植物。耐阴植物是介于上述两者之间的植物。在全日照下生长最好。但也能忍耐适度的荫蔽，所需最小光量为全日照的1/50～1/10，如麦冬、玉竹、党参、侧柏、青杆、云杉等。了解植物与光照强度的关系，对农林业生产具有重要意义。无论是引种、栽培还是物种的驯化，都要考虑植物对光的需求和环境中的光照条件，并采取相应的措施。如植物南移时，由于纬度减小，光照强度增强，需要考虑采取遮阴措施以帮助植物较快适应强光环境。

（2）日照长度与光周期现象　每日光照长短常常控制植物体的生长发育，植物的光周期现象是植物的生长发育对日照长度规律性变化的反应。根据植物开花过程对日照长度的要求，可将植物分为以下4个生态类型。

1）短日照植物。它是指在较短日照条件下促进开花的植物。当日照超过一定长度时便不开花或明显推迟开花时间。这种植物在24h的周期中有一定时间的连续黑暗才能形成花芽，也即在长夜条件下促进开花的植物。在一定范围内，暗期越长，开花越早，一般需要14h以上的黑暗才能开花。在自然栽培条件下，通常在深秋与早春开花的植物多属此类，用人工方法缩短光照时间，可使这类植物提前开花。如菊花、牵牛花、苍耳、大豆等，在春季短日照条件下生长营养体，到春末夏初日照时数变长时才开花结实。

2）长日照植物。它是指在较长日照条件下促进开花的植物。当日照短于一定长度时，便不能开花或推迟开花时间。它在短暗期或连续照明条件下促进开花。光照时间愈长，开花愈早，通常需要14h以上的光照才能开花。用人工方法延长光照时间可使这类植物提前开花。如小麦、蚕豆、萝卜、菠菜、天仙子、甜菜、胡萝卜等。

3）中日照植物。它是指昼夜长短近于相等才能开花的植物。这类植物在日照时间过长或过短时都不能开花。赤道附近、热带、亚热带的很多植物为中日照植物，如甘蔗等。

4）日中性植物。它是指在长短不同的任何日照条件下都能开花的植物。也就是说这类植物对日照长短要求不严。如蒲公英、月季、扶桑、香石竹、番茄、四季豆、黄瓜等，一年四季都可以生产（在北方，冬季可在温室中种植），它们不受日照长度的影响。

光周期现象的生态效应是多方面的，除了与植物生殖生长密切相关外，还与营养生长有关。从植物种子的萌发、茎的生长和分枝到叶的脱落和休眠，都与光周期有关。

植物开花需一定日照长度的特性主要与其原产地的自然日照的长度有密切的关系。一般来说，短日照植物起源于低纬度地区，长日照植物则起源于高纬度地区。不同地区的城市有着不同的光周期变化特点。进行园林植物引种时，只有考虑原产地与引种地光周期变化的差异及植物对光周期的反应特性和敏感程度，才能保证引种的成功（图 4-2）。

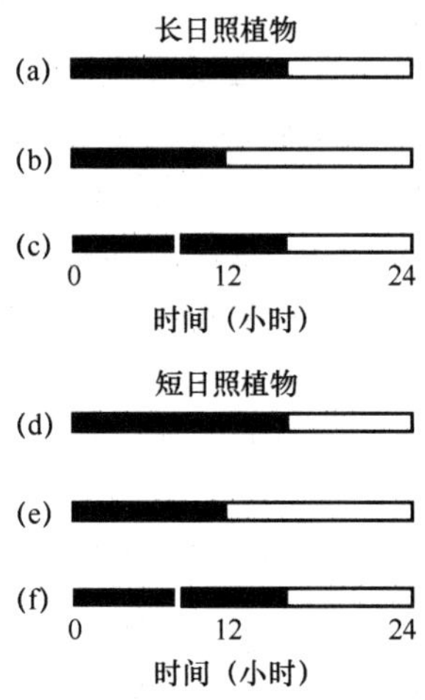

A. (a) (b) (c) 开花； (d) (e) (f) 不开花
B. (a) (b) (d) 开花； (c) (e) (f) 不开花
C. (b) (c) (e) 开花； (a) (d) (f) 不开花
D. (b) (c) (d) 开花； (a) (e) (f) 不开花

图 4-2　长日照植物与短日照植物开花效应

二、温度条件对园林植物的作用

1. 温度对园林植物的生态作用

温度因子对于植物的生理活动和生化反应是极端重要的，而作为植物的生态因子而言，温度因子的变化对植物的生长发育和分布具有极其重要的作用。首先，植物的一系列生理过程都必须在一定的温度条件下才能进行，在适宜的温度范围内，植物能正常生长发育并完成其生活史，温度过高或过低，都将对植物产生不利影响甚至导致死亡。因此，温度是植物生长发育和分布的限制因子之一。其次，植物对温度的影响还表现在温度的变化能影响环境中其他因子的变化，从而间接地影响植物的生长发育。

（1）季节性变温对植物的影响　不同地区的四季长短是有差异的，其差异的大小受其他因子（如地形、海拔、纬度、季风、雨量等）的综合影响。该地区的植物，由于长期适应于这种季节性的变化，就形成一定的生长发育节奏，即物候期。物候期不是完全不变的，它会随着每年季节性变温和其他气候因子的综合作用而在一定范围内波动。在园林建设中，必须对当地的气候变化以及植物的物候期有充分的了解，只有这样才能发挥植物的园林功能以及进行合理的栽培管理措施。

（2）昼夜变温对植物的影响　植物对昼夜温度变化的适应性称为“温周期”。这种性质

可以表现在以下几个方面：

1）种子的发芽。多数种子在变温条件下可发芽良好，而在恒温条件下反而发芽略差。

2）植物的生长。大多数植物均表现为在昼夜变温条件下比恒温条件下生长良好。其原因可能是适应性及昼夜温差大，有利于营养积累。

3）植物的开花结果。在变温和一定程度的较大温差下，开花较多且较大，果实也较大，品质也较好。

植物的温周期特性与植物的遗传性和原产地日温变化的特性有关。一般而言，原产于大陆性气候地区的植物在日变幅为10～15℃条件下生长发育最好；原产于海洋性气候区的植物在日变幅为5～10℃条件下生长发育最好；一些热带植物能在日变幅很小的条件下生长发育良好。

（3）突变温度对植物的影响　植物在生长期中如果遇到温度的突然变化，会打乱植物生理进程的程序而造成伤害，严重的会造成死亡。温度的突变可分为突然低温和突然高温两种情况。

1）低温危害

① 冷害：指0℃以上的低温对植物造成的伤害。由于在低温条件下ATP减少，酶系统紊乱、活性降低，导致植物的光合、呼吸、蒸腾作用以及植物吸收、运输、转移等生理活动的活性降低，植物各项生理活动之间的协调关系遭到破坏。冷害是喜温植物往北引种的主要障碍。

② 冻害：指冰点以下的低温使植物体内的液态水形成冰晶引起的伤害。冰晶一方面使细胞失水，引起细胞原生质浓缩，造成胶体物质的沉淀，另一方面使细胞压力增大，促使胞膜变性和细胞壁破裂，严重时可引起植物死亡。当植物受冷害后，温度的急剧回升要比缓慢回升使植物受害更加严重。

③ 霜害：由于霜的出现而使植物受害。通过破坏原生质膜和使蛋白质的失活与变性而造成植物伤害。

④ 冻举（冻拔）：气温下降，引起土壤结冰，使得土壤体积增大，随着冻土层的不断加厚、膨大，会使树木上举。解冻时，土壤下陷，树木留于原处，根系裸露地面，严重时倒伏死亡。冻举一般多发生在寒温带地区土壤含水量过大、土壤质地较细的立地条件下。

⑤ 冻裂：白天太阳光直接照射到树干，夜晚气温迅速下降，由于木材导热慢，树干两侧温度不一致，热胀冷缩产生横向拉力，使树皮纵向开裂造成伤害。冻裂一般多发生在昼夜温差较大的地方。

⑥ 生理干旱（冻旱）：土壤结冰时树木根系吸不到水分，或土壤温度过低，根系活动微弱，吸水很少而地上部分不断蒸腾失水，引起枝条甚至整棵树木失水干枯死亡。生理干旱多发生在土壤未解冻前的早春，北京等多风的城市，蒸腾失水多，生理干旱经常发生。在迎风面设置挡风板可减少蒸腾失水，或在幼龄植物北侧设置月牙形土埂以提高地温，缩短冻土期，可以减轻生理干旱的危害。

植物的抗寒能力主要取决于植物体内含物的性质和含量。植物在不同发育阶段，其抵抗能力不同，休眠阶段抗性最强，生殖生长阶段抗性最弱，营养生长阶段居中。外地引进的园林苗木，一般在本地栽植1～2年后，经过适应性锻炼，能大大提高其抗性。

2）高温危害。高温危害多发生在无风的天气；在城市街区、铺装地面、沙石地和沙

地，夏季高温易造成危害。

① 皮烧（日灼伤）：树木受强烈的太阳辐射，温度升高，特别是温度的快速变化，引起树皮组织的局部死亡。该伤害多发生在冬季，朝南或南坡地域有强烈太阳光反射的城市街道，树皮光滑的成年树易发生。该伤害症状为受害树木的树皮呈现斑点状的死亡或片状剥落。植物皮烧后，容易使病菌侵入，严重时刻危害整棵树木。树干涂白，反射掉大部分热辐射，可减轻强烈太阳辐射造成的皮烧危害。周围空气温度 32.2℃，涂白的树干 42.2℃，没有涂白的树干 53.3℃。

② 根茎灼伤：当土壤表面温度高到一定程度时，会灼伤幼苗柔弱的根茎，可通过遮阴或喷水降温以减轻危害。

③ 极端温度对植物的影响程度：一方面取决于温度的高低程度及极端温度持续时间、温度变化的幅度和速度，另一方面与植物本身的抵抗能力有关。

2. 园林植物对温度的生态适应

（1）园林植物对温度的适应　植物对温度的适应包括形态和生理两方面。在形态方面，对高温的适应方式有减小叶片面积，甚至叶片退化由茎代替叶的功能，如仙人掌等；幼茎、叶表面光泽，角质层厚，具有鳞片或茸毛；叶面与光照成一定角度甚至垂直；叶片相互重叠等。对低温的适应方式有植株矮化、丛生，在极地的一些植物常贴地面生长以保温；幼枝、叶表面保护组织增厚，叶面积减小以及叶面向光生长等。生理适应主要有三个目标：一是减少自由水，增大束缚水比例，如种子或孢子比其植株要抗冻得多；二是提高细胞内溶质和胶体物的浓度以继续进行正常代谢；三是进入休眠状态，这是抵抗低温和高温的最好方式，如温带、寒带的落叶树种，荒漠中的一些多年生植物在极端温度时即转入休眠。

（2）温度与植物分布　温度对植物分布的影响，一方面取决于环境中的最高和最低温度，另一方面取决于有效积温。如冬季低温决定了森林水平分布的北界和垂直分布的上界；沙漠高温缺水限制了阔叶树种在沙漠中的生长；夏季高温限制了高纬度植物向低纬度或低海拔的扩散，因为高温会引起它们的代谢失调；对于那些需要低温才能打破休眠或诱导开花的植物，因低纬度冬季低温时间短或温度不够而限制了其向低纬度的扩散，如苹果只能在温带生长而不能分布到亚热带以南就是这个原因。每种植物的生长发育，特别是开花结实都需要一定的有效积温，达不到其生理需要的积温，植物就无法进行有性繁殖，因而也就限制了植物的分布。

（3）温度与引种驯化　温度能限制植物的分布，也能影响植物的引种。因此，在引种工作中必须注意以温度为主导的气候条件，遵循其气候规律，则可保证引种工作的成功。

气候相似性原则是指把植物引种到气候条件（主要是温度条件）相似的地方栽种，这样比较容易获得成功。气候相似性不仅指在本地带内，也包括在不同地带（超地带）中气候相似的地区。

北种南移（或高海拔引种到低海拔）要比南种北移（或低海拔引种到高海拔）容易成功。因为南种北移是影响到能否成活的问题，而北种南移主要是提高产品质量的问题。例如：典型热带植物椰子在海南岛南部生长旺盛，果实累累，但在该岛北部果实变小，产量明显降低，到广州（23°N）不仅不能开花结实，而且还不能成活；凤凰木原产非洲热带，在当地生长十分旺盛，花期长而先于叶，当红花盛开时，满城红花似火，形成特有景观，但将其引种到海南岛南部，花期则明显缩短，有花、叶同时开放的现象，引种到广州后，大多数

先叶后花，花的数量明显减少，到福州（26°N）就不开花，再往北移就不能成活了。

草本植物比木本植物容易引种成功；一年生植物比多年生植物容易引种成功；落叶植物比常绿植物容易引种成功。草本植物，特别是一年生草本植物适应性强，容易引种。例如：水稻原产亚洲热带，现已栽种到我国最北部北纬53°以北的地区；穿心莲属热带植物区系，但经人们采取措施（幼苗短日照和晚上加温处理）后，引种到华北温带地区栽种。其他一年生植物如黄瓜原产印度热带，西瓜原产南非热带，苦瓜、南瓜来自亚洲热带，都早已在我国南北各地正常生长。一年生植物较易扩大其分布区（栽培区）的主要原因之一是能充分利用该地区的生长季节，在低温来临前完成其生活周期。一年生植物从低海拔往高海拔引种，也有类似情况。两年生或多年生草本植物，在秋末冬初低温来临前就转入休眠，度过严寒冬季，有很强的抗低温能力，所以北移或高引也较易成功。灌木比乔木矮小，能抗低温，比乔木容易北移或高引；落叶乔木又比常绿乔木更能适应低温条件，容易北移和高引。因此，在南种北（或高）移时，往往采取乔木矮化（灌木化）和强令其在低温季节落叶进入休眠的方法，促使其度过低温季节，保证其北移和高引成功。

三、水分条件对园林植物的作用

1. 水分对园林植物的生态作用

（1）水是植物生存的重要条件　水是任何生物体都不可缺少的重要组成部分，生物体的含水量一般为60%～80%，有的生物可达90%以上（如水母、蝌蚪等）。不同的植物种类、不同的部位含水量也不相同，茎尖、根尖等幼嫩部位的含水量较高。水是生化反应的溶剂，生物的一切代谢活动都必须以水为介质，生物体内营养的运输、废物的排除、激素的传递和生命赖以存在的各种生化过程，都必须在水溶液中才能进行。水是生物新陈代谢的直接参与者和光合作用的原料，自养生物的光合作用只有在水的参与下，才能将光能转变为化学能储藏在分子键中。水能调节生物体和环境的温度，水的热容量很大，因此，水的温度变化不像大气温度变化那样显著，它能为生物创造一个相对稳定的温度环境，为正常的生理生化代谢活动提供保证。蒸腾散热是所有陆生植物降低体温的重要手段，植物通过蒸腾作用调节其体温，使植物体免受高温危害。水还可维持细胞和组织的紧张度，使植物保持在一定的状态，维持正常的生活，植物在缺水的情况下，通常表现为气孔关闭，枝叶下垂、萎蔫等。

植物在不同地区和不同季节，所吸收和消耗的水量是不同的。在低温地区和低温季节，植物的吸水量和蒸腾量均小，植物生长缓慢；在高温地区和高温季节，植物的蒸腾量大，耗水量多，生长旺盛，生长量大。根据这个特点，在高温地区和高温季节只有多供应水分，才能保证植物对水分的需要。总之，水既是构成植物体的必要成分，又是植物赖以生存的必不可少的生活条件。

（2）植物体内的水分平衡　植物体的水分平衡，是指植物在生命活动过程中，吸收的水分（根吸收）和消耗的水分（叶蒸腾）之间的平衡。只有当吸水、输导和蒸腾三方面的比例适当时，才能维持植物良好的水分平衡，植物才能正常地生长发育。

植物主要通过根系吸收水分。陆生植物吸水的动力是根压和蒸腾拉力。根压是根系本身代谢的结果，当根细胞中的溶液保持一定的渗透浓度，并大于土壤溶液浓度时，就会产生根压，水分就由土壤中进入根系细胞中，并通过植物体内细胞渗透压的差异，将水分送到茎叶各个部分。蒸腾拉力是被动吸水的动力，它是由枝叶的蒸腾作用引起的。当叶片蒸腾失水时，叶肉细胞吸水力增大，将茎部导管中的水柱吸引上升，结果引起根部细胞水分不足，使根部细胞产生更大的吸水力，向土壤吸收更多的水分。在植物吸水过程中，水的移动路线为：土壤中的水分—根毛—根的皮层—根的导管—茎的导管—叶柄的导管—叶及叶脉的导管—叶肉细胞—气孔—空气。

在一般情况下，蒸腾作用产生的拉力是根部吸收水分的主要动力，因为叶肉细胞的细胞液渗透压很高，可达 20～40atm（1atm = 101325Pa），而植物根压常只有 1～2atm。同一植株，由根压吸收的水分通常不足蒸腾拉力吸收水分的 5%。只有蒸腾强度很低的植物（如在春季芽未展开时），根压吸水才成为主要方式。

在各种外界条件中，土壤因子直接影响根系的吸水。当土壤温度低时，水的滞性增加，土壤水的移动减缓，根系就不易得到水分。而且温度低时，植物体内原生质黏性增大，水分不易通过原生质，运输受阻，也会减少根系的吸水。大气因子（如光、温、风、大气湿度等）对蒸腾作用有很大影响。植物的蒸腾作用主要通过气孔进行，光照能影响气孔开张度，从而对蒸腾作用产生影响。在强光下，温度增加，叶肉细胞间隙的蒸气压也随之增加，而空气中的蒸气压却相应变小，叶内外水蒸气压差增大，也就增加了蒸腾量；风能把叶表面附近的水汽吹走，使叶内外蒸气压差值迅速增大，从而加强了蒸腾作用。空气中的湿度直接与空气压有关，空气湿度愈高，叶内外的蒸气压差愈小，蒸腾作用愈弱。

植物在长期进化过程中形成了能调节水分的吸收和消耗以维持水分平衡的能力，如气孔的自动开关，既能保证叶片内部和大气中的空气和水汽的交换，又能避免水分的过度蒸腾。当水分充足时，气孔开张，水分、空气畅通；当缺水干旱时，气孔闭合，减少水分损耗。但植物的这种自我调节能力有一定限度，当土壤水分不足或大气干旱延续较长时间时，蒸腾大于根系吸水，植物体内水分平衡失调，严重时会使植物萎蔫。

（3）水对植物生长发育的影响　降水量与植物生长量密切相关，一般降水量大的地方，植物生长量也大。植物在不同的生长发育时期对水分的要求是不同的。在种子萌发时期，只有水分充足，才能软化种皮，增强透性，将种子内凝胶状态的原生质转变为溶胶状态，才能保证种子萌发。生长季内的降水能满足植物进行代谢所需的水分，促进植物的生长。在花果期，若降雨过多，则不利于昆虫的活动和风媒授粉，会降低植物授粉率，延长果实成熟期；若降雨过少，则会造成落花落果，还会降低种子质量。暴雨、冰雹会造成植株体的损伤。

雪也是北方地区的一种重要降水方式。雪对植物的生态作用具有两面性，降雪对植物有利的方面表现为保护植物越冬、杀死害虫、补充土壤水分等，“瑞雪兆丰年”是我国人们对降雪有利于植物生长发育的总结，同时降雪还会造成植物的雪害，如雪压、雪折、雪倒等。

2. 园林植物对水分条件的适应

不同地区水资源的供应存在很大差距，植物长期适应不同的水分条件，从形态和生理特性两方面发生变异，并形成了不同的类型。根据植物对水分的需求量和依赖程度，可将其分为水生植物、陆生植物两类。

（1）水生植物类型　生长在水域环境中的植物，统称为水生植物。水生植物植株的一部分或全部沉没在水中生活，从水内或水底淤泥中吸收营养物质，在水中或水上进行光合作用和呼吸作用。由于长期适应水域环境弱光、缺氧、密度大、黏性高、温度较低且变化较

缓、水体流动等特点的结果，形成了与陆生植物不同的形态特征和生态习性。根据其生长的水层深浅不同，可将水生植物分为沉水植物、浮水植物和挺水植物三类（图 4-3）。

a)　　b)

c)

图 4-3　不同水生植物

a）沉水植物　b）浮水植物　c）挺水植物

水生植物在较大湖泊或深水池塘内，都是有规律地呈环带状分布。从沿岸浅水向中心深水方向分布的系列，依次为挺水植物带、浮水植物带及沉水植物带。

1）沉水植物。沉水植物的整个植物体沉没在水下，与大气完全隔绝，如眼子菜科、金鱼藻科、水鳖科、茨藻科、水马齿科及小二仙科的狐尾藻属等。沉水植物的表皮细胞无角质层和蜡质层，能直接吸收水分、矿质营养和水中的气体。叶片无栅栏组织和海绵组织分化，细胞间隙大，无气孔，机械组织不发达，全部细胞进行光合作用。叶片多呈条带状、线状或细裂呈狭条状，沉水植物因适应水中氧的缺乏而形成了一整套的通气组织。

2）浮水植物。浮水植物是植物体悬浮水上或仅叶片浮生水面的植物，主要有满江红科、槐叶萍科、浮萍科、雨久花科的凤眼莲属、睡莲科的芡属及睡莲属、水鳖科的水鳖属、天南星科的大薸属、胡麻科的茶菱属及菱科植物。浮水植物常有异形叶性，即有浮水和沉水两种叶片，如菱除有菱状三角形的浮水叶外，还有羽状细裂的沉水叶。浮水植物还有适应于浮水的特殊组织，如菱和凤眼莲（水葫芦）的叶柄，中部膨大形成气囊，以利植物体浮生水面。浮水植物的气孔常分布在叶片上表面，表皮有蜡质，栅栏组织发达。

3）挺水植物。挺水植物是茎叶大部分挺伸在水面以上的植物，如芦苇、香蒲等。挺水植物在外部形态上很像中生植物。但由于根部长期生活在水中，所以，有非常发达的通气组织。

（2）陆生植物类型　在陆地上生长的植物统称为陆生植物，它包括湿生植物、中生植物和旱生植物三类。

1）湿生植物。它是指在潮湿环境中生长，不能忍受较长时间水分不足，抗旱能力最弱的一类陆生植物。根据湿生植物生存的环境特点又可将其分为两类：①阴生湿生植物，生长在空气潮湿的林中树上（附生），常由薄叶或气生根直接吸入水汽（如森林中各种附生蕨类和附生兰科植物），根系发育很弱，海绵组织发达，栅栏组织和机械组织不发达，间隙很大，薄的叶片大而柔弱，是典型的湿生植物。还有一些需要阴湿环境的植物，如海芋、观音莲等。它们的根虽着生在土壤中，但仍需要湿度很高的荫蔽环境。②阳生湿生植物，生长在阳光充沛，土壤水分经常饱和的生境中，如水稻、灯芯草等。这类植物虽然经常生长在土壤潮湿的条件下，但由于常发生土壤的短期性缺水，因而其湿生形态结构不很显著，其根系一般很浅，叶片常有角质层，输导组织较发达。

2）旱生植物。它是指能够忍受较长时间干旱并维持体内水分平衡和正常生长发育的一类植物。它们构成草原、稀树草原及荒漠植被的主体，在我国广泛分布于西北地区，种类较多。这类植物具有典型的旱生结构，如叶片缩小变厚，栅栏组织发达，角质层、蜡质层发达，表皮毛密生，气孔凹陷，叶片向内反卷包藏气孔等，还包括加强吸水和贮水能力的生理功能，如提高细胞液浓度、降低叶细胞水势、扩展根系、提高原生质水合程度等；但是各种旱生植物并非同时同等地具有这些特性，而是以某种适应方式为主。根据旱生植物的形态、生理特征和适应干旱的方式，可将其分为两种生态类型：①多浆液植物，这类植物在体内薄壁组织里储存大量水分，肉质化程度高，以减少蒸腾失水来适应干旱环境，如龙舌兰、芦荟、仙人掌类植物等。其突出的特点是特殊的光合作用机制——景天酸代谢（CAM），从而把夜间固定的 CO_2 和在第二天对 CO_2 的进一步代谢在时间上分割开来，在得到 CO_2 的同时，避免了水分平衡的破坏。这类植物主要分布于热带、亚热带荒漠生境中。②少浆液植物，这类植物体内含水极少，即使失水 50% 仍不死亡（而有的湿生、中生植物失水 1% 时就萎蔫）。其特点是叶面积极度缩小或叶退化以减少蒸腾失水；根系发达，增加吸收水分面积；细胞内原生质渗透压高，保证这类植物能从含水量很少的土壤中吸取水分。上述三个特点表现出少浆液植物在干旱条件下吸收水分并减少蒸腾的特性，但当水分能够充分供给时它又有比中生植物更为强大的蒸腾能力。这是因为这类植物的导水系统特别发达，气孔密度大。这种对环境适应上的生态两重性，使少浆液植物既能适应干旱，又能适应高温。

而生长在低温地带的旱生植物，如北极冻原、泥炭藓沼泽和高海拔寒原上的植物，它们的环境并非真正缺少水分，而是由于温度很低，妨碍了植物对水分的吸收从而使植物处于生理干旱状态。有人称这类植物为冷旱生植物。

3）中生植物。生长在水湿条件适中的土壤上，为介于旱生植物和湿生植物之间的类型。它们的根系深浅适中，叶面积的大小、厚薄、角质层、输导组织、机械组织、气孔的大小和数量也都适中，栅栏组织和海绵组织适度发育，细胞间隙不及湿生植物发达。生理特性如细胞的渗透压比湿生植物高，而比旱生植物低，体内含水量一般也比湿生植物少，而比旱生植物多（多浆液植物除外）。中生植物具有很大的可塑性。中生植物不仅表示了该类植物与水分的关系，也表明了它们与其他生态条件的关系，因此有人称其为生长在水分、温度、营养和通气条件均适中的生境中的一类植物。大多数农作物、蔬菜、果树、森林树种、草地的草类、林下和田间杂草等都属于此类。

四、土壤条件对园林植物的作用

1. 土壤理化性质与园林植物

（1）土壤质地　土壤的气、液、固三相中，固相土粒占全部土壤的85%以上，是土壤组成的骨干。根据国际制，将土粒按直径分为：粗砂（0.2～2.0mm）、细砂（0.02～0.2mm）、粉砂（0.002～0.02mm）和黏粒（小于0.002mm）。土粒越小，黏结性及团聚力越强，容水量大，保水力强，毛管吸附力强，但排水、通气性较差。在自然界，不同土壤的颗粒组成比例差异很大，土壤中各粒级土粒的配合比例或各粒级土粒占土壤重量的百分数叫作土壤质地。按照土壤质地，一般将土壤分为砂土、黏土、壤土等。砂土颗粒组成较粗，含砂粒多、黏粒少，土壤结构疏松，透气性好，但保水力很差，植物根系生长发育良好，多为深根系。黏土中黏粒和粉砂较多，质地黏重、致密，保水保肥能力强，但通气、透水能力差，因而只适合浅根系植物生长。壤土是砂粒、黏粒和粉砂大致等量的混合物，其物理性质良好，最适于农业耕种。

（2）土壤结构　土壤结构是指土壤固相颗粒的排列方式、孔隙度及团聚体的大小、多少和稳定度。土壤中水、肥、气、热的协调，主要决定于土壤结构。土壤结构通常分为微团结构、团粒结构、块状结构、核状结构、柱状结构和片状结构六类。具有团粒结构的土壤是结构良好的土壤。所谓团粒结构是土壤中的腐殖质把矿质土粒互相黏结成直径为0.25～l0mm的小团块，具有泡水不散的水稳性特点，常称为水稳性团粒。由于团粒内部经常充满水分，缺乏空气，有机质分解缓慢，有利于有机质的积累，而团粒之间空气充足，有利于好气性微生物将土壤有机物分解，转化为能被植物吸收利用的无机养分，所以团粒结构的土壤既解决了水和空气的矛盾，也协调解决了保肥和供肥的矛盾。另外，水的比热较大，使得土壤温度相对稳定。因此，团粒结构土壤的水、肥、气、热状况常处于最好的协调状态，是植物生长的良好基质。

（3）土壤水分　土壤水分主要来源于降水和灌水。土壤水分的意义在于：①被植物根系直接吸收；②与可溶性盐类一起构成土壤溶液，作为向植物供给养分的介质；③参与土壤中的物质转化过程，如土壤有机物的分解、合成等过程，都必须在水分的参与下才能进行；④土壤水分与养分的有效性有关，如水分利于磷酸盐的水解，适宜的水分状况利于有机磷的矿化，从而增加植物的磷素营养。

（4）土壤通气性　土壤通气性是指土壤空气与大气之间不断进行气体分子交换的性能。土壤空气基本来自大气，还有一部分是由土壤中的生化过程产生的。由于土壤生物（包括微生物、动物、植物根系）的呼吸作用和有机物的分解，消耗O_2并释放出CO_2，所以土壤空气中的O_2和CO_2的含量与大气相比有很大差别，土壤空气中的O_2含量为10%～12%，低于大气，CO_2含量比大气高几十倍到几百倍。土壤通气使土壤中消耗的O_2得到补充，并放出积累的CO_2。所以，维持土壤的适当通气性，是保证土壤空气质量、维持土壤肥力、使植物良好生长的必要条件。土壤通气性对土壤肥力和植物生长的影响主要表现在以下几个方面：① 大多数植物只有在通气良好的土壤中根系才能生长良好，当O_2含量低于9%，CO_2含量积累达10%～15%时，就会抑制根系生长；当O_2含量低于5%，大部分根系会停止发育，CO_2含量再增加，就会产生毒害作用。② 土壤通气性的程度影响土壤微生物的种类、数量和活动情况，并进而影响植物的营养状况。③ 土壤通气不良，还原性气体H_2S、CH_4产生过

多，会对植物产生毒害作用。④ 土壤通气不良，O_2不足，CO_2过多，土壤酸度增加，适于致病真菌的发育，易使植物感染病害。

(5) 土壤热量　土壤热量的来源有太阳辐射能、地球内部向外输送的热量和土壤微生物分解有机质产生的热量，其中太阳辐射能是土壤热量的最主要来源。土壤温度是土壤热量的主要表现形式。它具有周期性的时间变化和空间上的垂直变化，并与大气温度存在差异。土壤温度与植物生长和土壤肥力有密切关系。在适宜温度范围内，土温升高能加速种皮破裂，刺激呼吸作用，促进种子萌发。例如：小麦、大麦和燕麦在1～2℃时发芽期为15～20天；5～6℃时为6～8天；9～10℃时则为5天。根系的生长也需要适宜的土壤温度，一般植物在0℃以下根系是不能生长的，而土温高于30℃时对根系生长也不利。这种过高或过低的土壤温度对根系生长的影响主要表现在加速或抑制根系呼吸作用，降低吸收水分和养分的能力方面。

(6) 土壤化学性质　土壤的化学性质与土壤养分状况的关系比物理性质更为密切，它直接影响到植物养料物质的来源和吸收。土壤化学性质包括土壤的保肥性、土壤酸碱反应、土壤缓冲性能和土壤氧化还原反应等。

土壤的保肥性是指土壤吸收气态、液态与固态物质的性能。如土壤对进入其中的固体物质的机械阻留作用、土壤胶体颗粒对分子态养分的吸附作用以及对离子态养分的代换性吸收作用、土壤溶液中某些易溶性盐转变为难溶性盐发生沉淀而保存在土壤中的作用等。土壤具有这种性能，就可使施入的肥料及土壤中的营养物质不会随降水或灌溉水流走，而被保持在土壤中，使植物得以持续、稳定地吸收利用。

绝大多数植物和微生物一般适宜于微酸性、中性或微碱性的土壤环境，最适pH在6.1～7.5之间，土壤过酸或过碱，都会抑制植物和微生物活动。土壤酸碱度能影响土壤中矿质盐类的溶解度，从而影响养分的有效性，如磷酸在酸性土壤中易与铁、铝离子结合，形成不溶性的磷酸铁或磷酸铝，而不利于植物对磷的吸收和利用。由于氮肥主要靠微生物分解含氮的有机质或固定空气中的氮素而来，当土壤过酸或过碱时，均会抑制微生物的活动而导致土壤氮素不足。此外，土壤酸碱度还会影响到土壤的物理特性，过酸或过碱均会破坏土壤结构。

土壤的缓冲性能是指当土壤中加入一定量的酸或碱时，土壤有阻止本身酸碱度发生变化的能力，而使其酸碱度经常保持在一定范围内，避免因施肥、根的呼吸、微生物活动、有机质分解等引起溶液反应的激烈变化。

土壤中存在着多种有机和无机的氧化还原物质，主要是氧、铁、锰、硫等及各种有机物质。它们分别构成了土壤中复杂的氧化还原平衡体系，该体系的氧化还原状态可用氧化还原电位的毫伏数来表示，根据该电位的高低，可以判断土壤的肥力状况。

土壤的氧化还原电位的高低，主要受溶液中氧压的影响，因此氧化还原条件是经常变化的。它受土壤水分、松紧度、温度、施肥、微生物活动、植物生长等多种因素的影响。灌溉、施入有机肥等，都可以降低氧化还原电位；土壤变干、疏松通气，则可以提高氧化还原电位。

(7) 土壤的生物特性　土壤的生物特性是土壤中微生物、动植物活动所造成的一种生物化学和生物物理学特性，表现在控制与调节土壤有机质的转化、影响土壤的理化性质等许多方面，这与植物营养有密切关系。在土壤微生物中起作用最大的是细菌、真菌、放线菌

等。它们种类多、数量大、繁殖快、活动性强，是自然生态系统中的还原者。其作用主要表现在以下几个方面：首先，直接参与土壤中的物质转化，能分解动植物残体，使土壤中的有机质矿质化和腐殖质化。腐殖质化作用和矿质化作用是一个对立统一的过程，在土壤温度和水分适当、通气良好的条件下，好气性微生物活动旺盛，以矿质化过程为主；相反，如果土壤湿度大、温度低、通气不良，则嫌气性微生物活动旺盛，以腐殖质化过程为主。其次，土壤微生物的分泌物和对有机质的分解产物如 CO_2、有机酸等，可直接对岩石矿物进行分解，硅酸盐菌能分解土壤中的硅酸盐，并分离出高等植物所能吸收的钾。微生物生命活动中产生的生长激素和维生素类物质，可对种子萌发和植物正常生长发育起良好作用。

除上述作用外，土壤微生物还具有硝化作用、固氮作用、分泌抗生素以及与植物根系形成菌根的作用，这些都对土壤肥力和植物营养起着极其重要的作用。

2. 植物对土壤适应的生态类型

不同土壤上生长的植物，因长期生活在一定类型的土壤上，产生了与其相适应的特性，形成了各种以土壤为主导因子的生态类型。根据植物对土壤 pH 的反应，可分为酸性土植物（$pH<6.5$）、碱性土植物（$pH>7.5$）和中性土植物（pH 为 6.5~7.5）三类。

（1）酸性土植物　酸性土植物也称为嫌钙植物，只能生长在酸性或强酸性土壤上，它们在碱性土或钙质土上不能生长或生长不良，它们对 Ca^{2+} 和 HCO_3^- 非常敏感，不能忍受高浓度的 Ca^{2+}。如水藓、马尾松、杉木、茶、柑橘、杜鹃属及竹类等。

（2）碱性土植物　碱性土植物也叫喜钙植物或钙质土植物，适合生长在高含量代换性 Ca^{2+}、Mg^{2+} 而缺乏 H^+ 的钙质土或石灰性土壤上。它们不能在酸性土壤上生长。如蜈蚣草、铁线蕨、南天竹、柏木等都是较典型的喜钙植物或钙质土植物。

（3）中性土植物　中性土植物是指生长在中性土壤里的植物。这类植物种类多、数量大、分布广，多数维管植物及农作物均属此类。

典型的酸性或碱性土植物只能生长在强酸或强碱性土壤中，另外有些植物虽然在强酸或强碱环境中生长最好，但也能忍耐一定程度的弱碱性或弱酸性条件，如曲芒发草 pH 为 4~5 范围内生长最好，但也能生长于中性范围并忍受弱碱性土壤，称这类植物为“嗜酸耐碱植物”。款冬在中性或碱性范围内表现最适，但在 pH 为 4 时也能忍耐，称这类植物为“嗜碱耐酸植物”。还有少数植物，表现为对酸碱适应的两重性，既能分布于酸性土壤上，也能分布于碱性土壤上，而在中性土壤上通常却较少，称之为“耐酸碱植物”。

（4）盐生植物　盐生植物是指生长在盐土中，并在器官内积聚了相当多盐分的植物。这类植物体内积累的盐分不仅无害，而且有益。如果把盐生植物种植在中性土壤中，它们对 Na^+ 和 Cl^- 的吸收仍占优势，由此可见，它们在盐渍土中并不是被动吸收，而是主动需要。如盐角草、细枝盐爪爪、海韭菜等旱生盐土植物，分布在我国内陆盐土上，而海滨湿生盐土植物有碱蓬、大米草、秋茄树、木榄等。

（5）沙生植物　生活在沙区（以沙粒为基质）生境的植物称为沙生植物。它们在长期适应过程中，形成了抗风蚀沙割、耐沙埋、抗日灼、耐干旱贫瘠等一系列生态适应特性。如沙竹、黄柳、沙引草、油蒿等沙生植物具有在被沙埋没的茎干上长出不定芽和不定根的能力。沙柳、骆驼刺等以庞大根系吸收水分；同时，发达的根系有良好的固沙作用。还有以根套避免灼伤和机械损伤的，如沙芦草、沙竹等，也有以假死状态度过干旱季节的，如木本猪毛菜等，还有利用极短暂雨期完成生活史的，如一种短命菊只生活几个星期。

五、大气和风对园林植物的作用

1. 大气与园林植物

空气的成分非常复杂，在标准状态下（0℃，101324.72Pa，干燥），依体积计，氮约占78%，氧占21%，稀有气体约占0.94%，二氧化碳占0.03%，水蒸气及其他约占0.03%。其中CO_2和O_2对植物具有十分重要的作用。

（1）CO_2的生态作用

1）CO_2是植物光合作用的主要原料。在高产作物中，生物产量的90%~95%取自空气中的CO_2，只有5%~10%来自土壤。因此，CO_2对植物生长发育有着极其重要的作用。

2）CO_2含量与气候变化。据Manabe和Strekier研究，认为大气中CO_2每增加10%，地表平均温度就要升高0.3℃，这是因为CO_2能吸收从地面辐射的热量的缘故，即所谓的“温室效应”。也有人发现，大气中CO_2的增加并不与气温增加相平行。说明气温的升高和降低，可能还受其他因素的影响。

3）空气中CO_2的浓度过高，影响动物的呼吸代谢，甚至导致呼吸代谢受阻，危及生存。

（2）O_2的生态作用　大气中的O_2主要来源于植物的光合作用，少部分来源于大气层的光解作用，即紫外线分解大气外层的水汽而分离出的O_2。高层大气中O_2在紫外线作用下，与高度活性的氧结合生成非活性的臭氧（O_3），从而保护了地面生物免遭短波光的伤害。

CO_2和O_2的平衡是生态系统中物质能否正常运转的重要影响因素。植物是环境中CO_2和O_2的主要调节器，它能吸收CO_2，放出O_2，能协调大气中CO_2和O_2的平衡。

（3）N_2的生态作用　氮是构成生命物质（蛋白质、核酸等）的最基本成分。植物所需要的氮主要来自土壤中的硝态氮和铵态氮。雷电将大气中的氮气合成为硝态氮和铵态氮，随降水进入土壤；固氮微生物可固定空气中的氮气为植物利用；动植物残体和排泄物的分解也补充了土壤中大量的氮素。土壤中的氮素经常不足，当氮素严重亏缺时，植物生长不良，甚至叶黄枯死，所以在生产上常施氮肥进行补充。

2. 大气污染与园林植物

大气污染是指大气中的有害物质过多，超过大气及生态系统的自净能力，破坏了生物和生态系统的正常生存和发展的条件，对生物和环境造成危害的现象。当大气污染浓度超过园林植物的忍受限度，园林植物细胞和组织器官将受伤害，生理功能和生长发育受阻，产量下降，产品品质变坏，甚至造成园林植物个体死亡。一般大气污染对园林植物造成的伤害取决于污染物的种类、浓度和持续的时间，也称之为剂量，刚好使园林植物受害的剂量称之为临界剂量。一般对于同一种污染物来讲，浓度越大，使园林植物受害的时间越短。

大气污染对园林植物的影响较大的是二氧化硫、氟化物；氯、氨和氯化氢等虽会对植物产生毒害，但一般是由事故性泄漏引起的，其危害范围不大；氮氧化物毒性较小。

（1）二氧化硫　二氧化硫常常危害同化器官叶片，降低和破坏光合生长率从而降低生产量使植物枯萎死亡。当空气中的二氧化硫含量增至0.002%时便会使植物受害，含量越高，危害越严重。因二氧化硫从气孔及水孔侵入叶部组织，使细胞叶绿体破坏，组织脱水并坏死。表现为在叶脉间发生许多褪色斑点，受害严重时，致使叶脉变成黄褐色或白色。

（2）氨　当空气中氨的含量达到0.1%~0.6%时就可以使植物发生叶缘烧伤现象；含量达到0.7%时，质壁分离现象减弱；含量若达到4%，经过24h植株即中毒死亡。

（3）氟化氢　氟化氢首先危害植物的幼芽和幼叶，先使叶尖和叶缘出现浅褐色和暗褐色的病斑，然后向内扩散，以后出现萎蔫现象。氟化氢还能导致植物矮化、早期落叶、落花及不结实。

（4）臭氧　城市中的汽车尾气等排放物质在太阳辐射照射下互相作用而产生的光化学烟雾的主要成分是臭氧。臭氧是一种强氧化剂，破坏栅栏组织细胞壁和表皮细胞，促使气孔关闭，降低叶绿素含量等而抑制光合作用。同时臭氧还可损害质膜，使其透性增大，细胞内物质外渗，影响正常的生理功能。因此，受害植株易受疾病和有害生物的侵扰，再生的速度远不如健康的植物。另外，空气中的臭氧含量会造成土壤中臭氧含量增高从而对植物产生伤害。

（5）氮氧化物　一氧化氮不会引起植物叶片斑害，但能抑制植物的光合作用。植物叶片气孔吸收溶解二氧化氮会造成叶脉坏死，如果长期处于2～3mol/L的高浓度下，就会使植物产生伤害。

（6）氯　氯对植物的伤害比二氧化硫大，能很快破坏叶绿素，使叶片褪色、漂白、脱落。初期伤斑主要分布在叶脉间，呈不规则点或块状。与二氧化硫危害症状不同之处为受害组织与健康组织之间没有明显的界限。

其他有毒气体如乙烯、乙炔、丙烯、硫化氢、氧化硫等，它们多从工厂烟囱中散出，对植物也有严重的危害。

3. 风与园林植物

风对植物的生态作用是多方面的，它既能直接影响植物（如风媒、风折等），又能影响环境中温度、湿度、大气污染的变化，从而间接影响植物生长发育。

（1）风对植物繁殖的影响　风可影响风媒植物的繁殖，有些种子靠风传播到远处，称为风播种子。无风时风媒植物不能授粉，风播种子不能传播它处。

（2）风对植物生长的影响　风对植物的蒸腾作用有极显著的影响，当风速为0.2～3m/s时，能使蒸腾作用加强3倍；当蒸腾作用过大时，根系不能供应足够的水分供蒸腾所需，叶片气孔关闭，光合强度下降，植物生长减弱。盛行一个方向的强风常使树冠畸形，因为向风面的芽常死亡，背风面的芽受风力较小，成活较多，枝条生长相对较好。风能降低大气湿度，破坏正常水分平衡，常使树木生长不良、矮化。

（3）风对植物的机械损害　风对植物的机械损害是指折断枝干、拔根等。其危害程度主要决定于风速、风的阵发性和植物的抗风性。风速超过10m/s，对树木产生强烈的破坏作用。风倒、风折给一些古树造成很大危害。各种树木对大风的抵抗力是不同的。同一种树扦插繁殖的比播种繁殖的根系浅，容易倒伏。稀植的树木和孤立木比密植树木易受风害。

任务2　生物因子对园林植物的作用

一、微生物对园林植物的作用

在植物生存的环境中，尚存在许多微生物，它们与植物间有着各种或大或小的、直接或间接的相互影响，根据微生物与植物之间的利害关系，分为寄生关系和共生关系两类。

1. 寄生关系

寄生是指一个物种（寄生者）寄居于另一个物种（寄主）的体内或体表，从寄主获取养分以维持生命活动的现象。除高等植物外，寄生物也包括真菌、细菌和类菌质体等，这些寄生物也会对高等植物造成危害，如菌类寄生，使树木呼吸加速 1 ~2 倍，降低光合作用 25% ~39%，破坏角质层，有时菌丝使气孔不能关闭，加大蒸腾强度，或使导管堵塞，或分泌毒素使细胞中毒。真菌寄生物的大量发生，是许多树木病害的成因，如白粉病、斑叶病、锈病、立枯病、腐朽病等。一般这些寄生物和寄主的关系久远，寄生物很少是致命的，但当一种新寄生关系刚建立时，如一个植物寄生物被引入新的分布区时，有时会造成很大的危害。例如，榆荷兰病是由一种真菌造成的，这种真菌原产于欧洲，寄生于榆树上，会偶然使榆树枝条死亡，它通过小蠹虫传播，1930 年，带有小蠹虫的原木被运到美国，这种小蠹虫很快将此种真菌扩展到本地榆树上，形成榆荷兰病，并带来严重后果，使美国东部和加拿大的大多数榆树死亡，而且在流行的过程中又进化出一个新的真菌品系，在 1970 年偶然带回了英国并迅速扩散，最后导致英国南部 500 多万株榆树死亡。

在寄生关系中，寄生物或致病菌的毒性大小和数量多少、寄主植物对致病菌的抗性强弱以及环境状况都会影响到寄生关系。栗树的凋萎病是高毒性的寄生物对一个无抗性的寄主植物进行寄生的突出例子，栗树常因凋萎病致死或严重受害。

寄生物和寄主种群数量动态在某种程度上与捕食者和猎物的相互作用相似，随着寄主密度的增长，寄主与寄生物的接触势必增加，造成寄生物在寄主种群中的广泛扩散和传播，结果使寄主大量死亡，未死亡而存活下的寄主往往形成具有免疫力的种群；寄主密度的下降减少了与寄生物接触的强度，结果使寄生物数量减少，寄生危害减弱或停止，这又为寄主种群的再增长创造了有利条件，并开始了寄生物与寄主相互作用，影响种群数量变化的新周期。

2. 共生关系

（1）互利共生　互利共生是两物种相互有利的共居关系，彼此间有直接的营养物质的交流，相互依赖、相互依存、双方获利。典型的互利共生往往指合体共生，如地衣（藻类与真菌的共生体）、固氮菌与豆科植物根的共生体（根瘤）。许多非豆科植物也具有共生固氮放线菌形成的根瘤。

菌根是真菌和高等植物根系的共生体。真菌从高等植物根中吸取碳水化合物和其他有机物，或利用其根系分泌物，而同时供给高等植物氮素和矿物质，两者互利共生。对松属、栎属和水青冈属的许多树种来说，没有菌根时就不能正常生长或发育。例如，松树在没有与它共生的真菌的土壤里，吸收养分很少，以致生长缓慢乃至死亡。在缺乏相应真菌的土壤上造林或种植菌根植物时，可以在土壤内接种真菌，或使种子事先感染真菌，便能获得显著的效果。如生产上开始应用的菌根菌剂，用于培育苗木时，可获得良好效果。同样，某些真菌如果不与一定种类的高等植物根系共生，也将不能存活。

菌根的发育取决于立地条件和植物生长状况。在营养丰富的土壤上，很多树木是有根毛的长根，而不是有菌根的短根，因为树木并不需要这种结合。在极端贫瘠的土壤上生长的植物也缺乏菌根，因为真菌不能由植物根系获得充足的碳水化合物来支持这种关系，而将这种关系变成对根的寄生。光线减弱、茎部环割以及病虫害造成的严重落叶，能减弱对根的碳水化合物的供应，也可削弱菌根的发育。

在异氧的固氮微生物和不能利用大气氮的自氧植物之间存在着很多互利共生的关系。根瘤即是由于根瘤菌属的细菌侵入到豆科植物的根中形成的。细菌由宿主处得到一个庇护所，并且获得碳水化合物作为能量的来源，而宿主植物则获得氮的来源，并因此可以在氮素缺乏的条件下生存。除豆科植物和根瘤菌属的共生关系外，放线菌也具有与高等植物形成共生的特性，如弗兰克氏菌可侵入非豆科的根毛并形成根瘤，其固氮效果甚至超过由根瘤菌在豆科植物上形成的根瘤。已知非豆科植物中有13属160多种植物存在根瘤，例如：桦木科的桤木属35种植物中，33种具有根瘤；木麻黄科的木麻黄属25种植物中，24种具有根瘤；马桑科的马桑属15种植物中，13种具有根瘤；胡颓子科的胡颓子属45种植物中，16种具有根瘤；沙棘属3种植物中，1种具有根瘤；杨梅科的杨梅属35种植物中，26种具有根瘤。热带、亚热带也有一些科属具有共生固氮放线菌的“叶瘤”，据不完全统计，有叶瘤的植物达370种。亚热带林下灌层优势植物，例如，茜草科的九节木属、茜木属；紫金牛科的朱砂根属、薯蓣科的薯蓣属中均常见有“叶瘤”的植物。

互利共生还有更广泛的形式，例如，一般植物根系与根际微生物的互利共生，植物与传粉昆虫的互利共生，植物种子与传播动物的互利关系等。

（2）偏利共生　偏利共生是指对一种生物种有利而对另一种生物无害的共生关系。例如，荒漠里的许多一年生植物总是与某一种灌木紧密地连接在一起，称为庇护群。庇护者无损而受庇护者可从中得益，主要是由于在庇护之下的小生境成为受庇护种的种子萌发、幼苗生存的安全岛。

偏利共生可以分长期性的和暂时性的两种。例如，某些植物以大树做附着物，借以得到适宜的阳光和其他生活条件，但并不从附着的树上吸取营养。在一般情况下，对被附着的植物不会造成伤害，它们之间构成了长期性的偏利共生关系。但若附生植物太多，也会妨碍被附生植物的生长，这正说明生物种间相互关系类型的划分不是绝对的。暂时性偏利共生是一种生物暂时附着在另一种生物体上以获得好处，但并不使对方受害的现象。例如，林间的一些动物和鸟类，在植物上筑巢或以植物为掩蔽所等。

附生植物与被附生植物是一种典型的偏利共生关系，如地衣、苔藓、某些蕨类以及很多高等的附生植物（如兰花）附生在树皮上，借助于被附生植物支撑自己，获取更多的光照和空间资源，但不直接从宿主植物获取任何营养，主要依赖于积存在树皮裂缝和枝杈内的大气灰尘和植物残体生活；降水从树体上淋下许多营养物质，也是附生植物的营养来源。每一种附生植物都占有树冠的不同部位，这一方面反映了不同的光照条件，同时也反映了宿主的分枝状况和树皮的粗糙程度等。

附生关系很容易过渡为其他类型的相互作用如互利共生和寄生，如果附生植物产生的营养物质被雨水淋溶到树干下面，并被宿主根系吸收，则会形成互利共生关系；如果互生植物的根系扎入树皮下面并发育成吸收器官，则会转变成寄生关系。

偏利共生的另外一种情况是一种植物的存在特别依赖于另一种植物为它提供庇护和支撑，例如，耐阴树种的正常生长发育需要喜光树种提供阴湿的环境，攀缘植物本身不能直立，必须依赖其他植物作为支撑，使其枝叶攀缘在上面，以获得充足的光照，它们与支撑植物间一般不存在营养关系。

一般植物与动物之间普遍存在偏利共生关系，因为植物为动物提供了庇护场所。

二、动物对园林植物的作用

动物是植物群落中的重要组成部分，任何类型的植物群落中都有数量庞大、种类繁多的动物。生活在植物群落中的动物一部分是以植物为食的草食动物，另一部分是以其他动物为食的肉食动物，还有一部分则是以死亡的动植物残体为食的腐食性动物，这些动物总是与植物相互依存和相互适应，从而直接地或间接地影响着植物的生长发育，起着或好或坏的作用。动物对植物的作用多种多样。动物的直接作用主要表现为以植物为食物，帮助传授花粉，散布种子，而间接作用除了在一定程度上通过影响土壤的理化性质作用于植物外，植物群落中各种动物之间所存在的食物网关系对保持植物群落的稳定性发挥着重要的作用。

传粉在植物生活周期里是一个关键性的过程，动物在这个过程中起着非常重要的作用。动物将花粉由雄蕊运输到柱头上，对于异花授粉植物的生殖很重要，甚至自花授粉植物也要求对花粉的运输，因为雄蕊与雌蕊之间需要一个空间跨越才能授粉。植物种常常表现出对授粉者习性和形态特征的适应，如花瓣、花萼或花序在外观上或气味上有诱惑力，花粉常有黏和力，有时成团状，花蜜或花粉对授粉者有营养价值，开花时间与授粉者的活动格局相联系。传粉的动物有昆虫、鸟类和蝙蝠，昆虫中的蜂、蝇、蝶类和蛾类是最主要的传粉者。蝶类是在白天活动，色泽鲜艳的花朵对其有特别的吸引力；蛾类多数在夜间活动，从颜色浅淡、香味浓郁的花朵内获取食物。据观察，1 窝蜂 1 天能采集 25 万朵花。在开花的植物中，现已知有 65% 的植物是虫媒花，温带森林中主要或完全由动物传粉的植物包括杜鹃花科、李属、槭属、七叶树属、刺槐属、椴属、木兰属、鹅掌楸属、梓树属、柳属和鼠李属等。虫媒花一般较大，有鲜艳的颜色，可产生花粉和分泌花蜜，而风媒花则小且不明显，不能分泌花蜜，但能产生很多的花粉。虫媒花以形状、颜色和香味从远距离引诱昆虫来取食，从而达到传授花粉的目的。

植物依赖昆虫传授花粉，昆虫从植物上获得花粉和花蜜作为食物，两者形成密切的互利共生关系，有时相互之间还表现出高度的适应性和特化现象，如无花果与榕小蜂的关系即为一例，无花果属桑科，花序由花托形成杯形构造，顶端有小孔与外界相通，花内壁着生单性花，雄花环生于杯口壁上，雌花在杯底，榕小蜂经小孔进入杯内并在其中繁殖，最特别的是这些榕小蜂胸部有储藏花粉的囊状结构，雌蜂授粉时主动用腿拨出花粉完成授粉。动物能吃掉植物的种子，伤害或毁坏幼树，但在保存和散布植物种子维持群落的相对稳定上又有积极作用。一些浆果类或肉质果实的小乔木和灌木，如山丁子、稠李、悬钩子等种子都有厚壳，由鸟类吃食后经过消化道也不会受伤，排泄到其他地方从而得以传播。昆虫可以传播真菌和苔藓的孢子，蚯蚓能传播兰花的种子，爬行类、鸟类和哺乳类是木本植物种子的主要传播者。

不过动物在传播种子和传授花粉的同时有时还传播病害，例如，鸟类对板栗疫病的病原体的传播，一些病原细菌可被蜜蜂等昆虫传播。

在森林中存在大量的寄生性昆虫、捕食性昆虫，以及其他鸟类和兽类，能捕食大量有害昆虫，抑制它们的大发生，对森林起保护作用。寄生蜂、步行虫、瓢虫和蚂蚁等肉食昆虫能大量吃食昆虫，1 个大型的蚁巢，1 天能捕捉昆虫近 2 万只，一个夏季约捕捉 200 万只；1 只七星瓢虫在幼虫期能取食蚜虫 60 多只。鸟类特别是食虫鸟类，是植物害虫、害兽的天敌，在消灭害虫方面起着重要的作用。1 对大山雀在生育期间 1 天至少能吃害虫 10 条，所食的害虫包括金龟子、天牛幼虫、蚜虫等。1 只杜鹃鸟每天可吃松毛虫 100 多条，1 对灰喜鹊在

生育期可以控制33.3 hm^2松树林不受虫害。啄木鸟专吃树皮下和树干里的天牛幼虫、椿象等害虫，1只啄木鸟1天可以吃掉300多只害虫，多时可达500～600只，两只啄木鸟就能除掉6.7 hm^2森林的树干害虫。

热带地区的蚂蚁种类很多，它们与某些植物进行专性的互利共生。一些附生植物，如萝藦科、猪笼草科、水龙骨科和茜草科的一些种类，能吸引蚂蚁并为它们提供栖息场所，蚂蚁反过来又为这些植物带来有机物质，在很大程度上这些植物靠蚂蚁生存，此外，蚂蚁也可为植物提供保护，如拟切叶蚁属种类在金合欢上获得食物和栖息场所的同时，为金合欢除去与其竞争空间和阳光的临近植物，人为除去蚂蚁群后，金合欢对环境的适应能力则下降。蚂蚁和其他许多物种之间也存在互利共生的关系，如蚂蚁和蚜虫之间的关系常受到人们的注意，蚂蚁可以保护蚜虫不受寄生物和捕食者的侵害，而蚜虫可以给蚂蚁提供一些甜汁，这是蚜虫的液态排泄物。

三、园林植物与人类活动的关系

虽然人类属于生物范畴，但人类通过对植物资源的利用、改造、发展、引种驯化，以及对环境的生态破坏和对环境造成的污染等行为已充分表明人类对环境及对其他生物的影响已越来越具有全球性，远远超出了生物的范畴。把人为因子从生物因子中分离出来是为了强调人类作用的特殊性和重要性。人类对园林植物的作用是有意识的和有目的性的，其影响程度和范围正不断提高。

实训3　生态环境中生态因子的观测与测定

生态学是研究生物与生物之间，生物与环境之间相互关系和相互作用的科学。任何一种生物都生活在错综复杂的生态环境中，不仅受到各生态因子的制约和束缚，同时也能明显地改变各生态因子。本实训通过对不同生态环境中的主要生态因子的观测与测定，使学生掌握几种主要生态因子的观测和测定方法，并通过不同类型群落及同一群落中不同位置的比较，了解生态因子的变化规律，认识生物与环境的相互作用和相互关系。

一、实训目的

通过本实训使学生了解和掌握生态环境中主要生态因子的观测和测定方法及一些常见的测定仪器的使用方法，并比较不同生态环境中主要生态因子的变化规律。

二、实训器材

GPD（压力传感器）、手持气象站、温湿度计（地表温度计、土壤温度计、土壤湿度计）、手持式海拔罗盘仪、照度计、皮尺、卷尺、记录笔、记录纸等。

三、实训步骤

1. 光照强度的测定

1）选取两种不同类型的群落。

2）分别在不同类型群落，从林缘向林地中心均匀选取5个测定点，用照度计测定每一点的光照强度，并记录每次测定的数值。

3）选择一块空旷无林地（最好地面无植被覆盖）作为对照，随机测定5个点，用照度计测定裸地的光照强度，并记录每次测定的数值。

2. 植物群落内与对照地温湿度的测定

在上述同样的群落以及对照地中，实施下述内容的测定：

1）大气温湿度的测定。从林缘向林地中心在1.5m高处，均匀选取5个点，测定每一点的温度和湿度，并记录每次测定的数值。同时在空旷无林地的1.5m高处，随机选取5个点，测定空气温度和湿度，并记录每次测定的数值。

2）地表温湿度的测定。从林缘向林地中心均匀选取5个测定点，用地表温度计与湿度计分别测定每一点的地表温湿度，并记录每次测定的数值。同时在空旷无林地随机选取5个点，同样测定地表温度和湿度，并记录每次测定的数值。

3）群落内土壤不同深度温湿度的测定。在群落中，随机确定2个测定点，用土壤温度计与土壤湿度计分别测定距地表5cm、10cm、15cm、20cm、25cm、30cm、35cm深处的土壤湿度与温度，并记录每次测定的数值。

在空旷无林地同样随机选取2个点，同样测定距地表5cm、10cm、15cm、20cm、25cm、30cm、35cm深处的土壤湿度与温度，并记录每次测定的数值。

3. 风速的测定

1）在上述同样的群落中，从林缘向林地中心1.5m的高处，均匀选5个点。

2）用风速测定仪分别测定每个点的风速。

3）同时在空旷无林地，随机选取5个点，分别测定每个点的风速。

根据测定结果，列表整理得到的气象数据，并分析不同群落中和空旷无林地中的生态因子及其差异性。

注意事项：

植物群落内及分析对照地的环境生态因子（如光照强度、空气温度和湿度、地表温度和湿度、土壤温度和湿度）测定，一定要在相同的时间进行，这样获得的数据才具有可比性。

四、作业

1. 不同类型植物群落中，群落内的小气候环境有什么差异？试分析造成此种差异的原因。

2. 植物群落内的小气候环境与空旷无林地的小气候环境有什么差异？试分析造成此种差异的原因。

知识归纳

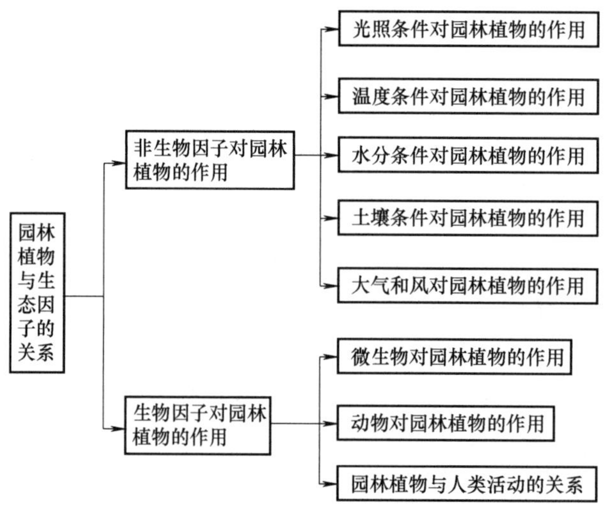

习题

一、名词解释

1. 生态因子
2. 长日照植物
3. 中生植物

二、简答题

1. 简述园林植物对光的适应性。
2. 简述水分对园林植物的作用。
3. 简述园林植物对温度的适应方式。

项目5 园林生态系统的物种流动

知识目标

- 了解物种流的概念、特点。
- 了解物种流动对生态系统的影响。
- 理解物种的增加和去除对生态系统的影响。
- 掌握科学规划物种流动的步骤和途径。

能力目标

- 能够正确选择物种及其流动方式，并运用到实际的园林设计中。
- 能够进行园林植物物种流动调查。

任务1 物种流的概念、特点

一、物种流的含义

物种流是指物种的种群在生态系统内部或生态系统之间时空变化的状态。物种流是生态系统的一个重要过程，它扩大和加强了不同生态系统间的交流和联系，提高了生态系统的服务功能。

物种流主要有三层含义：①生物有机体与环境之间相互作用所产生的时间、空间变化的过程；②物种种群在生态系统内部或生态系统之间格局和数量的动态，反映了物种关系的状态，如寄生、捕食、共生等；③生物群落中物种的组成、配置，营养结构变化，外来种和本地种的相互作用，生态系统对物种增加和空缺的反应等。

自然界中众多的物种在不同生境中发展，通过流动汇集成一个个生物群落，赋予生态系统以新的面貌。每个生态系统都有各自的生物区系。物种既是遗传单元，又是适应变异的单元。同一物种个体可自由交配，共享共有的基因库，一个物种具有一个独特的基因库。所以，物种流也就意味着基因流。

流动、扩散是生物的适应现象。通过流动，扩展了生物的分布区域，扩大了新资源的利用；改变了营养结构；促进了种群间基因物质的交流，形成的异质种群又称为复合种群或超种群；经过扩散和选择把最适合的那些个体保留下来。一个多样化的基因库更有利于物种的发展。尽管如此，种群在流动、扩散中并不能保证每个个体都有好处，即使当环境极度恶化，代价很大，但通过扩散仍然增大了保留后代的概率。

二、物种流的特点

1. 迁移和入侵

物种的空间变动可概括为无规律的生物入侵和有规律的迁移两大类。有规律的迁移多指动物依靠主动和自身行为进行扩散和移动，一般都是固有习性和行为的表现，有一定的途径和线路，可跨越不同的生态系统。而生物入侵是指生物由原发地侵入到另一个新的生态系统的过程，入侵成功与否决定于多方面的因素。

2. 有序性

物种种群的个体移动有季节的先后；有年幼、成熟个体的先后等。

3. 连续性

个体在生态系统内运动常是连续不断的，有时加速、有时减速。

4. 连锁性

物种向外扩展常是成批的。东亚飞蝗先是少数个体起飞，然后带动大量蝗虫起飞。

任务2　生 物 入 侵

一、入侵的方式

生物入侵最根本的原因是人类活动把这些物种带到了它们不应该出现的地方。因此，称这些物种是“有害的”，实际上对这些物种而言是不公平的，它们只是待错了地方，而造成这种错误的原因常常是人类的一些对生态环境安全不负责任的活动。外来入侵物种问题的关键是人为问题。引种是指以人类为媒介，将物种、亚种或以下的分类单元（包括其所有可能存活、继而繁殖的部分、配子或繁殖体）转移到其（过去或现在的）自然分布范围及扩散潜力以外的地区。这种转移可以是国家内的，也可以是国家之间的。引种可以分为有意引种和无意引种两类。除引种外，还有自然因素途径。

1. 自然入侵

自然入侵是指非人为因素引起的外来生物入侵。

（1）外来植物可以借助根系，通过风力、水流、气流等自然传入　植物可以借助根系、种子通过风力传播，如薇甘菊可能是通过气流从东南亚传入广东的，还有通过种子或根系蔓延的畜牧业害草如紫茎泽兰、飞机草等。

（2）外来动物可以通过水流、气流长途迁移　麝鼠原产北美洲，之后引入欧洲各国，于1927年从北美洲引入苏联，通过苏联境内分别沿着西北和东北两端边境的河流自然扩散到我国境内。西北方向沿伊犁河、额尔齐斯河扩散到新疆；东北方向沿黑龙江和乌苏里江两条界河扩散到黑龙江省，1953年在新疆北部伊犁河发现，随后在黑龙江省有正式报道。多食性害虫如美洲斑潜蝇可进行长距离迁移，昆虫马铃薯块茎蛾可借风力扩散，稻水象甲也可能是借助气流迁飞到中国的。鸟类等动物迁飞还可传播杂草的种子。

（3）外来海洋生物随海洋垃圾的漂移传入　随着废弃的塑料物和其他人造垃圾漂浮的海洋生物也会造成危害，对当地的物种造成威胁。这些垃圾使向亚热带地区扩散的生物增加了1倍。与椰子或木材之类的自然漂浮物相比，海洋生物更喜欢附在塑料容器等不易被降解的垃圾上漂浮，借助这些载体，它们几乎可以漂浮到世界的任何地方。

（4）微生物可以随禽兽鱼类动物的迁移传入　微生物可以随禽兽鱼类动物的迁移传入。一些细菌和病毒可以通过疾病传染，如疯牛病、口蹄疫、禽流感等。

2. 有意引种

有意引种是指人类有意实行的引种（包括授权的或未经授权的），即将某个物种有目的地转移到其自然分布范围及扩散潜力以外的地区。

（1）植物引种　它是指人们为了农林生产、景观美化、生态环境改造与恢复、观赏、食用等目的有意引入的外来生物，引进物种逃逸后“演变”为入侵生物。植物引种为我国的农林渔业等多种产业的发展起到了重要的促进作用，但人为引种也导致了一些严重的生态学后果。在我国目前已知的外来有害植物中，超过50%的种类是人为引种的结果，这些引种植物包括牧草、饲料、观赏植物、药用植物、蔬菜、草坪植物和环境保护植物等。引进物种逃逸后给经济与环境带来危害的案例比比皆是：如种植业上引进的喜旱莲子草（水花生）和凤眼莲（水葫芦）、观赏植物“一枝黄花”；用于沿海护滩而引进的植物“大米草”等。

城市景观建设和园林绿化大量使用外来种，常常造成当地生态系统和景观的彻底改变。以草坪业为例，随着我国城市大面积兴建各种不同功能用途的草坪（高尔夫球场、足球场、公园绿地等），使草坪草种子的需求量急剧增加，而目前使用的草种主要是国外的优良草坪品种。

（2）动物引种　人们为了畜牧业生产、观赏、食用等目的有意引入的外来动物物种，牛蛙是我国最早引入的养殖蛙类，它具有个体大、生长快、肉味鲜美等特点，于1959年从古巴引进，先后在20多个省市推广养殖。由于一些地区养殖管理不善，以及实行稻田、菜田等自然放养而逃逸为野生。獭狸在1953年被引入东北动物园饲养，供观赏用。但獭狸在南方饲养后毛质变差，养大后无人问津而被弃养。一些哺乳动物的皮张具有较高的经济价值，如麝鼠和海狸鼠，人们大范围推广饲养以获取皮张；水产养殖引进外域鱼种如鰕虎鱼、麦穗鱼、福寿螺等；我国在生物防治害虫和害草中，也曾引进天敌昆虫。

（3）为食用目的引入　美食是我国传统文化的一部分，人们为了追求食品的色、香、味、新、奇，食用野生动物，甚至走私入境一些野生动物，如毒蛇、果子狸、非洲大蜗牛等。

（4）作为宠物引入　一些动物作为宠物而在城市中广泛养殖，通过放生而造成外来生物入侵。生存能力较强的一些鹦鹉，如小葵花凤头鹦鹉和虹彩吸蜜鹦鹉，在中国逃逸野化后数量大增，过度利用结果实的灌木，或者过度采食嫩叶，危害当地植被。巴西龟已经是全球性的外来入侵种，目前在我国从北到南几乎所有的宠物市场上都能见到巴西龟的出售。水族馆和家庭水族箱的普及，也使一些外来水生动物成为外来入侵种，例如，用于观赏而引进的食人鲳。

（5）植物园、动物园、野生动物园的引入　我国许多城市都有动物园、植物园、野生动物园，已经有许多外来动植物从园中逃逸野化形成入侵的事例。动物园中的野兽野禽可能逃到野外，在野外自然繁殖，例如，八哥已经在北京形成了自然种群。现在各地时兴建立野生动物园，大量物种被散放到自然区域中，如果管理措施不够严密，动物园、植物园和野生动物园的外来物种就有可能逃逸（其中可能会携带外来的野生动物疾病），这些潜在的外来入侵种源可能会带来灾难性后果。

3. 无意引种

无意引种是指随着人类的贸易、运输、旅游等活动而无意识的引种，很多外来入侵生物是随人类活动而无意传入的。尤其是近年来，随着国际贸易的不断增加、对外交流的不断扩大、国际旅游业的迅速升温，使外来入侵生物借助多种途径越来越多地传入我国。

（1）随人类交通工具带入　如豚草最初是随火车从朝鲜传入我国的，多生长于铁路和公路两侧；褐家鼠和黄胸鼠则是通过铁路从内地带入新疆的。

（2）随国际农产品和货物带入　我国进口农产品的供给国多、渠道广、品种杂、数量大，带来有害杂草籽的概率高。据检疫部门统计，从1986—1990年，上海口岸进口粮食349船次，截获杂草种子近30科、100属、200余种。1998年包括大连、青岛、上海、张家港、南京、广州等12个口岸截获了547种和5个变种的杂草，分属于49科，这些杂草来自30个国家，随粮食、饲料、棉花、羊毛、草皮和其他经济植物的种子进口时带入。通过货物运输还会无意引入病虫害，这在农林牧和园林等各个行业造成巨大经济损失的案例有很多，如农业病虫害稻水象甲、甘薯长喙壳菌和马铃薯癌肿病、水稻条斑病与番茄溃疡病等；还有随着苗木传入我国的林业害虫如美国白蛾、松突圆蚧、日本松干蚧、蔗扁蛾等。

（3）随进口货物包装材料带入　一些林业害虫是随木质包装材料而来，货物进口是外来生物进入我国的重要渠道。我国海关1999年从日本、美国等进口的机电、家电等使用的木质包装上59次查获号称“松树癌症”的松材线虫；2000年多次从美国、日本等进口木质包装材料中发现大量松材线虫；从莫桑比克红檀木中曾截获双棘长蠹。

（4）旅游者带入　我国海关多次从入境人员携带的水果中查获地中海实蝇、桔小实蝇等；北美车前草可能是由旅游者的行李黏附带入我国。

（5）通过船舶压舱水带入　压舱水是船舶空载时为了保持稳定，增强抗风浪能力而在始发港或途经的沿岸水域抽进舱底的海水，被运载到异地或异国，在船舶载货后排放掉。船舶压舱水带来了近百种外来海洋生物，携带的方式主要是压舱水的异地排放。据国际海事组织（IMO）资料报道，世界上90%以上的商贸货物运输依靠海运。据估计，世界上每年由船舶转移的压舱水有100亿t多。因此许多细菌和动植物也被吸入并转移到下一个停靠的港口。我国沿岸海域有害赤潮生物有16种左右，其中部分是通过压舱水等途径在各沿岸海域传播。外来赤潮生物种加剧了我国沿海赤潮现象的发生。

（6）军队的转移　军队的出入境可不通过特定的海关通道，从而不经过检疫。大规模的军队转移如海外维和部队的调防，在没有注意清理交通工具和装备的情况下，容易将一些外来生物携带到新的生态系统中。

二、入侵物种的特征

入侵的成功与否与多方面的因素有关：物种自身的生态生理特点；入侵地的气候；气候和荫蔽场所的状况；侵入当时造成的后果引起人们关注程度的大小等。

入侵是一个复杂的生态过程，可分为四个阶段：

1）侵入：是指生物离开原生存的生态系统到达一个新环境。

2）定居：是指生物到达入侵地后，经过当地生态条件的驯化，能够生长、发育并进行繁殖，至少完成了一个世代。

3）适应：是指入侵生物已繁殖了几代。由于入侵时间短，个体基数小，所以，种群增长不快，但每一代对新环境的适应能力都有所增强。

4）扩展：是指入侵生物已基本适应新的生态系统，种群已经发展到一定数量，具有合理的年龄结构和性别比例，并且有快速增长和扩散的能力。

入侵生物要获得成功，就必须通过以上四个阶段，这显然不是每个物种都能完成的。在此情况下，了解入侵成功物种的特点就具有重要的理论和时间意义。

对于所有物种而言，也存在一些共性，这将有助于认识在入侵物种中达到成功的一些基本特征：

1）所有物种必须保持一定的数量，具有向外扩散的潜能。

2）物种具有扩张的能力，扩张到另一个生态系统的能力较强。

3）具有一定抗干扰能力、适应性强的物种。

植物，作为一个理想的入侵者具有以下一些生态、生理的特征：

1）种子的萌发不需要特殊条件；种子具有生命力长且能自控中止萌发的能力。

2）实生苗生长迅速，开花前只有一个短暂的营养生长期。

3）可自花授粉，但不是转性的自花授粉；在异花授粉时，可借助于风和其他授粉者授粉。

4）在新的生境中能产生大量、适应于广泛条件下生存的种子，对于长距离、短距离的扩散都有特定的适应能力，并能忍受极端气候和能在不同质地的土壤中存活。

5）具有特殊的竞争方法：丛生群系、干死生长和他感作用等。

6）如果是多年生植物，它具有旺盛的无性繁殖能力；在低位节处有刺毛或根状茎，在根状茎的不同部位具有再生能力。

这并不是说，一个成功的入侵者要具有所有特性。

三、生物入侵的影响

1. 严重威胁人类和牲畜健康

一些外来病原生物的入侵直接危及人类的生命，疟疾和鼠疫是人类的大敌。1930 年，按蚊从非洲西部将疟疾传入巴西东北部地区，传入当年，在仅有 1. 2 万人口的 15. 5km^{2}的地区内，就有 1000 余人感染疟疾。1941—1943 年，该病从苏丹传入埃及北部的尼罗河河谷地区，死亡人数超过 13 万。鼠疫在公元 6 世纪从非洲入侵中东，进而到达欧洲，造成约 1 亿人死亡，甚至导致了东罗马帝国的衰亡。

外来种入侵间接危及人类生存的悲剧更是惨不忍睹，马铃薯原产地在南美，马铃薯晚疫病病原菌也发生在南美，马铃薯所具有的多种优势很快使之成为北美和西欧的主食，特别是在爱尔兰，马铃薯引进后几乎成了唯一的粮食作物。1845 年，马铃薯出土后的不利气候正适合晚疫病菌繁殖，结果导致全面绝收，爱尔兰由于缺粮，饿病而死的人数有 150 万人，成为人类近代史上外来种入侵酿成的最大悲剧。

2. 引起社会恐慌和动荡

炭疽菌是一种孢子病菌，主要通过皮肤、肠道和呼吸道传染，一旦染上就可能有生命危险。2001 年，夹带在邮件中的炭疽菌使美国民众受到感染，在不足 20 天的时间内美国人的生活彻底变了样。在一些商店里，防毒面具成为最抢手的商品。自来水的安全性受到怀疑，自来水净化器和矿泉水的销售量提高了 50%，国民的忧虑情绪与日俱增，20% 的人受到失

眠、梦魇、恐慌和焦虑的折磨，25%的人考虑注射炭疽热或天花疫苗。

3. 改变生态系统的结构和功能

外来种一旦入侵一个生态系统，首先引起生态系统组成和结构的变化，同时对生态系统的资源获取或利用产生影响，并使系统的干扰频度和强度发生改变，系统的营养结构也产生变化。原产于南美洲的薇甘菊在我国南方的蔓延造成严重危害。深圳内伶仃岛国家级自然保护区保护着20多种600多只国家级保护动物猕猴及供其食用和栖居的香蕉树、荔枝、龙眼、野山橘等植物。薇甘菊已经登陆该岛，缠绕或覆盖于树上，使这些树木难以进行光合作用，在不到2年的时间内死亡。目前，该岛40%～60%的面积被薇甘菊覆盖，已经改变了原有生态系统的物种组成和食物链，猕猴面临死亡的威胁。原产于南美洲的水葫芦，是在20世纪30年代作为畜禽饲料特意引入我国的，后逃逸为野生，现广泛分布于南方的水生生态系统中，特别是在云南滇池，其密布于水面，许多生长在湖中的水草被灭绝，极大地破坏了整个系统的正常功能。

20世纪70年代，一些喜欢饲养观赏水生生物的爱好者，在加勒比海度假时，发现了一种名叫杉叶蕨藻的植物，并把它带回家。这种有毒又贪食的植物后来流入海洋，在水深3～50m的海底繁殖、定居，其紧密的根系网和叶子可以杀死海底所有的生命。只要有这种有毒绿色海藻的地方，就没有其他海洋植物和微生物的存在，鱼、海星和海蜇也随之消失。由于在新环境里没有原有的制约天敌存在，它还在迅速蔓延滋生，所到之处的海洋生态系统的结构和功能都被彻底改变了。

原产于地中海的植物入侵美国西南部后，其深大的根系使地下水位降低，导致加利福尼亚州的一些谷地的荒漠绿洲变干，根除这种植物后，绿洲又恢复了往日的生机。

南非冰草是一种能够积累盐的一年生植物，入侵加利福尼亚州后，每年的枯落物使土壤表层的含盐量增高，抑制了本土植物的生长和萌发。原产于北大西洋的一种固氮灌木杨梅入侵夏威夷后，从年龄不足15年的火山灰到郁闭的热带雨林都发现了它，在夏威夷国家火山公园，1977年其面积为600hm^2，1985年增加到12200hm^2，到1992年猛增到343656hm^2，它在疏林地每年每公顷可增加18kg氮，在火山灰上形成单优群落，这类固氮植物入侵后，对当地整个生态系统都有重要影响。

4. 造成生物多样性的丧失

外来种入侵对本土生物多样性具有毁灭性的影响，被认为是严重威胁生物多样性的魔鬼四重奏之一。在《生物多样性公约》的讨论中，外来种入侵被认为是对生物多样性的第二大威胁，仅次于生境丧失。Enserink预言，生物入侵将很快成为美国生物多样性的最大威胁。少数取得巨大成功的物种可能成为全球的优势种类；观赏种使目的地的生物多样性增加，但使全球生物多样性下降。夏威夷因远离大陆，在1500年前，其生物区系中的当地特有成分高得惊人，并且缺少陆生的爬行动物、两栖动物、哺乳动物和许多重要的无脊椎动物，现在外来种成为威胁当地特有的10000种生物的头号大敌，猪、山羊和鹿的到来，毁坏了植被，加剧了土壤侵蚀，便利了外来杂草和昆虫的扩散。夏威夷的面积仅为美国国土面积的0.2%，却成为美国38%受威胁和濒危的植物及41%濒危鸟类的避难所。这些受威胁和濒危的物种中95%是由外来种造成的。从全球尺度上看，外来入侵种为主要原因而造成物种灭绝的比例是：鱼类占25%、爬行类占42%、鸟类占22%、哺乳类占20%。

外来物种入侵以后，就会乘机扎根、繁殖，不断扩张，对本地种构成威胁。地球大多数江河、湖泊，大多数沿海地区，几乎所有岛屿都受到干扰。生物入侵有可能打乱全球的生物本地化，会损害地球上的生物多样性。

四、生物入侵的防治对策

1. 实行全面检疫，阻止外来种的偶然入侵

检疫是为防止危险性有害生物传出或传入某个国家或地区所采取的预防性措施。14 世纪中叶，欧洲的威尼斯共和国为阻止黑死病、霍乱、黄热病等疫病传入本国，对要求入境的外来船舶和人员采取了进港前一律在锚地停滞、隔离 40 天的防范措施，后来逐渐运用到阻止动植物外来种传播方面，出现了动植物检疫。1994 年，乌拉圭回合贸易谈判最终达成的《实施动植物卫生检疫措施协议》，已成为一部国际检疫法。

1999 年在昆明举办世界园艺博览会期间，我国共检疫国内外参展植物 763 批次、683140 株，草坪 165279m^2，肥料 8100kg，木包装 7 件，截获有害生物 162 批次，发现有害生物 160 多种，并进行了及时的处置。目前，大多数国家实行针对性检疫，根据风险分析列出危险性有害生物的“黑名单”。然而，许多外来生物在当地是有益的，传入新环境后却能导致巨大危害，所以针对性检疫存在弊端。日本 1997 年已率先修订了《植物防疫法》，改“黑名单”为“白名单”，列出了没有危险性的生物名录。在没有证据说明入境的外来生物无害之前，均应视其为有害生物，禁止或限制其入境。

2. 采取全面的生态评估和监测，防范引进品种的入侵

人类曾进行过大量的动植物引种驯化，并从中大受裨益。人类粮食的 70% 多来源于 9 种作物，即小麦、玉米、水稻、马铃薯、大麦、木薯、大豆、甘蔗和燕麦。全球工业用材林的 85% 源于 3 个属的植物，即桉属、松属和柚木属，外来种在经济发展中起到了非常重要的作用。但是，也有例外的情况，即好的初衷导致坏的结果。例如，山羊、猪、狗和猫引到一些大西洋岛屿，对当地的植被和生物区系造成毁灭性的破坏。夏威夷人为了消灭害虫，从非洲南部引进了一种玫瑰色蜗牛，在 55 年后，它竟将 15 ~ 20 种土生土长的蜗牛消灭得干干净净。为了改善牧草的营养结构，美国西部引进了纤维含量较高的胡枝子，结果它疯狂地繁殖、蔓延，致使原本能养活 9 万头奶牛的牧场寸草不生，最后被荒弃不用。在中国的海南、广西和云南南部大面积种植的巴西橡胶林，种植面积最大时达到 1 亿株，40 多万公顷，大面积的天然林被毁，代之以巴西橡胶占绝对优势、土壤板结、物种多样性匮乏的生态系统。

这些出于良好愿望导致的灾难性后果提示人们，在进行人为引种前必须认真做好全面的生态评估，并进行引种后的跟踪监测。

3. 根除和控制已入侵的有害外来种

根除和控制已入侵的有害外来种的方法主要有：①机械法，适用于种群数量小的入侵种，包括拔除、砍倒、火烧、水淹、光照和遮阴等；②化学法，使用杀虫剂和除草剂，它们的专一性很重要；③生物防治法，利用入侵种的天敌控制其种群密度和扩展速度。一旦外来种入侵后，根除和控制其发展就会非常困难。根除外来种尽管要在短期内大量投资，但若能在几个月或几年内获得成功，无疑对本土生物多样性和生态系统的恢复提供了最佳的机会。因而根除外来种受到了大力提倡和鼓励。要成功地根除外来入侵种，必须有以下保障：足够的资金；允许个人或团体采取必要的根除行动；入侵种的生物学特性适合于所用的根除手段；能够阻止入侵种的再入侵；入侵种在相对低的密度下仍易于发现；根除掉关键入侵种

后，要对群落或生态系统进行恢复或管理。但是，由于生态系统受多个入侵种的影响，或者受入侵种和其他全球变化的影响，或者入侵种可能已占据了很长的时间，根除这样的入侵种可能导致以下后果：毒物在食物链中传递；难以阻止再入侵使根除失败；入侵种已改变了生境，即使被根除掉，也难以恢复本地种；其他入侵种增加。实际上，入侵种在被入侵的生态系统中已经发挥着它们的生态功能，根除它们当然会带来次生效应。所以，在采取措施前，应对入侵种进行根除预评估，分析入侵种与本地种以及入侵种间的营养关系，了解入侵种在系统中的潜在作用；还应进行根除后的跟踪监测。

在许多情况下，控制入侵种的扩展速度比根除它更加现实和合算。理论上，生物防治是控制入侵种入侵的最佳方法。这种方法比杀虫剂和除草剂对入侵种有更强的专一性，而且一旦天敌发挥作用，就可以良性发展。俄亥俄州10年内释放的防治外来杂草的天敌种类翻了一番，达到70种，世界各地的趋势与之相似。保障生物防治成功的关键是防除对象与天敌间的专一性：最容易防治的是那些在入侵地没有近缘种的入侵种，最理想的天敌应该只取食一种生物。全球不到400种无脊椎动物和真菌被用于控制杂草，而控制入侵昆虫所选用的生物种类高达5000种。

但是，在筛选天敌和对其进行危害评估时要特别慎重。即便入侵的生物防治天敌在其最初的释放地没有不良后果，它们的扩散也会产生十分严重的后果。例如，为了控制非洲蜗牛，一种捕食性蜗牛被引入许多太平洋岛屿，结果造成了本地蜗牛的生存受到严重威胁的结果。1957年在加勒比海的Nevis岛引进仙人掌蛾，用它防治刺梨的入侵，结果这种蛾扩散到一个个岛屿上，威胁到佛罗里达南部的稀有本土植物仙人掌。在美国，于2000年7月启动的植物保护行动制定了法规，要求害虫防治专家在使用害虫天敌前向美国农业部动植物检疫局提交全面的环境评估报告，新法规引起了每个人的重视和警觉。我国也应对引进生物防治天敌的潜在危害进行认真的研究和评估，并制定有关的实施细则，使生物防治事业科学化、规范化。

任务3　植物的种子流和动物的迁移

一、植物的种子流

1. 繁殖体的传播

种子是植物种群生活史中的关键阶段。Harper等提出了植物种群生活模型，把母株上的种子及无性繁殖体向环境中传播的过程，形象地称为“种子雨”。植物通过个体、种子和繁殖体的可动性得以传播。可动性是由个体大小、重量、面积和特殊物质、构造等因素决定的。

2. 传播的动力

植物的果实和种子成熟后，一般是依靠风力、水流、动物以及自身力量进行传播的（图5-1）。

（1）风传播　借助风力来传播的种子，通常质量较轻、能悬浮在空气中，并随风而运动到各处。有些植物的种子还长出一些适合于借助风力飞翔的特殊构造。如棉、柳种子上的细茸毛；蒲公英果实上的伞状冠毛；松树、槭树、榆树等植物种子的一部分果皮和种皮展成翅状；酸浆属的果实有薄膜状的气囊等。柳树就是靠柳絮的飞扬，把种子传播到四面八方的。

图 5-1　依靠不同动力传播的果实与种子

a）借风力传播的种子　b）借人类或动物活动传播的种子　c）借水流传播的种子　d）借自身力量传播的种子

（2）动物传播

1）鸟传播。鸟类传播的种子，大部分都是肉质的果实，例如，浆果、核果及隐花果等。樟科及榕属植物是鸟类喜爱的食物，鸟类啄食樟科植物的种子后将种子吐出。学者推测，靠鸟类传播种子的植物是比较先进的一群，因鸟类传播种子的距离是所有传播方式中最远的。

2）蚂蚁传播。蚂蚁在种子传播上，通常扮演二次传播者的角色。有些鸟类摄食传播种子，但并没有全部消耗掉所有的养分，掉在地上的种子，其表面上还有残存的一些养分可供蚂蚁摄食，这个时候蚂蚁就成了二次传播者。

3）哺乳动物传播。哺乳动物的传播，大部分都是属于一些中、大型的肉质果或干果。一般而言，哺乳动物的体形比较大，食物的需要量大，故会选择一些大型的果实。例如：壳

斗科的种子主要靠啮齿类动物来传播；台湾猕猴喜爱摄食毛柿及台湾芭蕉的果实，也帮助这些植物进行传播。

4）人和动物的某些活动，常常有意无意地帮助植物传播种子。例如，鬼针草、苍耳等植物的种子上长着钩或者刺，可以钩在动物的皮毛和人的衣服上，被带到远处。

（3）水流传播　水流，也是传播种子和果实的一种途径。水中或沼泽地里的植物大多依靠水流传播种子。靠水流传播的种子其表面蜡质不沾水（如睡莲）、果皮含有气室、密度比水小，可以浮在水面上，经由溪流或洋流传播。此类种子的种皮常具有丰厚的纤维质，可防止种子因浸泡、吸水而腐烂或下沉，海滨植物如棋盘脚、莲叶桐及榄仁，就是典型靠水流传播的种子。

（4）自体传播　有的植物靠机械方式将种子散播出去，酢浆草便是其中一个例子，它是一种很普通的野生杂草，开小黄花，花后结具五棱的蒴果，成熟时，果沿室背开裂，果壳卷缩将种子弹出，抛射至远处。凤仙花的果实会弹裂，把种子弹向四方，这是机械传播种子的又一个例子。

3. 蚂蚁在传播植物种子中的独特作用

（1）蚂蚁传播的概念　蚂蚁将成熟的种子或果实搬运回蚁巢中是非常普遍的现象，储蓄在蚁巢中的果实或种子如果被全部吃掉，对植物来说蚂蚁是纯捕食者。如果未被全部吃掉，或在搬运过程中种子或果实散落因而得以传播的可能性是存在的，但这并不是真正意义上的蚂蚁传播。为了避免被蚂蚁吃掉的危险，而又依赖蚂蚁的传播，许多植物种子附着有称为脂肪体（或称油脂体）的结构以吸引蚁类，蚂蚁将种子搬运到巢中后，以脂肪体为食物，去掉脂肪体的种子被作为垃圾扔在巢中或巢周，种子的发芽能力并未丧失，从而依赖蚁类完成了传播。这一过程中，蚂蚁获得了食物，植物种子得到了传播，在进化过程中，适合度都能得到提高，形成稳定的互利共生关系。蚁科中共有4个亚科涉及蚂蚁传播，即蚁亚科、切叶蚁亚科、猛蚁亚科、臭蚁亚科，共计32个属。北半球的温带森林中，具有代表性的蚁类有蚁属、毛蚁属、盘腹蚁属、切叶蚁属、细胸蚁属、收获蚁属和大头蚁属。

（2）蚂蚁传播的特点　与鸟类传播相比，蚂蚁传播有以下几个特点：

1）种子的运送距离短。一般情况下，蚂蚁运送的距离不超过1~2m，最远的也只是在5m左右，有些幼苗仅离种源5~20cm。Gomez等做了一个统计，从世界范围看，蚂蚁传播的平均距离是0.96m。

2）种子的消失速度快。蚁类众多的数量，不分昼夜地活动，使蚂蚁的搬运能力比其他类群都强，放置的种子以指数式减少，并且热带的许多蚂蚁发现种子后不允许其他动物介入。

3）种子的定向性。虽然运送距离短，但蚂蚁传播属定向传播，即不仅将种子搬离种源，而且使种子搬至有利于萌发和生长的小环境，因为蚂蚁是将种子放置在巢中或在废弃物里，基本上是埋藏起来的，不同于食浆果的鸟类。

4）二次传播。蚂蚁除了直接收集种子外，还有二次移动的作用。很多植物种子在被鸟和哺乳类扩散后，会受到蚂蚁的二次移动而得以传播。南美热带森林中脊椎动物粪便中的种子25.2%~97.7%被蚁类再次移动，食果实鸟类粪便中的种子可被22种蚁类再次移动。澳大利亚的研究表明，被蚁类再次移动的种子也都有脂肪体，没有的则多被啮齿类动物所食。南美的研究表明，是否被再次传播决定于种子的种类，小种子易被蚂蚁再次扩散，大种子则易被再次捕食。

5）广食共生。蚂蚁传播是较低对应水平上的互利共生关系，即广食共生。蚁类一般同时收集多种植物种子，没有太明确的喜好，而植物也同时依赖多种蚁类传播，稍大型的蚁类有收集大种子的些微趋势，反之亦然。与鸟类相比，蚁类的活动范围小，在局部区域蚁类和植物的关系也较密切，依生境不同，蚁类会偏爱某些种子，有些植物与本地蚁类之间的共生关系被入侵蚁类打 破之后，会有灭绝的危险（表 5-1）。

表 5-1　金黄堇物种在蚁穴和非蚁穴两个地点的生长状况比较

	出苗/株	越冬存活/株	结种子植物/株	种子生产量/株
蚁穴上	100	65	33	20448
其他地点	67	29	5	10718

（3）蚂蚁传播的适应意义　蚂蚁传播的进化依赖于蚂蚁和植物两者的适合度，一般认为蚂蚁传播有以下 4 个方面的意义。

1）避免竞争。据美国东部森林林下的研究表明，种子被放入蚁巢中，能够有效地避免和其他种子和幼苗之间的竞争。

2）避免火烧。美国西部及澳大利亚的一些火顶极群落中，种子在土层下的蚁巢里可避免火烧，又不会影响萌发，甚至火烧时适当的高温能刺激种子发芽。

3）避免捕食。脂肪体在吸引蚁类的同时，也面临步行性甲虫、啮齿类和鸟类的捕食，被搬入蚁巢中能有效地避开这些捕食者。

4）有利萌发和生长。蚁巢及废弃物环境有助于种子萌发和幼苗的生长，土壤较之周围营养成分高、疏松、透气性好、湿度大。但也有报道，土壤养分高而萌发率和幼苗生长提高得并不显著。在热带区域，温度和光照是影响幼苗生长的更重要的因素。

（4）蚂蚁传播植物的种类及分布　蚂蚁传播植物即依赖蚂蚁进行传播的植物，涉及 80 科的 90 属，约 2800 种。少数种类为低矮灌木，多数种类为多年生草本，果实类型不一，如浆果、蒴果、小坚果等。较为典型的有百合科的延年草属、堇菜科的堇菜属、马兜铃科的细辛属、莎草科的苔草属等。蚂蚁传播的植物从热带至寒温带均有分布，大体上可以分为 3 个大区域。一是北半球的温带森林林下。温带的常绿阔叶林的林下植被很多是春花植物，上层的树叶展开之前就发芽、开花，至夏季时，地上部已经枯死，这些多数属蚂蚁传播植物。例如，美国西弗吉尼亚州林下约 1/3 的植物是蚂蚁传播植物。二是土壤贫瘠且干燥的草原和热带稀树草原。这些生境的自然条件恶劣，种子被搬入蚁巢大大地提高了种子萌发的可能性，因此此类区域中蚂蚁传播植物种类较多且集中。澳大利亚的蚂蚁传播植物有 1500 种之多，南非的热带稀树草原也有 1000 种。三是热带雨林的林下。热带雨林的蚂蚁种类和蚂蚁传播植物均非常丰富，而且共生关系更加复杂。

二、动物的迁移

1. 昆虫迁飞

昆虫中广泛存在着迁飞物种：蝗虫、蜻蜓、蝶类、蛾类、蚜虫、瓢虫和食蚜蝇等。近年来，对昆虫迁飞的意义又有了新的认识，把迁飞看作是昆虫生活史中一个重要的特征。

黏虫属于鳞翅目夜蛾科，它是我国农业生产上的一大害虫，过去“来无影，去无踪”，

农民称之为“神虫”。中华人民共和国成立后我国科学工作者艰苦努力，通过陆地追踪、海面捕蛾、标志释放和雷达观测等多种途径揭示其迁飞规律：1 年中黏虫主要有 4 次迁飞，纬度跨度为 20°~30°，形成 5 次发生区。虫源集中于广东、广西、福建、江西和湖南等地。

昆虫的迁飞已进化为主要靠风运载的一种形式。非洲一批批蝗群是依靠顺风飞行最终到达新的繁殖地带的。顺风飞行意味着向着风的辐合带。风的辐合是降雨的必要条件。蝗虫多栖息在干旱地区，但其卵期发育则需要游离的土壤水分。顺风飞行的行为使蝗群利用了大气环流的动能去开拓雨后短暂的植被生境。这就是物种长期适应进化的结果（图 5-2a）。

a)　b)　c)　d)

图 5-2　动物的迁移

a）香港斑蝶迁飞　b）对虾生殖洄游　c）鱼类洄游　d）昆明翠湖公园海鸥迁徙

2. 对虾洄游

有些虾类是海域生态系统中的洄游种类。中国海域已知虾类 300 余种（1991 年），中国对虾为温带水域物种，自然分布不到海南岛热带海区。中国对虾具有长距离洄游的特点，在一年的生命周期中出现三次洄游，即越冬洄游、生殖洄游和索饵洄游。

越冬的虾群随着天气转暖和水温的回升，每年的 3 月中旬有一支虾群向西北方向转移。4 月中下旬分别到达海州湾、胶州湾和青岛附近沿岸。对虾主群于 4 月上中旬穿过渤海海峡附近 4℃左右的低温区后，才进入水温较高的渤海并于 4 月下旬分别游至海湾诸河口附近产卵。产卵活动在夜间进行，天气骤变起风都能引起对虾集中产卵。对虾在两次洄游中还有索饵洄游，对虾是一种广食性虾类，其食物组成因生长发育阶段和分布的海域而异（图 5-2b）。

3. 鱼类洄游

大多数的鱼类都可以说是洄游鱼类。由于季节变化、寻食及繁殖生育等因素，鱼类向一定方向迁移的现象称为洄游。可分为生殖洄游、稚鱼洄游、觅食洄游和季节洄游 4 类。①生殖洄游。在繁殖期间整群移动，到达适当的地方进行产卵。大多数鱼类在生殖时期都是由外海向近海洄游，河口通常是海洋鱼类理想的产卵场所。中国海洋鱼类——鲷、鲱、鳓等每年

春末夏初自远洋游入舟山群岛、渤海湾等浅海处产卵，称为近陆洄游。也有上溯河源产卵的，如大马哈鱼。还有由淡水河流进入海洋生殖的，如平时栖于淡水区的鳗鱼在生殖期游向深海产卵，称为远陆洄游。②稚鱼洄游。鲑鱼为海洋鱼，在生殖期溯回淡水中产卵，孵化于淡水中的稚鱼，待第二年春季随融化的冰雪游入海洋。③觅食洄游。鱼类主要的食物为浮游生物，它们的分布依季节的不同和海水状况而变动，鱼类为追食而集群洄游到食饵丰富的地方。④季节洄游。海水温度随季节变化，鱼类为寻求适宜的温度而发生洄游，如带鱼每年秋季因寒流而南下（图 5-2c）。

4. 鸟类迁徙

鸟类的迁徙是指鸟类种群在其夏天繁殖区和越冬区之间所进行的一种大规模的、有规律的、广泛的和季节性的运动。这种运动的基本特点是定期和定向并且常常集成大群进行。许多鸟类都进行季节性迁徙。在古北区陆地繁殖的 589 种鸟类中有 40% 的种类，总共大约 50 亿只鸟，每年要飞到南方去越冬，这还不包括在本区类迁徙的鸟类。在加拿大繁殖的雀形目鸟类有 160 种，其中 120 种进行迁徙，占 75%。

鸟类的迁徙往往是结成一定的队形，沿着一定的路线进行。迁徙的距离有近的，也有远的，从几公里到几万公里不等。最长的旅程为北极燕鸥，长达 1.8 万 km。此鸟在北极地区繁殖，却要飞到南极海岸去越冬。在迁徙时，鸟类一般飞得不太高，只有几百米，仅有少数鸟类可飞越珠穆朗玛峰。迁徙时飞行速度从 40～50km/h，连续飞行的时间可达 40～70h。

引起鸟类迁徙的原因很复杂。现在一般认为，鸟类的迁徙是对环境因素周期性变化的一种适应性行为。气候的季节性变化，是候鸟迁徙的主要原因。由于气候的变化，在北方寒冷的冬季和热带的旱季，经常会出现食物的短缺现象，因而迫使鸟类种群中的一部分个体迁徙到其他食物丰盛的地区。这种行为最终被自然界选择的力量所固定下来，成为鸟类的一种本能（图 5-2d）。

迁徙给鸟类带来许多好处，主要表现在以下几个方面：

1）使鸟类始终生活在最适的气候里，并有丰富多样的食物来源，有利于维持它们强烈的代谢。

2）迁徙还能为养育后代创造最合适的条件，因为养育后代需要大量的食物。

3）在北方能最大量地孵卵，季节昼长，有丰富的昆虫，鸟类能有机会充分收集食物。

4）在北方敌害较少，而且一年一度的脆弱幼鸟的出现不会促使敌害种群形成。

5）迁徙能使活动空间大为扩展，有利于繁殖和争夺占区的行为。

6）迁徙有利于自动平衡，能使鸟类避免气候悬殊。

7）迁徙提供了鸟类种群向新的分布区扩散以及不同个体间接触和交配的机会，因而在进化方面也具有十分重要的意义。

任务 4　物种流对生态系统的影响

一、物种的增加和去除对生态系统的影响

罗亚尔岛是北美的一个小岛，岛上以北方植物为主。驼鹿喜食落叶灌木和嫩枝芽。每头成年驼鹿一年中取食量为 3000～5000kg 的干物质。该岛在 1948 年引入驼鹿，结果引起了生

态系统一系列变化。驼鹿喜食先长出嫩枝芽的三种植物：白杨、小香油树和白桦树，而不食云杉和香油松，这样的取食造成了森林的树种减少而下层灌木和草本植物发达。经过一段时间，这种取食方式造成岛上物种组成的迅速变化，从硬木林变成了云杉林，出现森林中云杉占优势的局面。云杉生长慢，林地落叶的质和量都降低，叶片分解慢，营养物质少。最后，经驼鹿啃食的地方，其矿质营养物的有效性和微生物的活动均有所减弱。

据统计，太平洋上关岛的鸟类大量死亡，18 种本地鸟中有 17 种处于濒危和灭绝的境地，而原因是该岛引进了一种鸟类天敌，即黑尾林蛇，它不仅捕食了岛上的鸟类，造成大量鸟类灭绝，而且这种蛇对关岛上的另一种动物夜行蜥蜴也产生了同样的结果。

二、入侵物种通过资源利用改变生态过程

晶态冰树入侵了美国加利福尼亚一些群岛，带来土壤盐分的变化。这种树在利用土壤盐分方面不同于群落中的其他物种，它能使土壤表面的盐分加重和沉积。由于晶态冰树沉积盐分，改变了土壤的营养输送过程，沉积的盐分又抑制了其他植物的萌发和生长。这些岛屿就成为单一晶态冰树的生长区。伴随这样的巨变，消除了那些不能以冰树为食的动物，从而改变了群岛生态系统的营养结构。

有的入侵物种通过改变资源的利用或资源更新，从而改变资源的利用率。大西洋加那利群岛上生长的一种固氮植物称为火树，它侵入了夏威夷，占据了岛上大部分湿地和干树林，面积约 34803.7km^2。这些树每年给土壤所固定的氮是本地植物固定氮的 4 倍。早在 1800 年夏威夷火山周围的灰质壤，缺乏氮肥，这里的植物群落就没有了固氮植物。火树入侵后，土壤含氮量大增，提高了生产力，促进了矿质营养的循环，为新的入侵物种提供了沃土。

三、物种丧失、空缺所造成的分解作用及其速率的影响

印度洋马里恩岛上缺乏食草性哺乳动物，生态系统中的食碎屑动物就占有重要位置，有象鼻虫、蜗牛和蚯蚓等无脊椎动物。其中马里恩无翅蛾每年分解的落叶为 1500kg/hm^2，占该岛最大初级生产量的 50%。这种蛾类幼虫活动的过程大大加强了微生物的活动和重要营养物质的释放。Smith 和 Steenkamp 做了试验，把蛾类幼虫放入有落叶的微环境中，氮和磷的矿化作用得到加强，氮提高到 10 倍，而磷提高到 3 倍，由此得出结论：该幼虫是岛上营养物质矿化作用中的最主要角色。

1818 年，小家鼠偶尔被带到了岛上。小家鼠以多种食碎屑的无脊椎动物为食，每年取食的蛾类幼虫占食物总量的 50% ~75%，造成至少 1000kg/hm^2 落叶不能分解。如果没有小家鼠，蛾类幼虫处理落叶应是 2500kg/（hm^2·年）。显然小家鼠的进入，造成蛾类幼虫和其他无脊椎动物空缺，强烈地改变了马里恩岛生态系统的物质循环过程。

四、对生态系统间接的影响

外来种侵入后改变了原有生态系统的干扰机制，从而改变了生态过程。热带一些岛屿普遍受到火的干扰。例如，在大洋洲岛屿上引入外来草种，增加了落叶层，积累了燃料，从而增加了火的发生频率，而原先本地种几乎没有和火相接触的机会。因此，区域内火燃烧后本地种的多度和数量都会急剧下降。外来的须芒草入侵了夏威夷季节性干旱的林地，使火灾发生更加频繁，面积不断扩大。本地植物物种的多度和盖度沿着外来种分布成带状下降而使本

地的优势树种多型铁心木消失。不仅使本地种数量明显下降，而且使地面上氮流失加大并改变了系统内氮库的分布状况（表5-2）。

表5-2 火未烧林地和火烧林地中本地种的多度和盖度

林 地	未 燃 烧	燃烧过1次	燃烧过2次
本地种平均数	7.8	2.9	1.2
范围	7～10	1～3	1～2
盖度（%）	155.5	51.2	6.2
物种均匀度（%）	8.4	5.7	1.2

总之，一个外来种一旦入侵成功，对生态系统的影响是多方面的：①改变原有系统的成员和数量；②改变了系统内的营养结构；③改变了干扰、胁迫的机制；④获取和利用资源上不同于本地物种。只要具备其中的一条，许多入侵的外来种就能够直接或间接地改变生态系统过程。

从以上事实可以看出，每个入侵物种对生态系统的影响是不一样的。同一物种对生态系统过程的作用也不是恒定的。

任务5　物种流的科学利用

一、园林植物引种及利用

1. 园林植物的引种基本原则

世界园林的发展，除了利用本地的乡土植物外，很大程度上得益于植物的引种和利用，特别是从我国植物的引种，使得世界园林的发展更加迅速。引种的基本原则如下：

（1）植物安全性原则　植物的引种首先应注重生物安全性，否则会导致新引入物种的大量繁殖，而使当地物种被灭绝；或者导致引种的不成功。

（2）生态学原理　园林植物的引种特别注重食物链和食物网原则，引种植物的原产地和目的地的气候、土壤、水质及其在当地食物链和食物网中的作用基本与被引进地相似，否则会出现生长不良的情况。

（3）美学原理　园林植物的引种要注重观赏价值高和具有潜在开发价值的植物。当然，有些植物可能不具备良好的观赏价值，但是与其他植物结合能培育出良好的观赏价值，如提供砧木或接穗等。

（4）生物多样性原理　在满足前面几项的条件下，尽可能引进不同的植物，以丰富当地物种数量，同时在进行植物配置时也有多种选择。园林植物也是保护物种多样性的重要方法和手段，许多濒临灭绝的植物往往只在园林中有少量的保存，而在其他地方往往已经灭绝或很少。

2. 园林植物的引种利用

园林植物在引种及利用过程中，具体应用时应与乡土植物配合使用，以增加系统的稳定性，这样也不利于病虫害的暴发和成灾。同时由于有乡土植物的间隔，即使成灾，其面积也只会是小片的，便于防治和降低危害。另外，引种植物与乡土植物间通过长期的影响，可以

使它们间的作用增强，有利于引种植物的乡土化。

在引种过程中，将引入种与乡土植物配合使用，能使引进的植物与乡土植物之间逐渐形成一些联系，特别是建立新的食物链和食物网，使引进植物逐渐本土化，使系统逐渐稳定。

引种的植物在育种过程中，如果有可能将本地种与引入种进行杂交，产生一些新的观赏性状，也产生一些具有优势的个体，这对于培育一些具有较强观赏性的植物具有更多的机会。

二、动物引种及利用

1. 园林动物特点

(1) 种类和数量较少　由于风景园林生态系统受人为的干扰较强，所以除了少量节肢动物外，大型的动物基本没有，只有少数鸟类在系统中生活，还有少量的小型动物（如老鼠）。造成这种现象的第一个原因是风景园林生态系统本身面积不大，不能提供足够的食物为动物生活；第二个原因是植物群落往往较单调，没有足够的生态位为较多的动物种类提供栖息环境；第三个原因是人为管理强度很大，如定期修剪、人为喷药等都使动物种群的数量大大减少。其种群与自然生态系统中相比差异较大，自然生态系统中动物群落的种类组成复杂，垂直结构类型丰富。

(2) 多以一些小型的动物为主，几乎没有大型动物　大型动物往往需要有较大的领域以满足其猎食的需要，而风景园林生态系统往往面积较小，而且受人为干扰较大，这样就无法满足大型动物生活所需要的栖息环境，因而大型动物也无法生存。而小型动物则由于活动范围较小，一小部分就可以满足其生活环境的要求，因而风景园林生态系统中存在一些小型动物。

(3) 食性多以植食性和杂食性的动物为主　风景园林生态系统中由于人为活动较多，因而食物链相对较简单，位于同一营养级的动物相对较少，因为根据能量传递10%定律，位于更高级营养级的动物需要更大的活动空间和更多的食物来源。相反，以植物或杂食为食的动物，其取食的范围就可以比较小，能生存下来的机会要大得多。其中有不少动物是土栖动物，居住环境也更加多变，更有利于动物的生存。

(4) 鸟类种类较少　鸟类种类较少的原因主要有以下几方面。第一，当环境受到污染后，使鸟类无法生存，如麻雀的消失主要就是由于环境中磷的污染所致。第二，植物种类较少，无法为鸟类提供食物和栖息环境，鸟类对栖息环境有较严格的要求。第三，人类对鸟类的伤害很大，许多地方有吃鸟的习惯，导致了许多鸟类被人为捕杀。但是在局部地区出于某种需要，可能鸟类数量较多，如人工设计的鸟语林。

(5) 以动物和植物构成的食物链和食物网较简单　由于动物种类少，因而构成的食物链和食物网关系相对简单，营养级的级别不会很高，一般不会超过4个营养级。

(6) 受人为影响较大　由于鸟类的栖息环境往往是高大树木，因而树木较少或树木不高的地方往往鸟类种类和数量都较少。一些小型爬行动物则往往是穴居或土居，而城市中的土壤环境大部分受到污染或者土壤理化性质较差，对动物的栖息十分不利，这样动物的多少往往取决于土壤环境的改善情况，这当然包括人为改善和风景园林生态系统自身的改善，如人为换土、施肥、调整土壤pH，系统内部腐殖质的积累、土壤理化性质的改善和有机质含量的增加。很明显，土壤表层中腐殖质含量的增加和土壤中有机质含量的增加会使一些腐食性动物和节肢动物数量明显增加，这些动物在系统中起着分解者的作用。

2. 园林动物的引进原则及动物群落的利用

（1）引进的基本原则

1）安全性原则。引进动物首先应注重生物安全性，因为生态入侵会给当地物种造成毁灭性的灾害。要做到这一点必须对引种动物在原生态系统中的作用十分了解，包括它的营养级和在各个食物链中的作用、地位，只有把这些弄清后才能明确其在目标系统中是否有天敌，其数量的发展能否得到控制，会不会对当地风景园林生态系统造成严重的危害。只有在遵循安全原则下有步骤地进行才能避免较大的灾害或者引进不成功情况的发生。

2）生态学原理。引进动物的原产地和目的地的气候、环境及其在当地食物链和食物网中的作用要基本相似。这其中最好能证明该引进动物的生态位，这样就能根据其生态位来确定环境，也有利于判断各种动物之间的相互关系。

3）生物多样性原理。在满足前面几项的条件下，尽可能引进不同种的植物，以丰富当地物种数量，同时在进行植物配置时也有多种选择。考虑动物的基本食物来源，保证动物能正常取食。

4）观赏性原则。可以引进一些对当地生态系统无明显的影响，而且观赏性强的动物，或者对于改善风景园林生态系统的景观有较大促进作用的动物。例如：在幽静的地方，鸟的鸣叫更能增加山林的幽静感，使得整个环境更具有深山的感觉，更有利于人的放松和感受大自然的美好；在一些城市中心广场饲养鸽子，通过鸽子在城市上空的飞翔来增加景观和冲击人们的视线。

（2）园林动物群落的利用　在园林动物群落的引进和利用过程中，可以根据食物链和食物网的关系，引进一些有害动物和昆虫的天敌，一方面可增加生物多样性，另一方面可以利用它们进行生物防治。

引种时要优先考虑原来存在于本地风景园林生态系统，后来由于各种原因迁移或消失的本地乡土物种。这些物种的恢复和利用不仅使得物种多样性能恢复，同时也标志着环境得到改善，使久居城市中的人们能感受乡间野趣，体味回归大自然的感觉。例如，在一些湿地的景观设计中，人为引进一些青蛙，夏初青蛙的鸣叫声能使人感到乡村的野趣，使人体会到大自然的情趣。

当外来物种危害到风景园林生态系统时，往往需要利用入侵物种的天敌来进行防治。如美国白蛾侵入我国后，就是利用周氏齿小蜂来寄生美国白蛾，通过人工大量饲养周氏齿小蜂然后再释放，使美国白蛾的危害得到控制。

三、正确地选择物种

在科学利用不同园林植物物种的过程中，不仅需要考虑其生态效应、经济效应、环境效应、生态美学效应等综合效应对于人类居住环境的影响，而且，还需要考虑一系列植物物种流动的动态关系，以求做到用最小的投资获得最大的收益。

当在某一城市的流域生态系统中选择物种时，众多的环境因子（光、热、水、土、气）作用下的物种流动，将直接影响到群落和生态系统的演替过程。这是由于乔木层的盖度和郁闭度越大时，喜阳的灌木层、草本层物种的生活力越下降，喜阴的灌木层、草本层物种出现且增加。因此，在湿地生态系统中，乔木层的种子通过物种流的途径，从上游传播到中、下游时，经过演替过程，将影响到中、下游喜阳的灌木群落和草本群落的生存，进而影响到生态系统的稳定性；灌木层的种子通过物种流的途径，经过演替过程，将影响到中、下游的喜阳草本群落的生存。因此，物种流动对群落和生态系统的影响不容忽视，这是由于在不同环境梯度

下，乔、灌、草共同影响着园林生态系统中植物群落多样性和生态系统多样性的动态过程。

由此可见，正确选择物种及其流动方式的合理依据为：在城市中的河道、湖泊等湿地进行绿化草坪的莎草科物种选择、布设绿色样带时，应该集中在上游海拔较高处布设莎草科物种绿化带，避免在中游和下游的重复建设，通过物种流的生态法则，中游和下游湿地地区将会自然形成莎草科物种的绿化带。

四、科学规划物种流动的设计途径

1. 景观生态途径

在景观生态的过程模型中，景观生态途径着重于对穿越景观的水平流的关注，包括物种流、物质流、能量流、信息流和各种干扰，尤其强调物种的空间运动与景观格局的关系。景观生态途径认为仅仅考虑景观对人的“可印象性”或使用价值或开发的适宜性已远远不够，还必须了解其他多种生物是如何“感知”景观和利用景观的。尤其是要实现“斑块、廊道、基质”三者的和谐统一。

2. 设计遵从自然途径

自然途径的过程模型是建立在土地属性的自然过程分析基础之上的，以地质学、水文学、土壤学、植物学、动物学、微生物学在特定地段的生态过程和相互作用，反映地段上属性之间的垂直关系，尤其着重于强调生态系统内部和功能的关系。

3. 场所精神途径

精神途径着重于强调人在生态环境之中的栖居过程，其过程模型强调人在环境中的栖居。而栖居只有当认同于环境并在环境中定位自己时才具有意义。要使栖居过程有意义，就必须遵从场所精神。因此，设计的本质是显现场所精神，以创造一个有意义的场所，使人得以栖居。

4. 林奇途径

林奇途径着重于强调一个健康、安全、美好的景观取决于它的印象性，通过园林城市空间的物种流动对普通人在空间辨析和定位的意义。林奇途径的过程模型是以公众对城市景观的视觉感知为出发点的，很少涉及自然过程。其讨论城市物质空间对普通人在空间辨析和定位的意义。

实训4　某市外来入侵植物种类组成调查

一、实训目的

通过对某市外来入侵植物种类组成调查、入侵途径、原产地和区系成分等方面的分析，理解园林物种流的特点。

二、实训方法

1. 调查范围

选择植物分布较多的公园、风景区、科研单位、学校、林场、村镇作为调查样点。

2. 调查对象

调查原产地在国外、省外，但已经在本省内自然或半自然生态系统建立种群的植物种类。

3. 调查方法

1）采用网络搜集、实地调查与专家访问相结合的方式对本市不同代表点的外来入侵植物进行全面统计。

2）实地调查方法包括访问、标本采集、拍摄照片等。

3）样点调查时参考调查记录表进行记录。最后根据各样点调查进行汇总。

4）采集到的标本根据情况进行保存。

三、实训结果

调查内容填入表5-3。

表5-3 ________植物外来种调查

外来入侵植物	原产地	区系	入侵途径

四、结果分析

1）外来入侵植物种类的组成分析。

2）外来入侵植物原产地分析。

3）外来入侵植物区系分析。

4）外来入侵植物入侵途径分析。

知识归纳

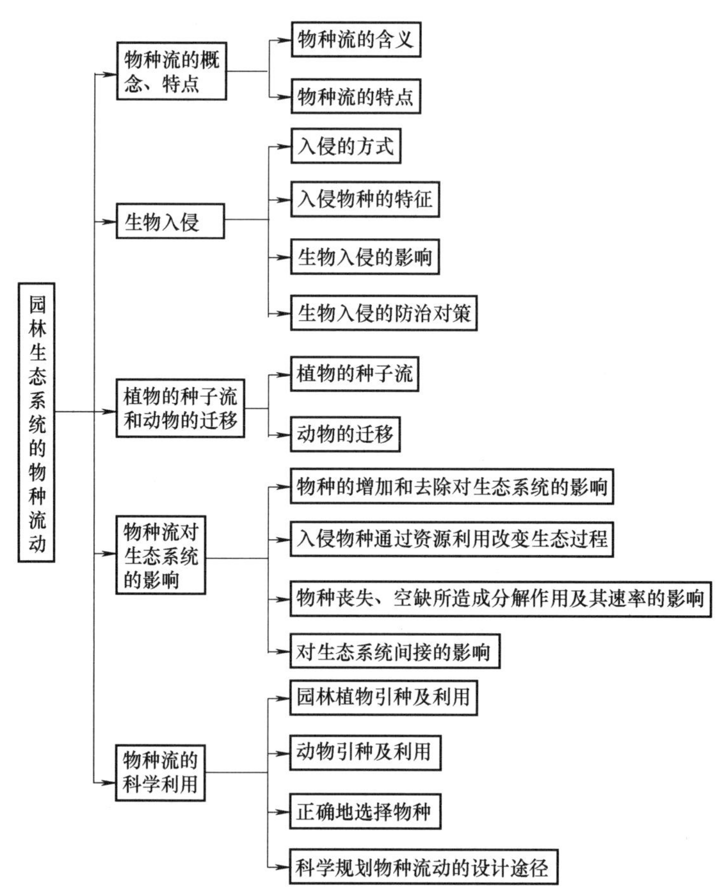

习题

一、名词解释

1. 物种流
2. 生物入侵

二、简答题

1. 物种流有哪些特点？
2. 成功的生物入侵包括哪些阶段？
3. 列举你所知道的外来入侵种，并简单地说明其危害状况。

项目6 园林植物的生态配置与造景

知识目标

- 了解生态在园林植物应用中的意义。
- 理解园林植物配置与造景的原理与应用。
- 掌握园林植物配置与造景的基本手法。

能力目标

- 能运用学过的知识点，正确分析、解答周边生活中常见的植物配置与造景的原理及存在问题。
- 能处理简单的小景植物组合。

植物造景与配置的专业性很强，是集植物分类学、植物生态学、植物地理学、景观生态学、植物栽培学、园艺学等学科于一体的综合性科学，又是将科学与艺术融于一体的综合艺术。园林植物的生态配置与造景是在传统园林植物搭配基础上的继承与发展，汲取传统园林的精华，遵循生态学的原则，建设多层次、多结构、多功能的植物群落，使人和动植物之间和谐共生，创造出环境美、生态美、文化美、艺术美的绿化环境，并将其应用到现代园林工程中，使绿化景观、生态环境及社会经济效益同步发展，实现城市和地区发展的良性循环，为人类及社会的未来发展创造清洁、优美、文明的生态环境。

任务1 综　　述

人类的进化，生产力的迅猛发展，创造了社会的高度文明。今天人们在享受丰厚成果的同时，也因过度开发、采挖自然资源，而不得不面对全球环境污染、气候变暖、资源短缺、自然灾害频发的诸多问题。这些环境问题敲响了人们生存的警钟，使人们逐步清醒地认识到保护环境、崇尚自然的重要和意义。

一、园林植物的生态配置与造景的概念与意义

传统的植物造景是“应用乔木、灌木、藤本及草本植物来创造景观，充分发挥植物本身形体、线条、色彩等自然美，配置成一幅美丽动人的画面，供人们欣赏”。随着社会的发展与进步，园林事业的深入，以及植物生态学、环境科学、景观生态学等学科的引入，植物配置与造景的内涵也随着景观需求的不断发展而扩充，传统的植物造景概念已不能再适应生

态发展的时代需求。现代园林植物的生态配置与造景的观念，已将园林从传统的供人们观赏、游憩功能发展到生态平衡、生物保护及重视自然的高层次阶段。

园林植物的生态配置与造景是继承和发展传统植物造景的理念，遵循生态学原理，建设多层次、多结构、多功能的植物造景组合，建立动物、植物、人类相关联的和谐秩序，达到生态美、艺术美、科学美的自然景观效果。应用系统工程发展园林，使生态、社会和经济效益同步发展，实现良性循环，为人类创造清洁、优美、文明的生态环境。

园林构成的五大要素为：山水地形、植物、建筑、广场道路与园林小品。植物是这五大要素中唯一有生命的构成要素。园林植物的种类形态繁多，仅我国原产的木本植物种类就有7500种，而按形态分又可分为乔木、灌木、地被草花、攀缘植物等。一年的四季交替为植物带来自身形态、色彩、气味等的变幻，加上繁多的园林植物种类和形态，都成了园林造景的题材。园林植物的生态配置与造景将园林植物与地形、水体、建筑、山石、动物等进行有机的配置，利用人工组景、造景，构成植物、动物、人和谐共生的生物生态景观效果。从现阶段园林植物的生态配置与造景的应用可以看到它具有三方面作用：一是给城市市民提供一个休闲、娱乐的公共场所，美化环境，利用艺术手法挖掘植物不同的观赏性，为城市创造优美宜人的自然景观。二是减少噪声，净化空气，调节小气候，转化或分解环境中的有害物质，改善环境，维护自然生态环境。三是依靠生态植物配置和造景，建立一个符合时间、空间结构的，科学、合理的人工动植物自然群落，给人们提供一个赖以生存的良性生态循环的生活环境（图6-1）。

图6-1　现代生态型建设小区

二、园林植物的造景类型

现代园林中不同地域，根据植物品种、形状、观赏部位及季节变化等的不同选择不同类型的植物，结合艺术营建自然生态景观，以师法自然而高于自然的手法达到“天人合一”的效果。

1. 孤植

孤植又称为孤树、孤赏树、独植、单植，是以单株栽植为种植类型，以突出植物的个体美，主要功能是起到遮阴和作为主景的作用。选择树种时应以树形美观、花艳果繁、多部位观赏、观赏效果佳的树种为主。如雪松、白皮松、玉兰、广玉兰、合欢、凤凰木、樱花等。一般孤植树选择在开阔空旷的地点或视线交点之处，如大片草坪上、花坛中心、道路交叉点、道路转折点、缓坡、平阔的湖池岸边、小庭院的一角与山石相互成景等处（图6-2）。

图6-2　孤植树

2. 对植

对植一般采用两株或两丛，以一定的轴线为左右对称的种植方式，属于规则式种植。其主要用于公园、道路、建筑、入口等地做夹景或配景作用，可以烘托主景。对植可分为规则式对植和自然式对植两种形式。规则式对植是在轴线两侧栽植同一品种植物，要求植物形体、大小、色彩均一致，体现规则的序列美；自然式对植在轴线两侧栽植的植物，其种类、形体、大小、色彩可以完全不相同，但在重量上给人的视觉感官是平衡的，它体现的是一种体量的均衡美。

3. 丛植

丛植是指将3～4株或11～20株同种类或不同种类的树种较紧密地种植在一起，其树冠相互紧密连接形成整体林冠线；常用于建筑物前、草坪或花坛中央及边缘或登道旁等处；既能表现植物的群体美，又必须注重其个体美的效果。自然式栽植下，采用不等边三角形的配置方法，大体量与小体量距离靠近，形成心里相偎相依的感受，中等体量的单为一组，且距离稍远。丛植是城市园林绿化景观中，较多并且较为成功运用的种植方法。它们同种类或不同种类错落地栽植在一起，用于软化硬质角隅与边缘，既丰富植物景观层次，又稳定群落结构，突出园林气氛，还可起到良好的艺术植物造景的效果。

4. 列植

列植是指树木呈行列式种植。一般用于道路、园路两侧及建筑物四周，常选用银杏、法桐、栾树、中槐等树干高直、冠形整齐、枝密荫浓的树种。如果是作为景观的背景或者起隔离防护作用，通常宜密植形成屏障，在规则的道路、水池、广场或者建筑周围进行栽植，等间距或不等距地重复成行栽植，目的是改善环境，同时还可以勾勒林缘线、轮廓线，划分空间，起导向性等作用。

5. 群植

群植一般由25～35株或更多数量的树木成群栽植，由多种或单一树种组成，疏密有致

地成群、成片种植，能够充分发挥其群体美，大面积地应用于草坪中央、绿地边缘作为背景，同时也可以构成风景林成片栽植，其景观效果远远高于单一的纯色种风景林效果。公园中常见一些桃、樱花、石榴等群植在绿地中央，既可以划分空间结构，同时又能丰富景观立面层次，并满足公园开敞、向阳的要求，如西府海棠、稠李、珊瑚树等都可群植或片植。

6. 林植

在较大面积的公园、风景区、工矿厂区、防护林、城市外围绿化带等地方，植物可以通过园林植物造景的一些要求，按一定比例成行、成片进行栽植，形成大面积风景林的种植形式及种植效果，一般采用乔木状的、观赏性好的植物种类。在较多的大型园林中，通常都是以树林作为骨干，在树林的边缘进行点缀，给人以气势恢宏、耐人寻味的植物景观效果。一般有纯林和混交林两种形式，纯林一般具有整齐、壮观的艺术效果，但景观单一，病虫害容易大面积发生；混交林由多树种组成，林相复杂，景观丰富。所以，在配置时，除防护带应以防护功能为主以外，其余林植应特别注意群体的生态关系及养护要求（图6-3）。

图6-3 针叶林植

三、植物造景与各景观元素的结合

山水地形、植物、建筑、广场道路与园林小品都是园林景观的主要设计元素，现代景观的发展引入生态科学的理念，植物与这些景观元素的搭配更应着重注意和谐与统一。

1. 植物与建筑的配置

建筑被称为是凝固的诗、凝固的音乐，它没有生命，在形体、风格、色彩等方面是固定不变的，植物丰富的自然色彩、柔和多变的线条、优美的姿态和风韵都能增添建筑的美感，用植物的品种、季相、色彩和生命力的变化进行衬托，软化建筑轮廓线，从而产生出一种生动活泼而具有季节变化的感染力，一种动态的均衡构图，也使建筑与周围的环境更为协调。在组合搭配时，应注重建筑是主景，植物是配景，植物配置应烘托主题，恰到好处，相得益彰，切不可喧宾夺主。

植物与建筑的结合是自然美与人工美的结合，设计时应根据建筑的风格、功能、体量、质感以及色彩等方面，使植物与建筑之间和谐统一。值得注意的是，由于一天内光照的变幻，建筑的不同部位对植物造景的方法也不尽相同（图6-4）。

图6-4　居住区植物配置

（1）建筑南面　建筑物南面一般为建筑物的主要观赏面，阳光充足，空气流通不畅，温度高，植物生长季延长，这些形成了特殊的小气候。一般多选用观赏价值较高的花灌木等，或是要在小气候的条件下越冬的外来植物。大型乔木应选择落叶品种，且应以种植位置以下不影响住房采光为宜。

（2）建筑北面　建筑物北面荫蔽，各地区随纬度和太阳高度而变化，光照以漫射为主。夏日午后及傍晚各有少量直射光。温度较低，相对湿度较大，冬季风大、寒冷，应选择耐阴、耐寒的树种，如八角金盘、蚊母、万年青、龟背竹、绿萝、蕨类等。

楼盘建筑的出口较多设在建筑物北面。不设出入口的建筑物北面绿地可采用种群或多层次群落种植，以遮挡冬季的北风；设有出入口的可用圆球形的花灌木，在入口处规则式种植，或对列种植开花、彩叶树种，增加建筑物的识别性。

（3）建筑东面　建筑物东面一般上午有直射光，约下午3：00后为庇荫地，光照比较柔和，温度不高，适于一般树木，可选用需庇荫的树种，如红枫、槭类，也可选用喜阳花灌木，如樱花、木芙蓉、榆叶梅等。

（4）建筑西面　建筑物西面上午为庇荫地，下午形成西晒，以夏季最为明显。光照时间虽短，但温度高，变化剧烈，西晒墙吸收积累热量大，空气湿度大。为防止西晒，一般选用喜光、耐燥热、不怕日灼的大乔木作为遮阴树，墙面在条件许可下可栽植攀缘植物。

2. 植物与山水地形的配置

古语“山籍树而为衣，树籍山而为骨，树不可繁，要见山之秀丽，山不可乱，须见树之光辉”，既呈现了植物与山体的结合效果，又说明了植物与山体结合的原则。山得草木而华，植物与山体相辅相成，构成山体景观。

城市园林绿地中，地形多为人工堆叠，体量不限。在进行植物配置时，应采用一定的艺术手法，使其富有山林野趣。山顶植物配置应突出山体高度及造型，山脊线附近栽植高大的乔木，而山坡、山沟、山麓选用相应的较为低矮的植物，强调山体的整体性及成片效果，以

色叶林、花木林、常绿树林等形成较好的远视效果。山顶植物配置可与亭、阁等观景建筑结合，加强近景植物配置。沟谷地带适于植物生长，可形成特色景观，如樱桃沟、梨花峪、松云峡等。

明净、清澈的水体是园林的灵魂，而园林水体又是借助植物来丰富水体景观的。水边的植物配置，应充分利用倒影，在面积较大的水岸，宜疏密不等地配置树群，游人较多处可设置草坪，并使道路忽而临水，忽而转入树丛，增加游兴，孤植树和色彩丰富的树种也要适当选用。当水深小于1m时，可选用挺水或浮水植物；大于1m时，只能选择浮水植物，注意水中植物种植面积不能过大，以免影响倒影成像，且应注意控制水生植物的生长态势。

3. 植物与广场道路的配置

广场是城市中由建筑、道路、绿地、水体等元素围合或限定形成的公共活动空间，具有较强的公共性、开放性，也被称为“城市客厅”。广场景观设计一般要求视野开阔，因此植物的配置以及绿化面积一般以不超过广场面积的50%为宜。同时，绿化布置应不遮挡主要视线，不妨碍交通，并与建筑物组成优美的景观。广场绿化应具有较强的装饰性，例如，放置各类造型别致的种植容器、花钵等。

园林道路一般起着组织交通、引导路线、连接观赏点的作用。园路两边的植物可以起到强化园路的作用，或使方向感增强，或给人幽深感，或边走边赏。路缘植物时开时合，时高时低，可以丰富游人视线。游览园路、欣赏小路、观赏绿色植被的组合造景，是将自己融入天地合一、人工和自然交叉的环境中，体会“草路幽香不动尘”的美好景象。

4. 植物与园林小品的配置

园林建筑小品，在园林中既可作为使用设施，又可作为点缀风景的装饰小品。园林小品植物配置的主旨是让小品与植物组合后的景观更加符合大众的审美观，能深化园林意境，成为具有可欣赏性、回味性、感染性的景观。其配置没有具体的方法，要根据园林性质、意境、地点、空间、层次等多种因素考虑（图6-5）。

图6-5　园林小品

（1）园椅　园椅因其主要功能是供游人休息，因而其周围环境要舒适、恬静。在比较开阔的地段可以孤植伞形大乔木，如果采用丛植，株数不要超过7棵，否则会有阴暗的感觉；也可以篱植小灌木，形成半围合空间，造就安静氛围；园椅周围也可以设花丛，要选用香味淡雅的花，味道过浓则会让人产生昏昏欲睡的感觉；当然也可以与花台、花池相结合，形成一体，以延伸空间。

（2）园灯　园灯因其主要功能是照明，其周围要有足够的光照供游人行走及欣赏，所以其周围植物不宜过密。可以在周围点缀花卉、翠竹，但不宜用巨型叶植物；也可以稀疏地点缀干性较好、自然整枝好、树干下部枝条较少的乔木；园路两侧的地灯周围需植草坪。

（3）园林展览牌　展览牌多设在路旁或开阔地，可采用大乔木遮阴；也可以在两侧和周围围植小灌木，构成安静空间。

（4）园林景墙　我国山水园林景墙的基色多为白色，在景墙前置竹或季相变化明显植物，形成生动的立体山水画卷；也可以用藤本植物（如五叶地锦等）装饰墙面，增加景观色彩变化；体型较大的景墙前可植大乔木缓解视觉冲突。

（5）窗、门洞　窗、门洞主要用于透景，可在窗后面和门洞后面置盆景或植常绿、叶形美观植物，使内外景观相融合，拓展空间；大的门洞两侧可以采用对植方式种植大乔木，起强调、提示作用。

（6）栏杆　栏杆主要以藤本攀缘植物缠绕装饰，以增加生机和活力；或在栏杆外侧种植常绿植物或花卉，以吸引视线，缓解几何型栏杆的硬线条；也可种植大乔木，转移视线焦点。

（7）花格　花格可用藤本攀缘植物装饰，或在背面用大乔木产生透景，延伸空间。

（8）瓶饰　瓶饰主要用草坪绿地衬托，也可以丛植耐修剪灌木，修剪成相似造型，相互衬托，相得益彰。

（9）雕塑　根据雕塑所表现的主题采用不同植物。纪念性雕塑可用绿地衬托，周围植匍匐植物如沙地柏；装饰性雕塑的配置可以随意一些，花丛、灌丛、小乔木均可。

（10）花架　因其功能主要是供植物攀缘，主要配置的植物为攀缘藤本植物，当然周围也可以植花卉植物增加景观色彩。常见的攀缘植物有紫藤、木香、地锦等。

（11）园林果皮箱　果皮箱根据其造型不同，周围植物配置也不同。树桩形果皮箱周围需植乔木；动物造型的果皮箱可置于灌木丛中；几何造型的果皮箱可置于绿地边缘。

四、园林植物的形式美与意境美

园林植物的生态配置与造景是城市发展和生态环境综合提升要求的结果。而完美的植物景观设计必须具备科学性与艺术性两方面的高度统一，又要通过艺术构图原理，体现出植物个体及群体的形式美及人们在欣赏时所产生的意境美。形式美与意境美可以说是不同层次的美，它们彼此之间既相互联系，又相辅相成。

1. 园林植物景观的形式美

园林将建筑、园艺、文学、绘画、书法、雕塑融于一体，是一门综合性艺术。现代园林景观含有广泛和丰富的内容，和传统的园林相比它有很大的发展，所以必须按美的规律（包括形式美）配置园林植物。形式美是自然、生活、艺术中各种形式因素（线条、色彩、形状、质感）及其有规律的组合所具有的美。形式美的构成要素有点、线、面、体、色彩、质感等。

（1）形式美的构景要素

1）点。点是具有空间位置的视觉单位，即是一切形态的基础，宜构成核心，成为游人视线的焦点。点在园林中通常是以景点形式存在，如园林小品（亭台楼阁、雕塑等）、孤植树、山石等。一个点构成了核心，成为游人视线的焦点。两个点在同一视域或空间范围内，

游人的视线将其联系起来，这就是对景。在园林构图中，是以景点的分布来控制全园的，在功能分区和游览内容的组织上，景点起着核心作用。景点在平面构图中的分布是否均衡，直接关系到布局的合理性，所以要合理把握景点聚散的关系（图6-6）。

图6-6 点构图成为核心

2）线。线是点在一个方向上的延伸。线条是造园家的语言，用它可以表现起伏的地形线、曲折的道路线、婉转的河岸线、美丽的桥拱线、丰富的林冠线、严整的广场线、挺拔的峭壁线、简洁的屋面线等。

园林中，线也可以是虚的，如视线、景观轴线等。中国古典园林里借景、对景、障景等艺术手法都是通过对人的欣赏视线的引导和控制达到的。

3）面。面是由线移动的轨迹形成的，由不同的线条采用不同的围合方式而形成，分为规则式和自然式两类。规则式图形的特征是稳定、有序，有明显的规律变化，有一定的轴线关系和数比关系，庄严肃穆，秩序井然；自然式图形表达了人们对自然的向往，其特征是自然、流动、不对称、活泼、抽象、柔美和随意。面被广泛应用于园林中，如园林中的分区布局、花坛草坪、水面、广场等均由各种各样的图形构成。

4）质感。质感是物体的质地特征。不同的材质有不同的质感，有的粗糙、有的细腻、有的雅致等。在造型艺术中，对材质的偏好会形成独特的风格，如长城——砖石、埃菲尔铁塔——钢铁、哥特式教堂——石料和钢铁、柏林红军烈士墓——花岗岩等。

园林中，建筑、小品、植物、道路、广场等各造园要素均由不同的材质构成，将它们组合在一起，体现出不同材质的质感美，形成不同的艺术风格。

5）色彩。色彩是造型艺术的重要表现手段之一，色彩可以引起人们生理和心理的感应，从而获得美的感受。色彩可以引起人们冷暖及感情的联系，必然会产生丰富的联想和精神的满足，植物造景中对色彩的基本要求是对比与和谐。

① 色彩的冷暖：春、秋、冬季常用暖色花卉，而夏季则多用冷色花卉。

② 色彩的距离感：由于空气透视的原因，暖色系给人亲切接近的感觉；而冷色系给人远离退后的感觉。造景时，若空间深度感染力不够，为加强深远效果，可选择灰绿或灰蓝色的树种作为背景树，如毛白杨、银白杨、雪松等。

③ 色彩的运动感：暖色系同一色相中的明度高、饱和度高的颜色运动感强；冷色系同一色相中的明度低、饱和度低的运动感弱。因此造景时，娱乐活动区宜选用运动感强的色彩，如橙色、红色，以衬托欢快活跃的气氛；而在宁静区，宜选用冷色系颜色。

④ 色彩的面积感：明度高的暖色系产生向外的散射感；明度低的冷色系产生向内的收缩感。在草坪边布置花丛时，宜选用明度高、饱和度高的花卉，这样可以达到以少胜多、均衡的效果。相同面积的水面与草地对比时，水面感觉大于草地，草地大于裸地，裸地会大于背光地，这就是不同色彩的面积感造成的不同心理效果。因此，在造景时应根据景观设计要求，合理运用色彩面积感造成的心理效应。

⑤ 色彩的重量感：明色调给人“轻”的感觉，暗色调给人“重”的感觉。色彩的重量感对园林建筑的用色关系很大，一般来说，建筑的基础部分宜用暗色系，显得稳重；建筑的基础栽植也宜多选用色彩浓重的植物种类进行搭配。

（2）形式美的构景原则（图6-7）

图6-7　形式美构图

1）多样统一。多样统一，就是既有区别，又有内在的联系；既有变化，又有秩序；既统一整齐，又变化多样。在园林造景中既要求统一中有变化，又要求变化中有统一。园林建筑、山石、植物、小品等要素，其体量、材质、色彩、风格等各不相同，面对园林中复杂多样的构图要素，可通过形式的统一、材料的统一、植物多样化的统一达到局部与整体的统一。多样化是在统一性的基础上进行的变化，它创造了多姿多彩的园林艺术，通过构图、材料、色彩和纹理质地的合理的变化表现园林的多样性，可起到丰富景观效果的作用。

2）对比与调和。对比和调和，是两种矛盾状态，即在差异中求相同，在相同中找差异的效果。在差异中求相同使人感到鲜明、醒目，富于层次美；在相同中找差异使人感到融合、协调。在园林静态构图中，一般有主景、配景之分。主景与配景对比且突出，配景则以自身调和手法烘托、陪衬主景，起到统一画面的效果。在连续构图中，连续的主景可有变化，但要有主调；连续的配景要有基调，尤其在种植设计中，基调要贯穿全园，才能达到主景突出、格调统一的效果。一般全园必以某一树种作为基调树种，将各区统一起来，同时根据不同空间造景，可选择不同的主调树种以保持相对的独立性，这样使全园既统一又有变化。

3）均衡与稳定。均衡多指不规则的对称，将体量、质地、形态各异的植物不规则栽植，两边形成体量、视觉效果的对称，这样可使画面达到均衡与稳定的效果。如将色彩浓重、体量较大、数量繁多、质地粗厚、枝叶茂密的植物与色彩淡雅、体量小巧、数量不多、质地轻柔、枝叶稀疏的植物进行搭配时，给人的视觉效果和心理感受是均衡稳定的，这种手

法多用于不规则的自然式园林设计当中。

4）韵律与节奏。韵律是起伏的节奏和有规律的变化。园林中以条理性、连续性和重复性为特征美的形式体现的就是韵律美。园林绿地中常见的韵律有以下几种：

① 简单韵律：相同元素等距反复出现。如等距的行道树、等距的长廊柱子、等宽的登山台阶等。

② 交替韵律：两种以上元素交替等距反复出现。如柳树与桃树的交替栽种、两种不同花箱的等距交替排列。

③ 渐变韵律：连续出现重复的组成部分，其中做有规律的逐渐加大或变小、逐渐加宽或变窄、逐渐加长或缩短的韵律变化。如体积大小、色彩深浅、质地粗细的逐渐变化。

④ 突变韵律：指同一景物元素在相同部分出现较大的差别或对立，从而产生突然变化的韵律感，给人以强烈的对比印象。如大小不一的圆形组成的圆形汀步。

⑤ 旋转韵律：按照螺旋状方式反复连续进行，或向上或向左或向右发展，得到旋转感很强的韵律特征。这种方式在图案、花纹、棱窗或雕塑中常见。

2. 园林植物景观的意境美

中国园林追求一种无限想象空间，它是中国园林的核心与根本，也是一代代园林人造景的终极追求，也就是意境美。中国人讲“境生于象，象出于境”，就是让人在若有若无、若实若虚的恍惚之中触景生情，让人从形式美中感受到意境美，通过虚实的变幻体会艺术到心灵的最高精神享受（图6-8）。意境美的创作手法有以下三种：

（1）实景虚构　将景观元素做分景、隔景、框景、借景设计，丰富扩大空间，产生虚幻莫测的心理效应。

（2）虚景组织　以光影、色香、节奏的变化深化主题，产生虚构效果。如通过夜景灯光布置的不同，产生不同的心理感受。

（3）诗文启迪　这是中国传统园林造景的常用方法。通过诗文、题刻、匾额使古典园林与诗文意境相映生辉，营造浓厚的诗意氛围和艺术境界。如拙政园借“蝉噪林愈静，鸟鸣山更幽”把动静之美一语破的，使动中有静，静中有动，达到“致虚极，守静笃”的效果。

图6-8　意境美构图（框景）

园林效果的意境美是人与自然结合的完美体现，是园林到立体空间艺术的升华，是天人合一、触景生情、融情于景的最佳体现。

五、园林植物生态配置与造景的植物种类选择

植物具有生命，不同的园林植物具有不同的生态和形态特征。进行植物配置设计时，要因地制宜，因时制宜，使植物正常生长，充分发挥其观赏特性。

一要根据当地园林气候环境条件配置树种，特别是在经济和技术条件比较薄弱的地区，这一点尤显重要。以亚热带地区为例，最新推荐使用的优良落叶树种，乔木类有无患子、栾树等，耐寒常绿树种，乔木类有山杜英等。

二要根据当地的土壤环境条件配置树种。例如，杜鹃、茶花、红花檵木等喜酸性土树种，适于 pH 为 5.5 ~6.5、含铁铝成分较多的土质。而黄杨、棕榈、桃叶珊瑚、夹竹桃、枸杞等喜碱性土树种，适于 pH 为 7.5 ~8.5、含钙质较多的土质。

三要根据树种对光照的需求强度，合理安排配置用地及绿化使用场所。

四要根据区域园林生态环保的要求配置树种。在众多的树木之中，有许多树木不仅具有一般绿化、美化环境的作用，而且还具有防风、固沙、防火、杀菌、隔声、吸滞粉尘、阻截有害气体和抗污染等保护和改善环境的作用。因此，在城市园林、绿地、工矿区、居民区配置林木时，应该根据各个地区环境保护的实际需要，配置适宜的树木。例如，在工业污染比较大的城市中，在粉尘较多的工厂附近、道路两旁和人口稠密的居民区，应该多配置一些侧柏、桧柏、龙柏、悬铃木等易于吸滞粉尘的树木；在排放有害气体的工业区特别是化工区，应该尽量多栽植一些能够吸收或抵抗有害气体能力较强的树木，如广玉兰、海桐、棕榈等树木。

五要根据城市园林绿地性质进行配置。各街道绿地、庭园绿化中，根据绿地性质，规划设计时选择适当树种。如设计烈士陵园绿化，树木应选择常绿树和柏类树，表示烈士英雄“坚强不屈”的高尚品德。幼儿园绿化设计，应选择低矮和色彩丰富的树木，如配置红花檵木、金叶女贞、大叶黄杨、由红、黄、绿三色组成，带来活泼气氛。还要考虑在人口稠密和儿童活动区不能选择有刺、有毒的树木，如夹竹桃、枸骨等。

当人们逐步认识到生态环境失调已经成为制约城市可持续发展的限制因素时，植物的生态配置与造景就成了城市园林绿化最高层次的体现，是顺应时代发展和人类物质与精神文明发展的必然结果。要有一个优美、舒适的生活环境，就必须在有限的绿地范围内将生态和艺术结合，建立尽可能多的植物群落，改善城市环境，发展协调稳定、具有良性循环的生态环境，这将成为城市园林发展的必由之路。

任务 2　公园绿地的植物生态配置与造景

公园绿地是城市会呼吸的“肺”，是城市的“绿洲”，是为人们提供优美环境的游憩空间。目前，环境污染已成为世界范围内重视的严重问题，各地大力建设城市公园治理城市环境，改善气候条件，为城市公园绿地的发展提供了一个空前的良机。公园绿地的植物生态配置与造景是结合多种植物的姿态、色彩、季相变幻，运用科学方法、艺术原则组合造景，达到改善环境、创造生态效益的作用，这已成为建设现代化生态城市的基础（图 6-9）。

图 6-9　公园绿地的植物生态配置与造景

一、公园绿地植物生态配置与造景的重要意义

公园绿地分为综合公园（市、区、居住区三级）、主题公园（动物园、植物园、儿童公园等）、专类公园、带状公园和街旁绿地五个类型。公园绿地的植物生态配置与造景，是模拟自然生态环境，利用植物生理、生态指标及园林美学原理进行植物配置，创造复层结构，保持植物群落在空间、时间上的稳定与持久。它可以改善一个城市或某个区域范围内的生态环境，可以造福后代。所以公园绿地的植物生态配置与造景不是单一的植物造景，而是建造多功能、多层次、多效益的生态园林景观。城市公园绿地也就自然具有了景观、生态、文化、经济、社会的多重效益。

1. 景观效益

多层次的植物群落扩大了绿量，提高了透视率，创造了优美的林冠线和自然的林缘线，比零星点缀的植物个体具有更高的观赏价值。在不同的气候条件，不同的季相，营造多姿多彩的植物群落，能够大尺度地满足城市居民对绿色的渴求、追求节奏变化的心理，软化城市建筑生硬的线条，还可以调节城市居民忙碌压抑的心理。城市可以利用地理优势借助山坡与植物群落、建筑、水体、草坪等搭配组景，山坡上的植物群落既可以衬托地形的变化，使山坡变得郁郁葱葱，又可以创作出优美的森林景观，如宝鸡市利用城市北面山坡，建造北坡森林公园。可利用植物群落修饰建筑物的生硬，让城市建筑也因植物的装扮充满生机与活力；水体和水生植物、岸边植物结合组成的植物群落与水体自身的融合达到水景的协调与统一，岸边植物的倒影映入水中，虚实的结合与对比，更增加了园林景观的趣味性和意境美；以草坪为背景和基调的植物群落丰富了城市的空间层次和色彩，造型的点缀又体现了艺术的形式美，大力提高了草坪和植物群落组景的观赏价值。

2. 生态效益

植物的物质循环和能量流动，改善了城市生态环境，实现了生态效益。生态效益的大小取决于绿量，而绿量的大小则取决于园林植物总叶面积的大小。植物群落的增加，除了可以起到保持碳氧平衡、缓解“热岛效应”、改善生态环境、提高空气湿度等方面的作用以外，还可以具有独特的作用。如植物群落枝冠茂密，叶片粗糙不平、分泌一些黏性汁液油脂，可以吸滞粉尘和烟灰，还可以吸收空气中的有害气体，对空气起到较好的净化作用。多层次的植物群落组合产生的生态效益比草坪高出 4 倍，所以植物群落结构越复杂，稳定性越强，防风、防尘、降低噪声、吸收有害气体的效果也越显著。因此，在有限的城市公园绿地中建立

尽可能多的植物群落，是改善城市环境，发展园林生态效益的必由之路。

3. 文化效益

植物群落的组合不仅带来较高的景观价值，还具有丰富的文化内涵，有些植物品种长期以来在人们的生活中早就形成了特殊的含义，带来意境美。如“松之坚贞不屈，梅之清新雅韵，竹之刚正不阿，兰之幽谷品逸，菊之傲骨凌霜，荷之出淤泥而不染，还有红豆相思、紫薇和睦、萱草忘忧、石榴多子、松柏常青、牡丹富贵、桃花幸福、翠柳惜别、百合和睦”等。园林是一门综合艺术，它不仅利用自然山水创造某种实景，反映真境，而且中国园林自古至今将诗歌、绘画、书法融入园林之中，为园林增色，映衬虚境，共同创造富有诗情画意的空间。如白居易的“几处早莺争暖树，谁家春燕啄春泥。乱花渐欲迷人眼，浅草才能没马蹄，最爱湖东行不足，绿杨荫里白沙堤。”这是对春光明媚景色的描述。“独作幽篁里，弹琴复长萧。深林人不知，明月来相照。”这是著名诗人王维对植物所形成的幽静空间的感受。

4. 经济效益

现在植物的养护管理手段，耗费大量的财力、人力和时间，又在一定程度上造成了环境污染。稳定的植物群落具有自我维护和调节的能力，可以将树叶转变为植物营养的原料，变废为宝，减少不必要的养护管理工作。建立阳性与中、阴性，深根与浅根，落叶与常绿，针叶与阔叶等混交类型的植物群落，使不同生态特性的植物能各得所需，并能充分利用各种生态因子，既有利于植物的生长，又可防止病虫害，例如，松栎混交林可互相抵御松毛虫，从根本上降低养管费用。另外，园林植物具有多种经济价值，园林经济效益应从目前第三产业收入向着开发园林植物自身资源转化。如城市园林绿化中观果园、生产园、认养园等，可以为城镇居民提供良好的休闲、娱乐场所，还可解决生产劳动力，为出售产品形成创收带来经济效益。良好的城市建设，优美的周边环境，安定的社会氛围，必然吸引投资，推动城市发展，带来更大的社会经济效益。

5. 社会效益

园林植物生态配置的社会效益，不仅仅是开展各项有益的社会文体活动，以吸引游客为主，更重要的是按照生态配置的观点，把园林作为人们走向自然的第一课堂，用其独特的教育方式启迪人们体会与植物的共生共存，形成体会自然、了解自然、尊重自然的良好规律。创建知识型植物群落，激发人们探索自然的奥秘；组建保健型植物群落，则让人们同植物和睦相处；生产型植物群落告诉人们绿色植物是生存之本；观赏型植物群落激发人们热爱自然、保护自然的意识。住宅区附近成片的植物群落，有助于消除人们的身心疲劳和精神压抑，并及时培养儿童、青少年的公益观念。通过日常对自然界的荣枯（生长、开花、凋谢、季节变换）和生命活动（鸟类、小动物等）的接触，提高孩子的自觉性、创造力、想象力以及热爱生活和积极进取的精神。

人类的生活、生产离不开绿色植物，人类社会发展过程也就是人类认识自然、利用自然、改造自然的过程。植物造景与生态科学的结合应是人类模拟大自然的缩影，园林不再是游憩场所，而应是人类得于自然、享于自然，最终还原于自然的一块人工植物群落。

二、公园绿地植物生态配置与造景的原则与手法

1. 公园绿地植物生态配置与造景的原则

传统园林的植物配置已经积累了丰富的造景经验，在选择植物题材上有传统方法的独到

之处。随着社会的发展，城市化程度越来越高，人们审美意识的提高对环境质量的要求也随之提高。在公园绿地植物生态配置与造景上，除保留传统园林中一些园林艺术的精华部分以外，还应结合造景艺术的发展，丰富植物造景内容，具体造景原则总结如下：

（1）景观设计原则　坚持以生态平衡为指导思想，以生物多样性为基础，用地域性植被特征，适地适树，常绿树种与落叶树种合理搭配，速生与慢生树种结合，最终达到以乔木为主体，灌木、地被草花进行合理搭配组景，以最大化发挥生态效益和景观效益的城市绿地生态系统。利用植物的季相效果，有时有花，有时有果，不少还是彩色叶树种，使园林景色多变，时进而景新，又相对稳定，同一时期有较固定的景观效果，既应该表现出植物群落的美感，体现出科学性与艺术性的和谐。这需要在植物配置时，熟练掌握各种植物材料的观赏特性和造景功能，并对整个群落的植物配置效果整体把握，根据美学原理和人们对群落的观赏要求进行合理配置，同时对所营造的植物群落的动态变化和季相景观有较强的预见性，使植物在生长周期中，“收四时之烂漫”，达到“体现无穷之态，招摇不尽之春”的效果，丰富群落美感，提高观赏价值。

（2）生态设计原则　生态学概念是指一个物种在生态系统中的功能作用以及它在时间和空间中的地位，反映了物种与物种之间、物种与环境之间的关系。在城市园林绿地建设中，应充分考虑物种的生态学特征，合理选配植物种类，避免种间直接竞争，形成结构合理、功能健全、种群稳定的复层群落结构，以利种间互相补充，既能充分利用环境资源，又能形成优美的景观。根据不同地域环境的特点和人们的要求，建植不同的植物群落类型，例如：在污染严重的工厂应选择抗性强、对污染物吸收强的植物种类；在医院、疗养院应以选择具有杀菌和保健功能的种类作为重点；街道绿化要选择易成活，对水、土、肥要求不高，耐修剪、抗烟尘、树干挺直、枝叶茂密、生长迅速而健壮的树；山上绿化要选择耐旱树种，并有利于山地景观的衬托；水边绿化要选择耐水湿的植物，要与水景协调等。

（3）艺术设计原则　生态园林不是绿色植物的堆积，不是简单的返璞归真，而是各生态群落在审美基础上的艺术配置，是园林艺术的进一步的发展和提高。在植物景观配置中，应遵循统一、调和、均衡、韵律的四大基本原则，其原则指明了植物配置的艺术要领。植物景观设计中，植物的树形、色彩、线条、质地及比例都要有一定的差异和变化，以显示多样性，但又要使它们之间保持一定相似性，引起统一感，同时注意植物间的相互联系与配合，体现调和的原则，使人具有柔和、平静、舒适和愉悦的美感。对体量、质地各异的植物进行配置时，遵循均衡的原则，使景观稳定、和谐，如在一条蜿蜒曲折的园路两旁，路右侧若种植一棵高大的雪松，则邻近的左侧须植以数量较多，单株体量较小，成丛的花灌木，以求均衡。配置中有规律的变化会产生韵律感，如杭州白堤上桃树与柳树间隔配置，游人沿堤游赏时不会感到单调，反而会有韵律感的变化。

（4）经济设计原则　植物的生长和发展演变过程是受地理位置和气候影响因子制约的，了解这一点，造景选材时就应以乡土树种为主，本着适地适树、因地制宜的原则，合理选配植物种类，避免种间竞争，避免种群不适应本地土壤、气候条件，造成植物产生大面积生长不良或死亡的现象，减少成本和资源浪费。在公园绿地中加大一些可以产生经济效益的专类园，如观光园（图6-10）、采摘园、认养园等，将观赏性与经济效益有机结合，带动生产，推动城市经济发展。

图 6-10　观光园

2. 公园绿地植物生态配置与造景的手法

常见的城市公园绿地：一是综合公园有市级、区级、居住区级；二是主题公园，有动物园、儿童公园、植物园、体育公园、纪念公园、陵园等；三是专类花园，有综合花园、郁金香园、梅园、桃园等。根据公园的功能性质不同，对造景的手法也略有不同。

（1）综合公园

1）植物选择。综合公园一般面积较大，生态环境比较复杂，分区及活动项目较多，所以选择植物时既要结合公园的特殊性，又要考虑植物对环境的要求。选择树种时应注意以下几点：

① 根据栽植地点多选择与生态习性相适应的乡土树种。

② 以设计要求为本，根据公园绿地分区功能、性质的不同，选择相适应的树种。

③ 在人群集中地避免使用有毒、有刺、有异味、易引起过敏反应的树种。

④ 树种选择应种类丰富，合理运用植物的枝、干、叶、花、果的季相变化进行群落组合搭配，保证四季有良好的景观效果。

⑤ 选择抗逆性强的树种，减少病虫害的发生，易于管理。

⑥ 选择部分果树或浆果树种，招引飞鸟蛾虫，促进生态平衡。

由于城市污染较为严重，为保护城市生态系统，净化空气，可多选择吸滞二氧化硫、氟化物、氯及氯化氢和光化学烟雾等污染物质、烟尘强的树种。如针对二氧化硫抗性强的树种有银杏、朴树、小叶榕、油茶等；对抗氯及氯化氢抗性强的树种有榆、紫荆、紫藤、槐等；对光化学烟雾抗性极强的有银杏、樟树、海桐、夹竹桃、悬铃木、冬青等。

2）植物造景布局。公园规划树种时，分基调树种、骨干树种和一般树种。骨干树种多以常绿或落叶乔木为主，如栾树、银杏、杨树等。基调树种的种类少但数量大，形成园内的基调及特色，起到统一作用。在树种搭配上，应以混交林为主，对乔、灌、草、花、藤的合理搭配运用，增强植物的多样性、层次感，这样既能显示四季的景观变化，又能充分发挥森林生态景观，保证公园植物群落的长期稳定，也可以使社会效益、经济效益、生态效益得到充分发挥。

另外，在功能分区上，娱乐区、儿童活动区，为创造热烈的气氛，可选用暖色调的植物

花卉，如红色、橙色、黄色等；在休息纪念区，为保证自然肃穆的气氛，可选用冷色调植物，如绿色、紫色、蓝色等；在游览区，要利用艺术手法增加可观赏性。

3）公园功能分区的植物配置。植物造景时按功能属性的不同，将公园进行了不同的分区，各分区植物配置情况如下。

① 主入口景区的植物配置。主要包括入口集散广场、停车场、大门、雕塑景墙等。公园主入口是城市空间向公园空间转换的首序空间。在入口处要形成一个开阔的序幕空间，作为入口集散广场。大门及入口广场面向城市主干道，植物配置时应注意丰富、醒目；停车场植物配置时应达到遮阴、隔离周围环境的效果，但不可阻碍视线，要交通便利宜于集散。

② 园路绿地的植物配置。园路绿地的植物配置有观赏性和遮阴两种功能，根据园路的主、次及走向，酌情采用适宜的配置方式。选择遮阴性树种种植，以遮挡太阳辐射及为道旁座椅上的游人提供遮阴。同时相应形成高大的绿色竖向背景，间接起到丰富园区植被林冠线的作用。整个植物配置以观赏为主，灵活配置，创造丰富的游览景观。如采用雪松、银杏、黄山栾树、鹅掌楸等作为“障景木”或观赏树，与疏密相间的紫薇、木槿、海棠、红梅、红枫等花灌木及海桐球等球形植物相搭配，产生错落有致、参差多变、层次丰富的组团式植物结构，形成步移景异、一步一景式的观赏植物群落。

③ 主、次广场相邻绿地的植物配置。主、次广场的植物配置以简洁、大方、明快为主，如采用杜鹃、红花檵木、金叶女贞等组成的直线形或弧形模纹花坛，烘托入口氛围，以彩色叶植物银杏为主要景观特色，形成整洁、舒展、通透的景观效果。

④ 建筑及水景区、沿河景观带的植物配置。可采用生态式种植，即按照植物的生态习性、自然界植物的生长状况进行优化组合，如用柳树、乌桕、银桦、水杉等高大乔木作为景观树，为建筑物遮阴，同时为游人创造休憩空间。采用低矮落叶灌木和常绿球形植物，如火棘、海棠、紫薇、黄槐丛植或群植，加以修剪造型，组成不同层次、形态相异并具观赏性的植物景观。在建筑物遮挡的背阴处及水边，配置玉簪、杜鹃、鸢尾、红背桂、美人蕉等花灌木，再配以适量规模的三季草花作为衬托，形成花团锦簇、异彩纷呈的植物景观，其格局自然，生机勃勃。

⑤ 四季花卉。公园花卉以三季草花为主体，配以适量的宿根品种，如月季、玉簪、鸢尾、福禄考等。为保证主要地带的观赏效果，公园花卉主要配置在广场、建筑、水边等人流相对集中的地带。由于季节特点，花卉的应用应尽量考虑与低矮植物金叶女贞、红花檵木、黄金叶、六月雪等组成的模纹花坛合理搭配，以丰富观赏层次及弥补季相的缺陷，其色彩缤纷，严谨自然，充分发挥了花卉对公园景观的烘托作用，也使公园数量有限的花卉，既满足了观赏的需要又兼具了隔声、减尘的作用。

⑥ 景观树的植物配置。景观树在公园整体植物群落中占有重要地位，适量景观树的得体配置，能大大提高公园的植物观赏效果。公园的观景树配置重点选择在周边缓坡区域及大草坪中间地带。采用点植少许雪松、银杏、榕树、樟树、苦楝、构树等作为观景树，减弱了大草坪的空旷感，增加了植物群落的观赏点，效果比较理想。

（2）主题公园　主题公园是围绕一个或几个主题创造一系列具有特殊环境和气氛的、吸引旅游者的公园。目前常见的主题公园有儿童公园、动物园、植物园、纪念性公园、动漫公园、地质公园等。

1）主题公园植物造景的设计原则

① 符合主题公园功能要求，从主题公园的总体布局着手，做到整体的和谐统一，用与主题相吻合的植物来烘托主题氛围。

② 符合艺术要求，基调树种和骨干树种配置分明，利用不同植物的观赏特性、植物群落和季相变幻营造多层次丰富的景观效果。

③ 符合生态环境的要求，选择抗逆性强的浆果树种，以净化空气，吸引飞鸟蛾虫，保持生态平衡。

2）常见的几种主题公园

① 儿童公园。儿童公园是以少年儿童活动为服务对象的公园和游乐场所，也是为少年儿童的成长和休闲提供乐趣的公共场所。儿童公园的设计既要符合儿童行为心理特征，又要满足儿童健身、娱乐、教育的功能，而且要根据不同年龄段适当划分活动范围。儿童公园的建设要把安全放在首位，选择无毒、无害、无异味的植物和材料等，并突出新、奇、特，力求集趣味性、娱乐性于一体，增加活动项目的探索性、创造性、知识性、科学性、趣味性、展示性和安全性，让少年儿童在其中既寻到快乐又增长见识、增加学问。植物造景应模拟自然景观，创造身临其境的森林环境，不可种植有毒、有刺的植物，避免给儿童身体带来伤害。儿童公园的植物配置要重点突出：配置中采用纯林、孤立树，运用对比、衬托、框景等手法突出重点；利用植物层次、色彩及线条来划分空间层次，形成趣味空间，创造意境，吸引儿童甚至成人的主动交流与自发参与。

② 动物园。动物园作为城市公园组成部分，景区和景点的营造仍然是以植物造景为主，运用园林植物为动物提供生存空间，把动物的生存环境有机结合起来，正确处理与植物的依存关系，为野生动物的生存制造良好的小气候环境。植物造景应符合以下几点：

a. 模拟动物原生态环境，保障其健康生存，正常繁殖。

b. 依据不同动物的生态习性，营造它们需要的栖息场所。

c. 有的动物特喜欢食果实，通过植物搭配可为它们提供喜爱的果实。

d. 用植物生态配置方法创造怡人景观，丰富园林景色。

e. 用植物配置有效分割动物生活空间，使其互不干扰，营造多样的空间意境。

f. 合理运用植物修饰构筑物，减少人为因素给动物带来的消极心理。

g. 利用植物组合，结合芳香树种，净化空气，优化环境，消除排泄的异味。

③ 植物园。植物园是从事植物物种资源的搜集、比较、保存和育种等科学研究的园地，还能传播植物学知识，并以种类丰富的植物构成美好园景供观赏游憩之用。植物选择应尽量多收集植物品种，丰富种类，特别是一些珍稀、濒危植物；发掘野生植物资源，引进国内外种类或品种，为生产实践服务。植物造景应在满足其性质和功能需要的前提下，讲究园林艺术构图，使全园具有绿色覆盖、较稳定的植物群落；形式上以自然式设计为主，配置出密林、疏林、树群、树丛、草坪、花丛等景观，并注意乔、灌、草的搭配。

（3）专类花园　专类花园是在一定范围内种植同一类观赏植物供游赏、科研或科普的园地，如月季园、牡丹园、梅园、兰园、茶花园等。它们一般具有多样的生态习性、花期、株形、色彩等。专类花园通常由所搜集的植物种类的多少，设计形式的多样，而建成独立的专类花园或园中园。植物造景应以植物生态习性为基础，进行适当的地形调整或改造，可采用规则式、自然式或混合式，既要突出植物的个体美，又要展现同类植物的群体美；要考虑四季有景，不同习性和景观特点的植物灵活搭配，又要做到乱中有序，和谐而不单调。

三、长沙星沙生态公园实景分析

星沙生态公园位于长沙县星沙镇京珠高速公路和京珠高速西路之间，南临开元西路，北接萧湘西路。基地处于南方丘陵地带，地形变化丰富，属亚热带季风湿润性气候区，具有气候温暖、四季分明的特点，全年盛行风向为东北风，全年平均气温为15℃。雨水丰富，土质为重黏性黄土。四周有天然的山峦、湖泊、田园等生态要素，具有典型的江南山村农庄特征，整个生态系统较为完善（图6-11）。各景点布局和植物配置景观分析如下：

图6-11 星沙生态公园

1. 入口景观区

根据公园位置与城市道路的关系，分别在公园北面、南面、西面设置了三个入口，入口设计简单大方，功能明确，结合地形布置了生态停车场。在公园南侧入口设计硬质开敞空间，结合原有山地植物进行植物造景，同时布置了健身器材供市民使用。

2. 次森林保护区

公园南侧入口山林自然植被条件较好，基于生态考虑，建造中未做大规模建设，以保护改造为主，补充部分观花、观叶及季相变化明显的植物，将其建设为公园的生态保护区。

3. 生态防护林区

公园东面和京珠高速公路间布置生态防护林区，一方面可以减少高速公路对公园环境质量的影响，另一方面可以丰富公园的景观层次，进一步保护公园的生态环境。

4. 滨水景观区

因地制宜地把公园中部现有的水池改造为滨水景观区，并沿池塘布置游路、亲水平台、休息设施等，使游人在欣赏湖光山色之时能得到适当的休息。同时在水池及其周边种植水生植物和临水植物，丰富景观效果。在周边种植果树和观花植物，形成果树园和观花植物园。

5. 湿地景观区

公园西北侧地势较低，现状为水稻田地，因此将其改造为湿地景观区，以适宜水生的乡土植物为主要景观元素，在一定程度上丰富了公园的景观类型，保护了公园的生物多样性。同时结合地形布置园路、休闲设施，方便市民的使用。

6. 体育健身活动区

公园的中北部地势较高且平坦，场地为建筑垃圾堆积所致，不适宜植物的生长。将其建成体育健身活动区，布置大量体育活动场地和设施，为市民提供一个集中运动、休闲的开放性场所。同时通过对土壤的改良和置换，合理布置抗性强的乡土植物，营造一个生态型的健身场所。

任务3 居住区的植物生态配置与造景

居住区绿地是直接为居民经常利用与享受的一种绿地系统。居住区的植物配置与造景，不仅要体现当代人们的文明程度，而且更主要的还要有一定的超前意识，使之与现代化城市建设相适应，力求在一定时期内尽量满足人们对环境质量的不同要求。居住区植物造景时要求以生态学理论为指导，以再现自然、改善和维持小区生态平衡为宗旨，以人与自然共存为目标，以园林绿化的系统性、生物发展的多样性、植物造景为主题的可持续性为使命，达到平面上的系统性、空间上的层次性、时间上的相关性（图6-12）。

图6-12 居住区绿地效果图

一、居住区的植物生态配置与造景的作用与意义

居住区绿化为人们创造了富有生活情趣的生活环境，是居住区环境质量好坏的重要标志。随着人们物质、文化、生活水平的提高，不仅对居住建筑本身，而且对居住环境的要求也越来越高。因此，居住区绿化有着重要的作用。

1. 景观效益

植物景观具有观赏性和艺术性，不但可以协调人与自然之间的和谐，还能美化环境，愉悦身心，满足人们对自然环境精神上的需求。植物景观的合理营造本身就是建立在人的艺术视觉效果基础上，充分利用生态学、植物学、美学的理论创造出具有现代气息的园林景观。

2. 生态效益

居住区绿化以植物为主，从而在净化空气、吸收尘埃、减少噪声方面保障居住区人们的

安静生活，在保护居住区环境方面有良好的作用，同时有利于改善小气候、遮阴降温、防止西晒、调节气温、降低风速，在炎夏静风时，由于温差而促进空气交换，造成微风，维护小环境的生态平衡。

3. 社会效益

婀娜多姿的花草树木，丰富多彩的植物布置，以及少量的建筑小品、水体等的点缀，并利用植物材料分割空间，增加层次，美化居住区的面貌，使居住区建筑群更显生动活泼。在良好的绿化环境下，组织、吸引居民的户外活动，使老人、少年儿童各得其所，能在临近的绿地中游憩、活动观赏及进行社会交往，有利于人们身心健康，增进居民间的互相了解、和睦相处，使人们赏心悦目，精神振奋，形成良好的心理效应，创造美好的户外环境。

在地震、战时能利用绿地疏散人群，起到防灾避难、隐蔽建筑的作用，绿色植物还能过滤、吸收放射性物质。

由此可见，居住区绿化对城市人工生态系统的平衡、城市面貌的美化，对人们心理的良好作用都很有意义。植物造景应更加关注居民生活的舒适性，不仅为人所赏，而且应为人所用。

二、居住区的植物生态配置与造景的原则和手法

1. 居住区植物生态配置与造景的原则

居住区选择植物时应根据居住区实地情况，尽可能多地选择植物品种，充分发挥各种植物的生态、景观、功能上的综合效益。

（1）生态性原则　居住区的生态型绿地不仅是有空地种草、有空间栽树的简单绿化过程，而且是真正从生态的角度来进行植物种类的选择与搭配。居住区植物造景应把生态效益放在第一位，以生态学理论为指导，以改善和维持小区生态平衡为宗旨，从而提高居住区的环境质量，维护与保护城市的生态平衡。

居住区的植物景观应采用自然植物群落景观，表现植物的层次、色彩、疏密和季相变化等，形成以生态效益为主导的生态景观，根据不同植物的生态学特点和生物学特性，科学配置，使单位空间绿量达到最大化。

居住区内植物造景要结构多层次，树种多种类，搭配科学合理。如建筑楼群的相对密集，常使植物栽植地光照不足，在这种情况下，楼群的南面尽量选择阳性树种，楼群的背阴面应尽量选择耐阴树种；地下管线较多的地方，应选择浅根性树种，或干脆栽植草坪；在建筑垃圾多、土质较差的地方，应选择生长较粗放、耐瘠薄、易成活的树种。

（2）艺术性原则　将绿化与艺术相结合，利用树木的高低、树冠的大小、树形的姿态与色彩的四季不同，按照孤植、丛植、群植、垂直绿化、花坛、花境等不同的配置方式，增加绿化层次，加大空间感，打破建筑线条平直、单调的感觉，使整个居住区显得生动活泼、轮廓线丰富，形成三季有花、四季常绿，丰富变化的居住环境，并能体现本地特色的优美园林景观。

（3）功能性原则　居住区绿地是居民户外活动的主要场所，要留有一定面积的居民活动场地。植物造景应根据居住区设计规划中场地的要求进行植物造景。如广场要开阔，只做少量搭配点景用；慢跑道应有林荫带等。居住区与人们的日常生活密切相关，在植物配置中还要充分考虑建筑的通风、采光，以及与生活相关的各种设施的布置。例如，植物种植位置

要考虑与建筑、地下管线等设施的距离，避免有碍植物的生长和管线的使用与维修。居住区中，往往建筑的形式很相似，这对居民及其亲友、访客会造成程度不同的识别障碍。因此，居住区除了建筑物要有一定的识别引导性外，其相应的种植设计也要有所变化，以增加居住区的可识别性。在形式和选用种类上，要以不同植物为材料，采用不同的配置方式。如常州清潭小区以“兰、竹、菊”为命名组团，并且大量种植相应的植物，强调不同组团的植物景观特征，效果很明显。

（4）文化性原则　居住区是居民长时间在室外生活和休息的地方，应根据植物造景原理，努力创造丰富的文化景观效果，以人为本，体现文化气息。园林植物产生的意境有其独特的优势，这不仅因为园林植物有优美的姿态、丰富的色彩、沁心的芳香，而且园林植物是有生命的活机体，是人们感情的寄托。例如，合肥西园新村分成6个组团，按不同的绿化树种命名为“梅影”“竹荫”“枫林”“松涛”“桃源”“桂香”。居民可赏花、听声、闻香、观景、抒情，将浓厚的文化气息融入优美的自然环境中去。

（5）人性化原则　人是居住区的主体，居住区的一切都是围绕着人的需求而进行建设的，植物造景要适合居民的需求，也必须不断向更为人性化的方向发展。从使用方面考虑，居住区植物的选择与配置应该给居民提供休息、遮阴和地面活动等多方面的条件。行道树及庭院休息活动区，宜选用遮阴效果好的落叶乔木，成排的乔木可遮挡住宅西晒；儿童游戏场和青少年活动场地忌用有毒和带刺的植物；体育运动场地则避免采用大量扬花、落果、落叶的树木。

2. 居住区植物生态配置与造景的手法

居住区绿化根据绿地功能不同，造景手法也略有不同。各功能区的植物配置如下。

（1）小区道路植物造景　实用亲切、温馨愉悦是道路景观设计的出发点，小区道路两侧以速生阔叶树为先导，以常绿乔木为主导，在空间比较宽敞的位置，片植乔木、灌木和植物色带，形成景观色彩上的纵向与横向对比，达到变化与统一的配置原则，局部要与住宅楼前后绿化融为一体，以点带线，以线连点，在适当的位置设置园林小品，融休息、观景于一体，从而使道路与住宅楼绿化高度融合。阔叶树以乡土树种为主的多物种生态原则，设计时尽可能地布置多物种植物群落，以形成良好的生态群落环境。如按照植物的习性分别配置：广玉兰+桂花+樱花+红枫+南天竺+龙柏+红花檵木；樟树+马褂木+红叶李+月季+珊瑚树+金叶女贞+棕榈；雪松+银杏+红叶碧桃+梅花+竹子+红花檵木+金叶女贞等植物群落，都有较好的景观效果。

（2）小区中心游园绿化　小区中心游园的造景，应达到合自然之理，具自然之趣的意境。合理，是指充分利用自然地势，设置景点，布局植物，以求贵在自然，精在体宜。具趣，是指在环境布局手法上，多一点自然野趣和幽静，少一点人工做作，生态、艺术地再现第二自然。在环境景观设计时，人性化的第二自然中，应为人们趋向自然创造条件，将封闭的绿地开放，例如，草坪，应让居民进入，在草地上散步、躺卧或嬉戏。只要选择耐践踏的草种，如天堂草、百慕大、马尼拉、狗牙根等草种，加强管理，或轮休式开放，便可以让封闭的绿地敞开胸怀，与居住者同呼吸。小广场及园路周围要种植阔叶乔木，如泡桐、合欢等春可观花、夏可遮阴、冬季落叶采光效果好的树种，即突出其与环境景观亲切宜人，轻松舒适的休闲性。

（3）组团绿化　在小区内边角面积较大的空间，造景时以起伏微地形做骨架，用小灌

木海桐、珊瑚树、金叶女贞、洒金柏、龙柏为基调树种，可以做春夏秋冬四季景观配置，如春景配置樱花、红叶碧桃、云南黄素馨；夏景配置紫薇、广玉兰、石榴；秋景配置桂花、银杏、红枫、枫香等；冬景栽植雪松、竹子、梅花、蜡梅等，再在变化的地形之上，密植丰花月季、杜鹃与金叶女贞、龙柏形成的彩带，使建筑物周围的植物景观既具有宽间的变化与对比，又具有时间上的季相变化，达到“林在城中，城在林中”之感。

（4）路口及转角处绿化　在小区通向各栋楼的路口侧面和转角处设置点石小景，点题立名，配以抽象、流畅、明快的低矮花灌木彩带，形成明显的标志。

（5）小区停车场绿化　在小区的停车场，尽可能铺设透气透水的植草砖，以减少全封闭的混凝土地面，植草砖地面既可种草，又可停车，并与周围的乔灌木协调统一起来，草与树木产生较强的生态互补和平衡作用，这样可以增加绿容积量，还可以美化景观。不仅停车场如此，坡坎也可铺植草砖，既可护坡，又可使其与草坪、树木协调地融为一体。

随着社会的发展与进步，人们越来越注重生活质量。因此，居住区只有提供更具人性化、环境景观更优美、绿地率更高的宜人外部环境空间，才能受到居住者的欢迎。

三、中关村红楼小区实例分析

1. 概况功能分区

红楼小区位于中关村科学园内，小区总占地面积约 50000m^2。其中景观占地面积为 23100m^2。小区南临中关村南路，东侧为科学院南路，西侧为中关村南二街。裙房沿东、南、北方向对小区空间进行围合。小区中心绿地占地面积为 8500m^2，两侧车库顶（屋顶花园）占地面积为 10000m^2（图 6-13）。

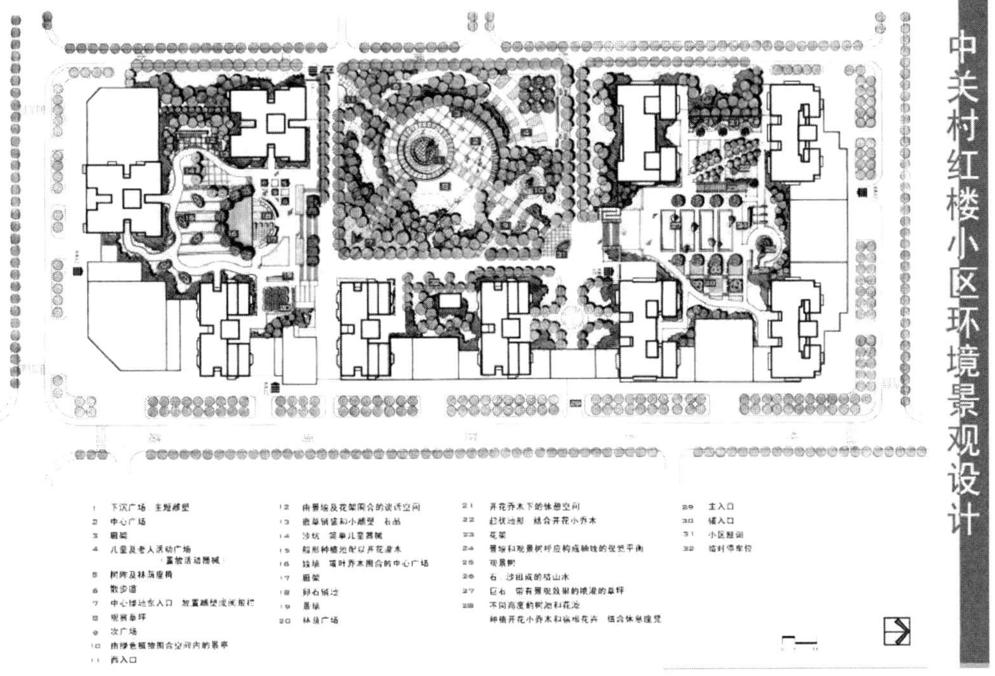

图 6-13　平面效果图

2. 总体布局（主要分三块）

（1）中心区绿地　它的占地面积为8500m^2。在此处设置小区中心广场，集休息、活动功能于一身。中心广场中央应局部抬升，设置主题雕塑，形成视觉中心。铺装围绕中心广场，与交叉线展开，构成不同空间效果，并可使整个中心绿地有机地统一起来，广场四周设置乔木为游人遮阴。

（2）两侧屋顶花园　两侧花园由于距建筑较近，对住户影响较大，并有较大的交通功能要求，因此以道路交通及安静休息功能为主，不设置与活动有关的内容。

屋顶覆土层较薄，影响大植物的生长，因此以中、小树木为主，为减少对住户的热辐射，应增加绿色植物，改善车库屋顶小环境。

相对于公共绿地的中心花园而言，屋顶花园更像是居民的私家花园，所以设计上以小巧、精致为主，并注重空间尺度及透视线的变化，也着重加强了俯视效果。

两侧花园上台阶后，均设置了对景，以小尺度、精致的构图使人感到回家的亲切感。

（3）基础种植　由于小区内有许多墙面及铺装地面等硬质材料，使小区的视觉感非常生硬。所以在楼根、楼角处做了很多的处理，通过植物的种植，使建筑充满生气，减少生硬的感觉，用生态的手法掩盖了建筑上的不足。基础种植可增加户内与户外人群的距离，避免相互干扰。同时基础种植还可防止高空坠物对行人的危害。

（4）周边环境　外围绿化应与街道绿化相一致，与底层商业及地面铺装相协调。路边以乔木为主，注重基础绿化。小区内地面停车位布置成绿化停车场，增加绿色植物，也可为车辆遮阴。其他绿地干净、整洁、自然。

（5）功能分区

1）环境分区：建筑及道路将环境分为外部绿化部分、楼边基础绿化部分、两侧屋顶花园及中心景观区。

2）功能分区：根据各个绿地的不同性质及特点，将小区划分为以两侧屋顶花园为主的休息观赏区及以中心绿地为主的中心景观及活动区。

3）动静分区：中心绿地为整个小区居民服务，为居民提供活动、健身、休息的场所。两侧屋顶花园为安静休憩区。它们将整个小区动静分开。

小区环境为居民提供多方位的服务，集游览、休憩、观赏、俯视于一体。

（6）植物规划　小区内植物以北京地区的乡土树种为主，选择病虫害少的种类，以便于管理。骨干树种选择一些大规格树木，做到四季常青、三季有花。

屋顶花园部分的种植以灌木、草坪为主，在结构允许的情况下可种植少量大树。可增加花灌木的品种，增加不同的季相变化。

植物品种主要有银杏、栾树、杜仲、白蜡、紫叶李、西府海棠、连翘、丁香、紫薇、金银木、迎春、白皮松、油松、云杉、黄杨、金叶女贞等。

（7）综合分析

1）以生态景观效果为主，建立了不同组的多种类植物种群。

2）有利地运用了乡土树种，降低了经济成本。

3）区内道路减小了人、车共行的距离，保障了安全。适当设置少量地上车位，解决了少量地面临时停车的需要。

4）适当减少了草坪的数量，减少了对水源的消耗。

任务4 城市道路的植物生态配置与造景

道路植物造景是道路环境的重要组成部分，也是城市园林系统的重要组成要素，它直接形成城市的面貌、道路空间的性格、市民的交往环境，为居民日常生活体验提供长期的视觉形态审美客体，乃至成为城市文化的组成部分（图6-14）。

图6-14 道路效果图

一、城市道路的植物生态配置与造景的作用与意义

随着社会的不断进步和科学技术的发展，道路给人类活动带来方便、快捷、高效的同时，也给环境带来诸如空气污染、噪声污染、交通事故、环境破坏、生态失衡等问题，因此道路植物造景工作尤为重要。

道路植物造景首先必须考虑的问题是满足功能要求，尽管不同性质、等级、类别的道路植物造景所起的功能有所差异，但总的来讲，有以下几个作用及意义。

1. 生态保护

植物固有的生物学和生态学特性，使其在道路植物造景中能起到特有的生态保护作用。

（1）遮阴 据史料记载，我国早在公元前5世纪（东周）就在首都的街道旁种植列树，供来往行人在树荫下休息。可见，道路植物造景的最初形式和人们使用它的最基本功能都是遮阴，给行人提供一个遮阴纳凉、舒适的行走空间。

（2）降低噪声 车辆行驶过程中产生的噪声，影响沿线居民的生活，损害其身心健康。绿化植物通过密植形成的屏蔽作用及植物枝叶特有的排列方式，可以有效地吸收声波，降低噪声。

（3）降低辐射热 太阳的辐射热约有17%被天空吸收，而绝大部分被地面吸收，所以当地表温度升高时，绿化可以改变地表温度，例如，中午在树荫下水泥路面的温度，比阳光下低11℃左右，树荫下裸露地面比阳光直射时要低6.5℃左右。当然不同树种、不同质量的地面在降低气温的作用下，是有不同影响的。

（4）调节和改善道路环境小气候 植物在夏季可通过树冠的遮阴，减少太阳对地面的

直射，降低辐射能量，通过叶片的蒸腾作用消耗热能，通过绿化廊道的通风形成凉风调节气温；在冬季可通过树冠的阻挡，将辐射到地面的热量截留，防止其向高空扩散，起保温作用，可调节和改善道路环境小气候。

（5）保护路面　夏季城市裸露的地表往往比气温高出10℃以上，而通过绿化可以降低地表温度，因此道路植物造景在改善小气候的同时，也对地面起了保护作用。同时道路植物造景还可以改善地温，防止路面老化。据测，树荫下道路路面温度比裸露路面温度在夏季可降低5～7℃，冬季可增高1～3℃，从而减弱路面老化程度，延长道路的使用寿命。

2. 交通辅助

（1）防眩作用　夜间相向行驶的车辆其灯光照射会产生眩光，使驾驶员难以辨认路面交通状况，影响行车安全和行车速度，在道路中间合理种植植物形成分车绿带，能遮蔽对面车辆的灯光，达到防眩的目的，有利于夜间车辆的快速、安全行驶。

（2）美化环境，减轻视觉疲劳　车辆在道路上行驶，速度快、时间长，若沿线景色单调，驾驶员极易疲倦。在道路沿线种花植树，可以给驾驶员提供一个良好的视觉空间，以提高注意力，振奋精神，从而利于行车安全，避免或减少交通事故的发生。

（3）标识作用　植物的分布受区域性气候的影响而呈地带性的特点，不同地方，由于区域性的差异，都有当地特有的代表性或地带性树种，用其进行绿化，使外来人员能从植物的形象特征联想到所到之地，起到区域性的标识作用，在城市内部的道路植物造景中所追求的“一路一树”“一路一花”“一路一景”“一路一特色”等的植物造景手法，使植物标识性更强。

（4）交通组织　配合道路交通设施，在交通岛、中心岛、导向岛、立体交叉绿岛等处配置树木，利于引导视线，阻隔人流，起到引导、控制人流及车流的作用。在道路中间设置绿化分隔带，可以减少车流的互相干扰，使车流在同一方向行驶，保证行车安全。

3. 景观组织

（1）道路植物造景可以构成道路景观　道路除了具有交通功能外，通过合理的设计、规划进行植物造景，可使道路与绿化植物共同构成优美的道路景观。

（2）衬托城市建筑和美化城市环境　呈水平形式的道路与呈垂直形式的建筑结合，构成城市街景，由于道路路面颜色、车流的缘故，建筑与道路形成的景观面灰暗、混乱，同时由于两者使用的都是硬质材质，使街景空间形态呆板、生硬，缺少活力，经过绿化，可由植物形成清晰的绿化景观界面，柔化硬质景观，增添环境色彩，起到衬托城市建筑、美化城市环境的作用。

（3）对周围环境进行空间分隔和景观组织　道路是城市的骨架，穿梭于城市各区域，利用道路植物造景分隔、围合空间的功能，使道路植物造景发挥其对城市空间的连接、分隔、围合等作用，对城市景观及游览路线进行合理的组织和安排。

（4）遮阴装饰　由于各种不同的原因，有些道路附属设施如挡土墙、排水明沟、高驾桥墩等，影响道路景观，通过绿化可以对其进行遮挡装饰。

（5）临时装饰美化　在节假、庆典这些喜庆的日子里，人们常利用道路绿地做些装饰美化，以渲染节日气氛，抒发喜悦之情。

4. 提升品位

道路绿化可以美化街景，烘托城市建筑艺术，软化建筑的硬线条，同时还可以利用植物遮蔽影响市容的地段和建筑，使城市面貌显得更加整洁生动、活泼可爱。一个城市如果没有

道路绿化，即使它的沿街建筑艺术水平再高、布局再合理也会显得寡然无味。相反，在一条普通的街道上如果绿化很有特色，则这条街道就会被人铭记。在不同街道采用不同的树种，借用各种植物的体形、姿态、色彩等差别，可以形成不同的景观。很多世界著名的城市，其优美的街道绿化，给人留下深刻印象。例如：法国巴黎的七叶树，使街道更加庄严美丽；德国柏林的椴树林荫大道，因欧洲椴树而得名；澳大利亚首都堪培拉处处是草地、花卉和绿树，被人们誉为花园城。我国有很多城市的道路也很有特色，例如：郑州、南京用悬铃木做行道树，显得市内浓阴凉爽；南昌用樟树做行道树，四季常青、郁郁葱葱；湛江、新会的蒲葵行道树给人们留下了南国风光的印象；长春的小青杨行道树在早春把城市点缀得一片嫩绿。

二、城市道路植物生态配置与造景的原则与手法

1. 城市道路植物生态配置与造景的原则

（1）满足城市道路主要功能原则　城市道路绿化的主要功能是庇荫、滤尘、减弱噪声、改善道路沿线的环境质量和美化城市。道路空间是为人们提供生活、工作、休息、相互往来与货物流通的通道。在交通空间里，有各种不同出行目的的人群，在动态的过程中观赏道路两旁的景观，产生了不同行为规律的不同视觉特点。在绿化道路时，须充分考虑行车、行人的进度和视觉特点，不同速度，不同栽植方式，要将路线作为视觉线形设计的对象，提高视觉质量，体现以人为本的原则。在具体的设计中，应以不遮挡视线为标准，同时又能给人以赏心悦目之感。如在拐弯处不应种植大灌木或小乔木；在隔离带的种植时，一个标准端的长度就应考虑到车速、行人速度等问题。道路绿化的另一个重要功能是遮阴、降温。四季的变化使植物的外观形态随着发生变化，尤其是落叶植物。炎炎夏日下，行车和行人需要一个宜人的交通环境，浓郁的绿荫能使人感到丝丝清凉，烦躁的心情可以得到舒缓，有利于交通安全；当叶落的时候，冬日和煦的阳光会带来几分暖意。所以说，植物不同的习性奉献给人们的不仅是视觉、嗅觉上的享受，还有心灵上的慰藉。

（2）道路绿化的生态原则　生态是物种与物种之间的协调关系，是景观的灵魂。它要求植物的多层次配置，乔灌花、乔灌草的结合，分隔竖向的空间，创造植物群落的整体美。因此，在各路段的设计中，注重这一生态景观的体现。植物配置要求层次美、季相美，从而达到最佳的滞尘、降温、增加湿度、净化空气、吸收噪声、美化环境的作用。设计中这一原则的运用应当是尤为重要的，因为这切实地关系到人们的生活质量。道路绿化规划设计要有长远观点，绿化树木不应经常更换、移植。

（3）科学性与艺术性原则　道路绿化既要满足植物与环境在生态习性上的统一，又要通过艺术的构图原理体现植物个体及群体的形式美，即符合绘画艺术和造园艺术的统一、调和、均衡和韵律的四大原则。因此在配置上应考虑道路长度，不同道路形式，同一条道路以不同的区段重复，以一种复现的节奏感来形成一种韵律，达到心境的平和，符合道路的景观要求。道路绿化设计与一般的绿地设计有所不同，它是动态绿化景观，要求花纹简洁明快、层次分明，作为街景它更要求色彩丰富，与周围环境协调一致。使行人有“人在车中坐，车在画中行”的良好感觉。

（4）因地制宜，适地适树原则　根据本地区气候、栽植地的小气候和地下环境条件选择适于在该地生长的树木，以利于树木的正常生长发育，抵御自然灾害，保持较稳定的绿化

成果。道路绿化应选择适应性强、生长强健、管理粗放的植物。例如，行道树树种选择的一般标准：①树冠冠幅大、枝叶密；②抗性强、耐瘠薄、耐旱、耐寒；③寿命长；④深根性；⑤病虫害少；⑥耐修剪；⑦落果少、无飞絮；⑧发芽早、落叶晚等。如国槐、大叶女贞、椴树、七叶树等。

公路绿化带采用大手笔、大色块手法，种植观花、观果、观叶植物。适应不同车速的不同绿化带，空间上采用层次种植，平面上简洁有序，线条流畅，强调整体性、导向性和图案性，形成舒展、开敞、明快的风貌。选择多种植物创造不同氛围，体现植物生长的多样性和植物的层次性与季相性。

2. 城市道路植物生态配置与造景的手法

（1）高速公路及立交桥的植物配置　良好的高速公路植物配置可以减轻驾驶员的疲劳感，丰富植物景观，也为驾驶员、乘客带来轻松愉快的旅途。高速公路的绿化由中央隔离带绿化、边坡绿化和互通绿化组成。

中央隔离带内一般不成行种植乔木，避免投影到车道上的树影干扰驾驶员的视线，树冠太大的树种也不宜选用。隔离带内可种植修剪整齐、具有丰富视觉韵律感的大色块模纹绿带，绿带中选择的植物品种不宜过多，色彩搭配不宜过艳，重复频率不宜太高，节奏感也不宜太强烈，一般可以根据分隔带宽度每隔 30 ~ 70m 距离重复一段，色块灌木品种选用 3 ~ 6 种，中间可以间植多种形态的开花或常绿植物，使景观富于变化。

边坡绿化的主要目的是固土护坡、防止冲刷，其植物配置应尽量不破坏自然地形地貌和植被，宜选择根系发达、易于成活、便于管理、兼顾景观效果的树种。

互通绿化位于高速公路的交叉口，最容易成为人们视觉上的焦点，其绿化形式主要有两种：一种是大型的模纹图案，花灌木根据不同的线条造型种植，形成大气、简洁的植物景观；另一种是苗圃景观模式，人工植物群落按乔、灌、草的种植形式种植，密度相对较高，在发挥其生态和景观功能的同时，还兼顾了经济功能，为城市绿化发展所需的苗木提供了有力的保障。

（2）车行道分隔绿带　车行道分隔绿带是指车行道之间的绿带，其宽度不一，窄者仅 1 米，宽可 10 余米。在分隔绿带上的植物配置除考虑到增添街景外，首先要满足交通安全的要求，不能妨碍驾驶员及行人的视线，一般窄的分隔绿带上仅种低矮的灌木及草坪。随着宽度的增加，分隔绿带上的植物配置形式可多样化，可设置成规则式，也可设置成自然式。最简单的规则式配置为等距离的种植一排乔木，也可在乔木下配置耐阴的灌木及草坪；自然式的植物配置则极为丰富，利用植物不同的姿态、线条、色彩和季相变化再搭配岩石、小品等营造各种景观效果，可以达到四季有景、富于变化的水平。无论何种植物配置形式，都需要处理好交通与植物景观的关系。应注意，在道路尽头、人行横道、车辆拐弯处不宜配置妨碍视线的乔灌木，只能种植草坪、花卉及低矮灌木。

（3）行道树绿带　行道树绿带是指车行道与人行道之间种植行道树的绿带。其功能主要是为行人遮阴，同时美化街景。南京、武汉、重庆喜欢用冠大荫浓的悬铃木、小叶榕等做行道树。吐鲁番某些地段在人行道上搭起了葡萄棚；夏威夷喜欢用花大色艳的凤凰木、火烧花、大花紫薇等做行道树，树冠下为蕨类地被，一派热带风光；西宁用落叶松及宿根花卉地被，呈现温带、高山景观。目前行道树的配置已逐渐向乔、灌、草复层混交发展，大大提高了环境生态效益。但应注意的是，在较窄的，没有车行道分隔绿带的道路两旁的行道树下，

不宜配置较高的常绿灌木或小乔木，一旦高空树冠郁闭，汽车尾气扩散不出，就会使道路空间变成一条废气污染严重的绿色烟囱。

行道树绿带的立地条件是城市中最差的。由于其土地面积受到限制，故绿带宽度往往很窄，常为1～1.5m。行道树上方常与各种架空电线发生矛盾，地下又有各种电缆、上下水、煤气、热力管道等，真可谓天罗地网。更由于其土质差，人流践踏频繁，故根系不深，容易造成风倒。种植时，在行道树四周常设置树池，以便养护管理及少被践踏，在有条件的情况下，可在树池内盖上用铸铁或钢筋混凝土制作的树池箅子，除了尽量避开“天罗地网”外，还应选择耐修剪、抗瘠薄、根系较浅的行道树种。

（4）人行道绿带　人行道绿带是指车行道边缘至建筑红线之间的绿化带，包括行道树绿带、步行道绿带及建筑基础绿带。此绿带既起到与嘈杂的车行道的分隔作用，又为行人提供安静、优美、荫蔽的环境。由于绿带宽度不一，因此，植物配置各异，基础绿带国内常用地绵等藤本植物做墙面垂直绿化，用直立的桧柏、珊瑚树或女贞等植于墙前作为分隔。绿带宽些的，则以此绿色屏障作为背景，前面配置花灌木、宿根花卉及草坪，但在外缘常用绿篱分隔，以防行人践踏破坏。国外极为注意基础绿带，尤其是一些夏日气候凉爽、无须行道树荫蔽的城市，则以各式各样的基础栽植来构成街景，墙面上除有藤本植物外，在墙上还挂上栽有很多时令花卉的花篮，外窗台上长方形的塑料盒中栽满鲜花，墙基配置多种矮生、匍地的植物，如平枝栒子、阴绣球以及宿根、球根花卉等，甚至还有配置成微型岩石园的。绿带宽度超过10m的，可用规则的林带式配置或配置成花园林荫道。

三、榆神清水工业园道路绿化景观实例分析

1. 场地分析

清水工业园区位于神木县大保当镇，这一区域属于典型内陆干旱与半干旱区，气温年较差较大，无霜期较短；干旱少雨，年降水量为400mm左右，且年降水分布不均衡，夏季多以暴雨形式降落；常年四季分明，冬夏较长，春秋短且春秋两季多风。土壤为典型荒漠土，且含沙量大，地理分区上属于毛乌素沙地，设计场地内土壤基本上为裸露沙地，土壤营养成分枯竭，现有植被主要为铺地柏（当地俗称臭柏），园区所在地为市级臭柏保护区，另有部分杨树与沙生植被。

2. 设计指导思想

以城市生态学理论为基础，结合现代工业文明所特有的审美情趣，依托现代景观营造理念，通过多样的植物造景手段，最终将工业园区内道路建设成为绿色景观长廊，营造出“沙漠绿洲”的繁荣景象（图6-15）。

图6-15　道路设计思想

3. 规划设计构思与原则

1）遵循自然植被生态景观系统的审美原则，考虑一定意义上的人性空间。创造出层次分明的林缘小乔木—灌木—草花地被的立体群落系统。

2）注重当地生态环境改善，保护优先。充分利用现有丰富的铺地柏资源，将该种植物大量运用在地被上，这样既保护了天然种质资源，又保留了场地固有的景观概念，努力将人类对自然的影响降到最低点。

3）突出景观形象多样化。通过多样化树种选择和多种景观营造方式的运用，打造出各条道路景观特色突出、绿化效果丰富多变的环境空间。

4）扩大色叶植物与花灌木比例，丰富景观色彩变化，烘托场所氛围。选择当地适生的植物种类，在乔木下层形成丰富的植物群落效应，随着开花周期的变化和叶色的转变，在时空概念上使景观更加丰富多彩。

5）适当增加地被变化，在运用部分沙生植物的基础上，适当选用适合当地生长的各种宿根花卉，以丰富人性空间的整体效果。在车行道边沿采用大尺度的色块设计，加强色彩整体效果，强化工业文明审美中简洁明快的极简主义观念。

4. 绿化景观设计

此次设计范围包括清水工业园内主要道路沿线的绿化景观，包括场外路、北纬一路、经一路三条道路以及交叉路口周边景观节点（图6-16）。

规划的这三条路的断面形式都是“四板五带式”，其中中央分车带宽9m，两条分车带宽6m，两边防护带宽17m（人行道宽4m，车行道宽18. 5m）。

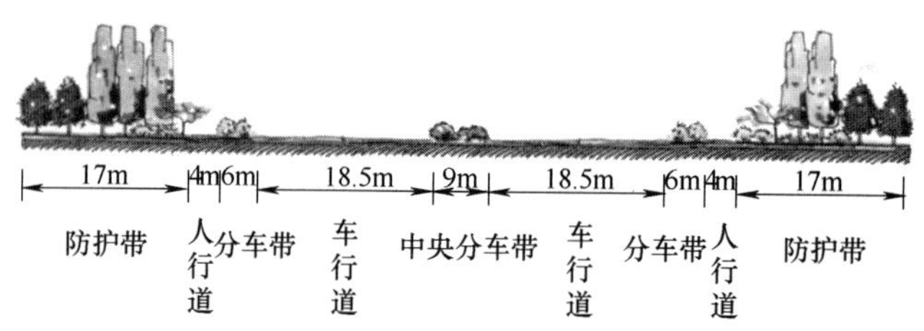

图6-16　设计范围及立面效果图

(1) 各路段绿化规划设计

1) 场外道路（长 3137m）（图 6-17）。

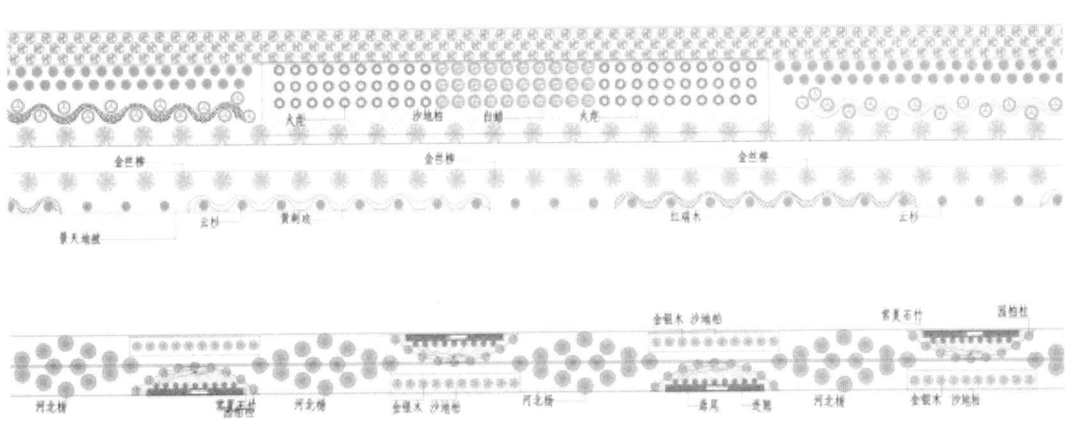

图 6-17　场外道路平面及效果图

2）北纬一路（长 5235m）（图 6-18）。

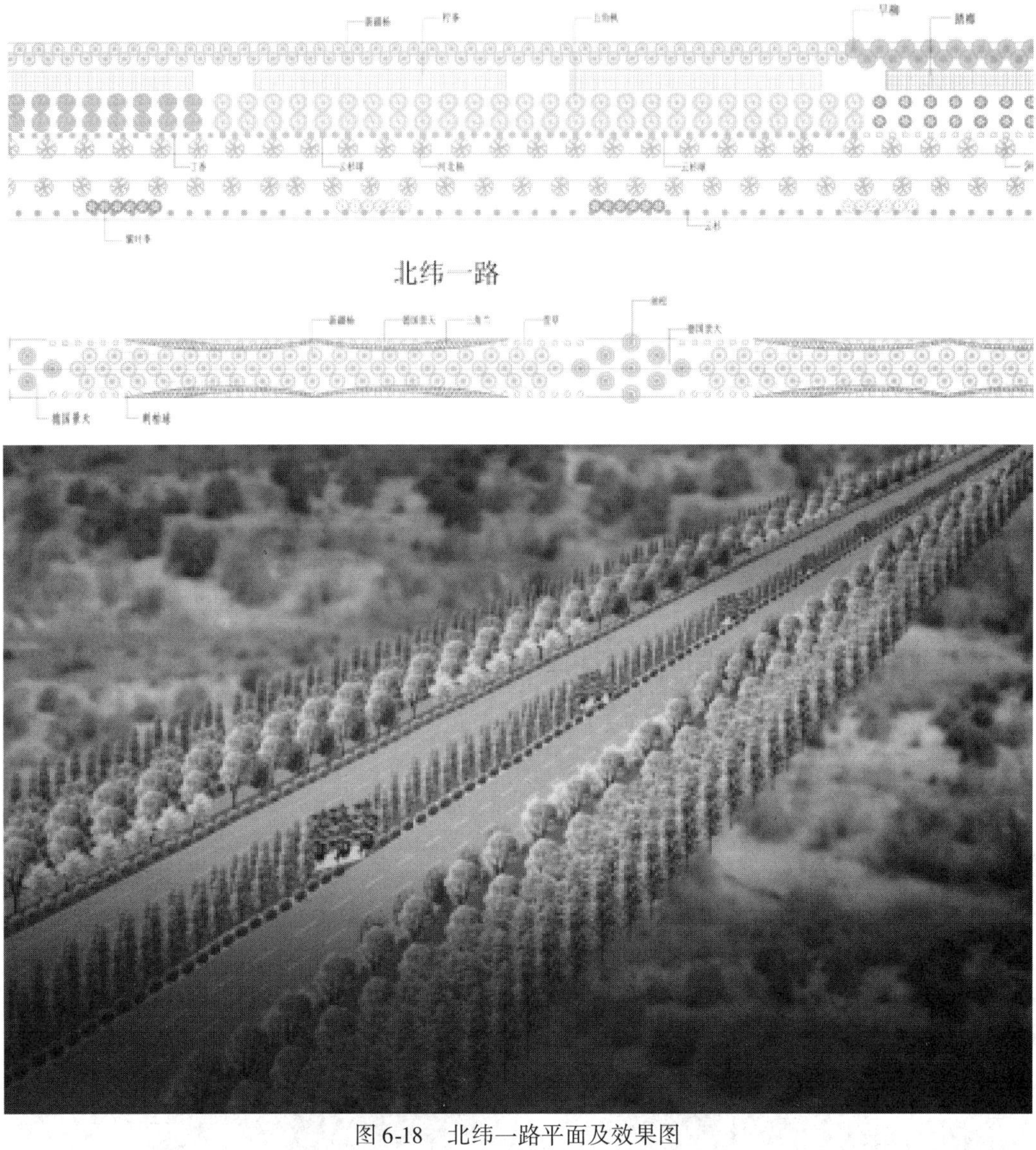

北纬一路

图 6-18　北纬一路平面及效果图

3）经一路（长2595m）（图6-19）。

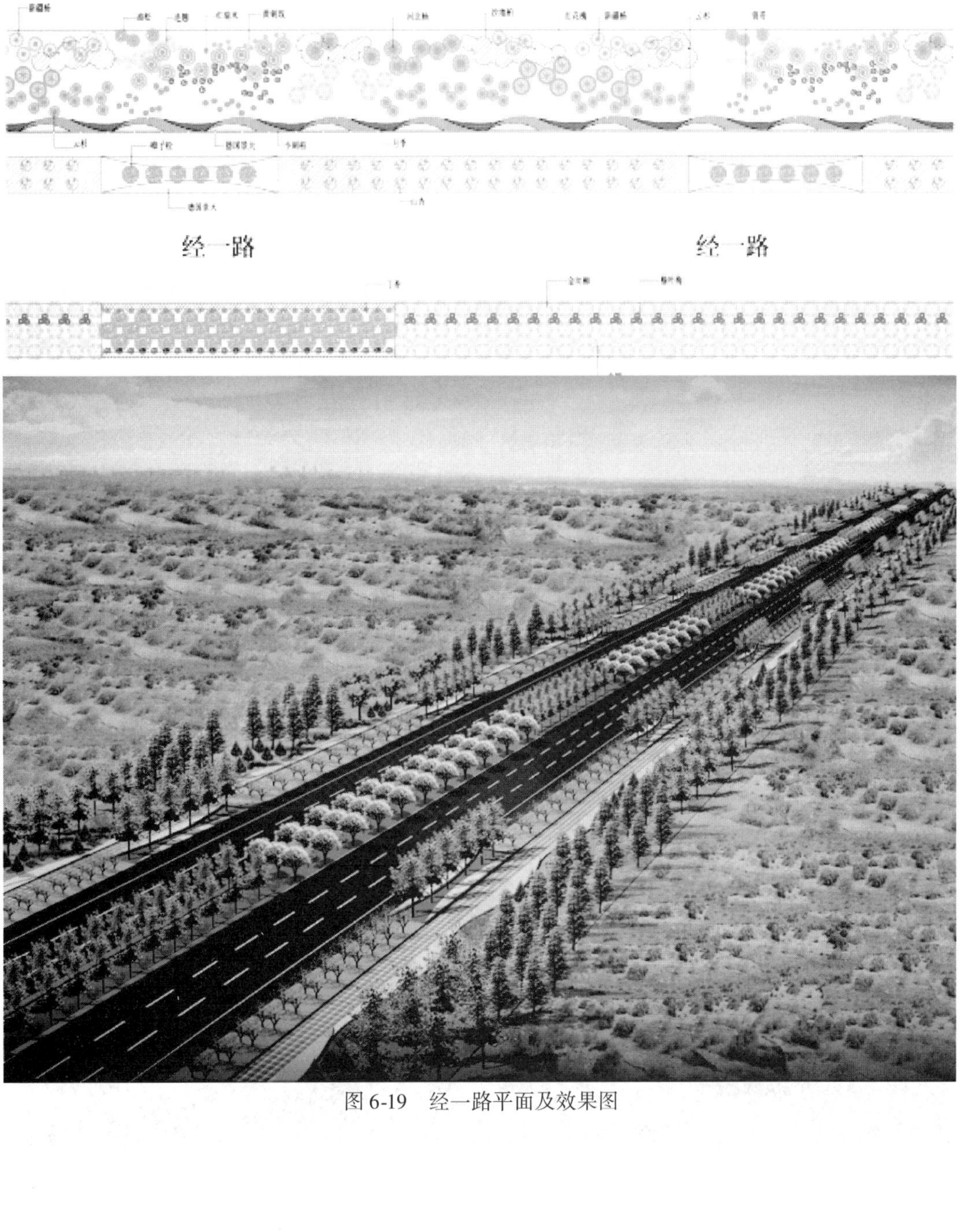

经一路　　　　经一路

图6-19　经一路平面及效果图

（2）路口景观节点规划设计

1）大路口（图6-20）。

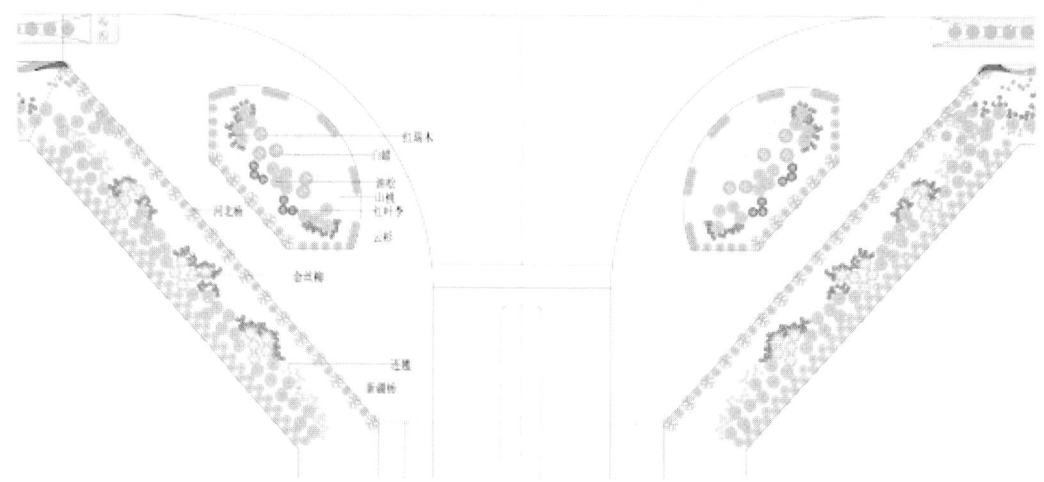

图6-20　大路口平面及效果图

2）小路口1（图6-21）。

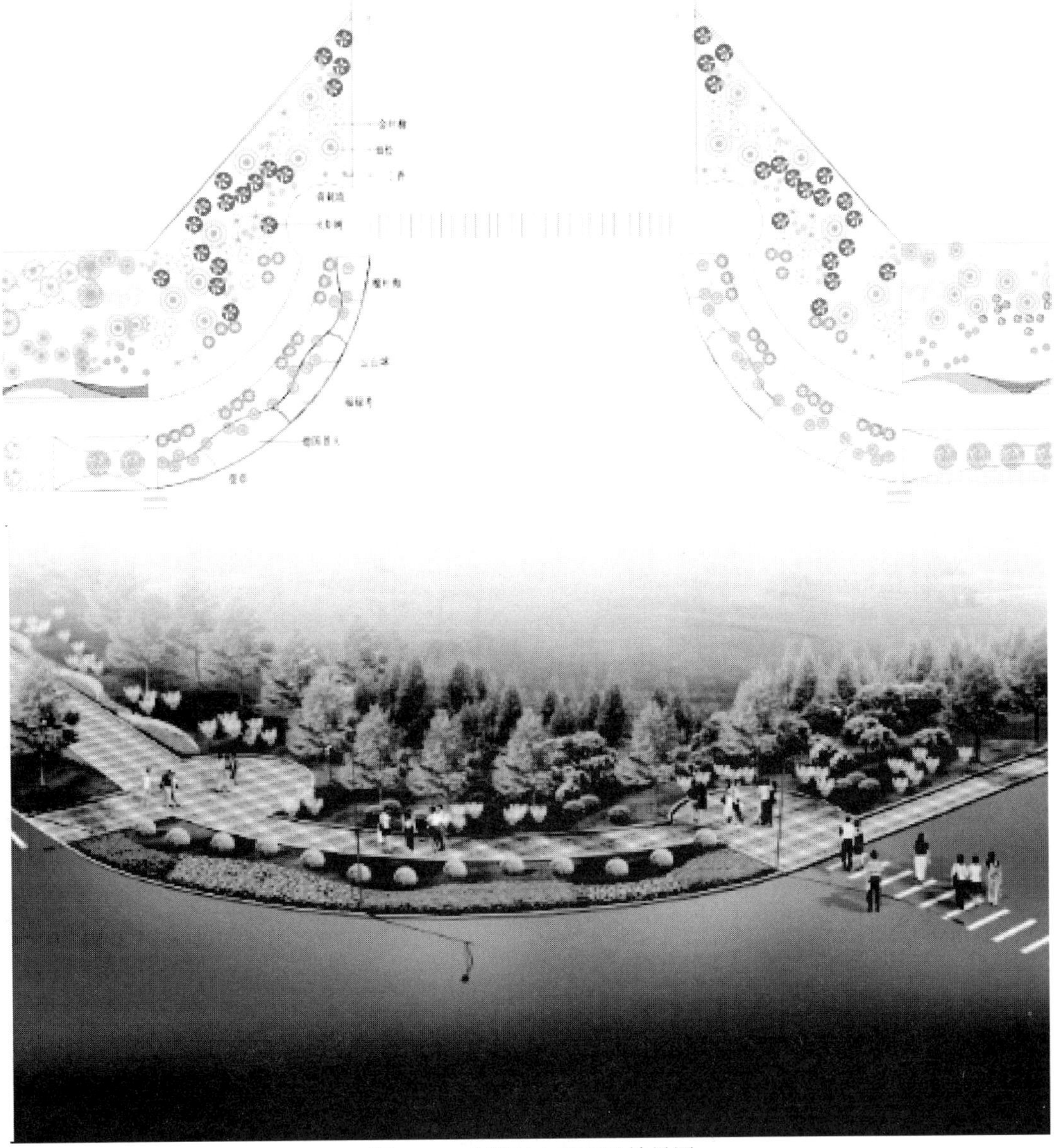

图6-21　小路口1平面及效果图

3）小路口 2（图 6-22）。

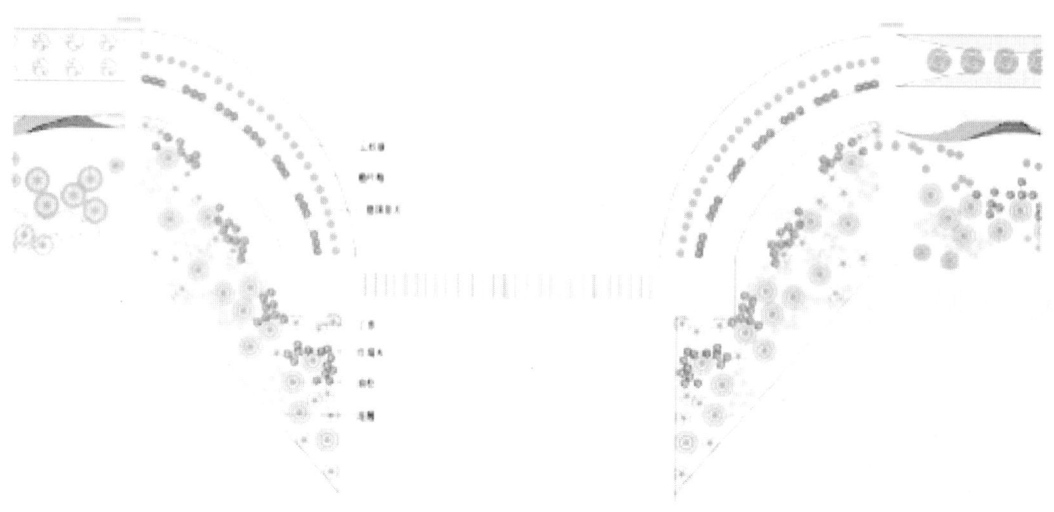

图 6-22　小路口 2 平面及效果图

实训5

结合园林植物配置与造景知识，分析某一广场（如世纪广场、火车站广场等）园林植物配置与造景的优缺点。

知识归纳

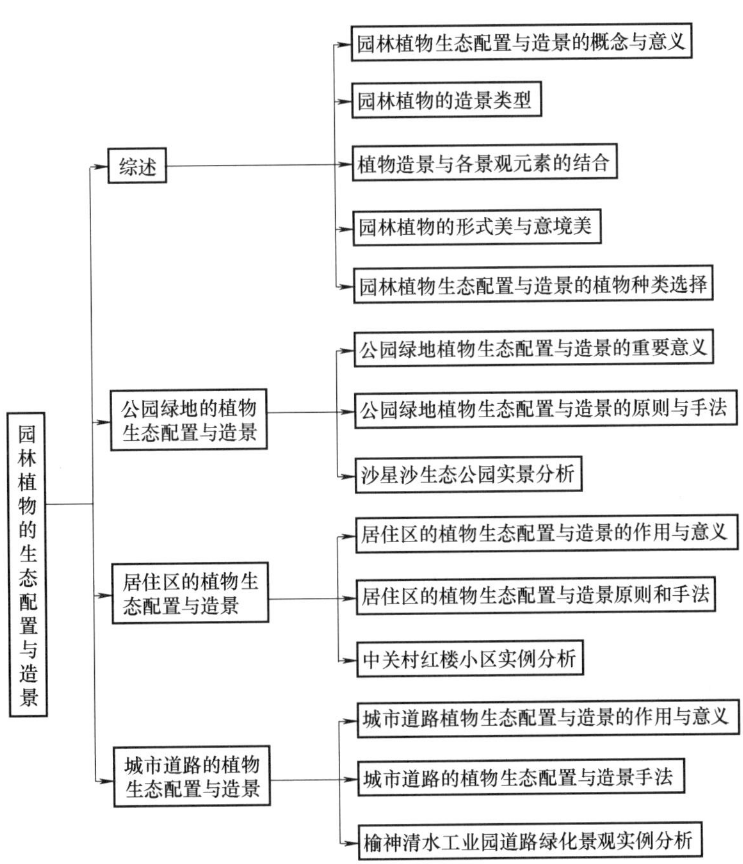

一、单项选择题

1. (　　)主要展示植物的个体美或群体美，经过对植物的利用、整理、修饰，发挥植物本身的形体、线条、色彩等自然美，创造与周围环境相适宜、协调的景观，并能调节小气候，发挥地区的生态保护效益。

A. 植物生态造景　　B. 园林植物　　C. 园路

2. 要创造完美的植物景观，必须具备(　　)的高度统一。

A. 生态性、科学性和艺术性　B. 生态和经济　　C. 长效和短效

3. 植物造景和配置必须“(　　)”。

A、因地制宜　　B. 科学发展　　C. 师法自然

4. 要创造丰富多彩的植物景观，首先要有丰富的(　　)。

A. 植物群落　　B. 水景　　C. 园路

5. (　　)既能创造优美的环境，又能改善人类赖以生存的生态环境。

A. 假山　　B. 植物景观　　C. 草坪

6. (　　)是指植物景观设计时，使树形、色彩、线条等在统一中求变化，在变化中求统一。

A、统一的原则　　B. 调和的原则　　C. 均衡原则

7. 城市道路植物配置树种选择原则(　　)。

A. 应以乡土树种为主，从当地自然植被中选择优良树种，但不能排斥经过长期驯化考验的外来树种

B. 应以引入树种为主　　C. 只要本地植物

8. 园路中平坦笔直的主路两侧植物常用(　　)配置，最好将观花乔木、观花灌木设置为下木。

A. 自然式　　B. 混合式　　C. 规则式

9. 蜿蜒曲折的园路，不宜成排成行种植，而以(　　)配置为主，有高有低，有疏有密，有挡有敞，有草坪、花池、灌丛、树丛、孤立树，甚至有水面、山坡、建筑小品等不断变化。

A. 自然式　　B. 混合式　　C. 规则式

10. 造园要素是指（　　）。

A. 建筑、道路、山石、水体　　B. 建筑、植物、道路、水体

C. 建筑、植物、山石、水体　　D. 山水地形、植物、建筑、广场道路与园林小品

二、多项选择题

1. 关于色彩感觉，描述正确的是(　　)。

A. 橙色系属于暖色系，青色系属于冷色系

B. 绿色和白色属于冷色

C. 橙色系给人一种收缩的面积感，青色系给人一种扩张的面积感

D. 橙色系给人一种强烈的运动感

2. 园林植物的生态功能有(　　)。

A. 净化空气　　B. 改善城市小气候　　C. 保持水土　　D. 净化水质

3. 属于自然式种植的是(　　)。

A. 列植　　B. 丛植　　C. 群植　　D. 林植

4. 道路绿化设计的总原则是(　　)。

A. 以乔木为主，乔、灌、草相结合　　B. 保证道路行车安全

C. 植物配置应与市政设施相协调　　D. 近期效果与长期效果相结合

5. 作为孤植树应具备的条件是（　　）。

A. 树形优美，轮廓富于变化　　B. 花大而美

C. 寿命长　　D. 常绿

三、简答题

1. 简述园林植物生态配置与造景的形式。

2. 简述植物的生态配置与造景概念。

3. 简述植物的生态配置与造景形式美的原则。

4. 简述公园绿地植物生态配置与造景的设计原则。

5. 简述城市道路植物生态配置与造景的生态保护功能。

项目7 园林生态系统的管理与调控

知识目标

- 掌握园林植物健康配置的概念以及原则。
- 了解园林生态系统清洁养护的方法以及清洁养护时应该注意的问题。
- 理解园林生态系统监测的内容、分类和技术手段等。
- 掌握园林生态系统的调控原理、机制和原则。

能力目标

- 能够结合生物多样性、园林植物的健康配置、园林生态系统的清洁养护和园林生态系统的监测等方面的知识进行园林生态系统的健康管理。
- 能够灵活利用园林生态系统的调控机制进行调控。
- 能够熟练运用园林生态系统的调控技术。

健康的园林生态系统具有活力、稳定和具有自我调节的能力。换句话说，园林生态系统的生物群落在结构、功能上与理论所描述的相近，这个系统就是健康的。如果一个系统的生物群落在结构、功能上与理论所描述的有距离，甚至差距很大，这个系统就是亚健康或者不健康的。因此，园林生态系统的健康管理，就是为园林生物及其群落创造、保持和维护一个地理位置、光照水平、可利用的水分、营养及再生资源量都处在适宜或十分乐观的这样一种水平的环境。本项目着重从生物多样性与园林植物的健康配置、园林生态系统的清洁养护和园林生态系统的监测三个方面来学习园林生态系统的健康管理。

任务1 园林生态系统的健康管理

一、生物多样性与园林植物的健康配置

1. 生物多样性的概念及意义

（1）生物多样性的概念　生物多样性是指一定范围内多种多样活的有机体有规律地结合所构成的稳定的生态综合体。其包括所有植物、动物、微生物物种以及所有的生态系统及其形成的生态过程，是一个描述自然界多样性程度内容的广泛概念。它具有三个方面的内容：遗传多样性、物种多样性和生态系统多样性。生物多样性又具有生物学、生态学和生物地理学三个方面的含义。

1）遗传多样性。它是种内所有遗传变异信息的总和，包括不同种群间或同一种群内的遗传变异。遗传多样性发生在分子水平，并且与核酸的性质有关。种内遗传的多样性决定了物种以上水平的多样性。遗传多样性对物种维持和繁衍生命、适应环境、抵抗不良环境与灾害都是十分有必要的。

2）物种多样性。它是指物种水平的多样性，包括两个方面：一是指一定区域内的物种丰富程度，可称为区域物种多样性；二是指生态学方面的物种分布的均匀程度，可称为生态多样性或群落物种多样性。物种多样性是衡量一定地区生物资源丰富程度的一个客观指标。物种多样性是生物多样性的关键，它既体现了生物之间及环境之间的复杂关系，又体现了生物资源的丰富性。

3）生态系统多样性。它主要是指地球上生态系统组成、功能的多样性以及各种生态过程的多样性，包括生物圈内生境、生物群落和生态过程的多样化以及生态系统内的生境差异、惊人的生态过程变化的多样性。生态系统中的主要生态过程包括能量流动、水分循环、养分循环、生物之间的相互关系。

另外，景观水平的生物多样性——景观多样性的研究也受到普遍重视。此项研究对于在实践中评估人类活动对生物多样性的影响以及区域规划和管理具有重要意义。

（2）生物多样性的意义　生物多样性是地球生命的基础。它们在维持气候、保护水源和土壤、维护正常的生态学过程，对整个人类做出的贡献更加巨大。生物多样性的意义主要体现在它的价值上。对于人类来说，生物多样性具有直接使用价值、间接使用价值和潜在使用价值。

1）直接使用价值：生物为人类提供了食物、纤维、建筑和家具材料及其他生活、生产原料。

2）间接使用价值：生物多样性具有重要的生态功能。在生态系统中，生物之间具有相互依存和相互制约的关系，它们共同维系着生态系统的结构和功能；提供了人类生存的基本条件（如水和空气等），保护人类免受自然灾害和疾病之苦（如调节气候、洪水和病虫害等）。生物一旦减少了，生态系统的稳定性就要遭到破坏，人类的生存环境也就要受到影响。

3）潜在使用价值：生物种类繁多，人类对它们已经做过较充分研究的只是极少数，大量生物的使用价值目前还不清楚。但是可以肯定，这些生物具有巨大的潜在使用价值。一种生物一旦从地球上消失就无法再生，它的各种潜在使用价值也就不复存在了。因此，对于目前尚不清楚其潜在使用价值的生物，同样应当珍惜和保护。

2. 园林植物的健康配置

植物配置的优劣直接影响到园林工程的质量及园林功能的发挥。园林植物配置要遵循科学性，讲究艺术性，创造出优美的景观效果。

（1）园林植物健康配置的概念　园林植物的健康配置是指在基本满足园林植物生态习性的基础上，按照各自的观赏特性与功能要求，利用乔木、灌木、藤本以及草本等植物，通过艺术手法，充分发挥植物本身的线条、形体、色彩等自然美，创造植物景观供人们观赏，使植物既能与环境很好地适应与融合，又能使植物个体之间达到好的协调关系，最大限度地发挥植物群体的生态特性，为居民提供富有天然情趣的生活空间，从而产生生态效益、经济效益、社会效益。

（2）园林植物健康配置应遵循的原则

1）因地制宜，适地适树。因地制宜的“地”表现在不同的气候、土壤、地形及建筑物的性质、功能等方面。植物配置时要使所选取树种的生态要求与当地的立地条件相统一，建立相对稳定的植物群落，充分发挥园林植物改善和保护环境的功能。配置时，首先要根据当地的立地条件来选择树种，如沿海地区濒临大海，常有台风吹过，因而在进行园林规划时，抗风性这一因子是树种选择的主要因素之一。再如寒冷地区的冬季，落光了树叶的树木使得园林的结构显露出来，因而，园林结构对园林的冬季形态有着特殊影响，设计者就要利用植物的不同形态创造出特色鲜明的寒地园林结构：针叶树作为常绿树木构成了园林的骨干树种，大片的樟子松、红松林与白桦林相间布置，或以白桦林做背景结合种植红色枝条的红瑞木，这样就会形成强烈的空间效果。其次，要结合自然地形特点，合理安排植物群落，组织植物景观，划分景观空间。将地形和植物巧妙结合，能创造出许多意境深远的自然景观来。如某公园地势平坦，起伏变化不大，为突出地形的变化，除做微地形处理以外，可在略微凸起的地面上种植雪松，既增强了地形的起伏变化效果，又极富山林野趣。最后，要结合建筑物的风格特征来选择树种，现代城市建筑风格各异，这就要求在选择植物进行配置时，既要突出植物的个体美，又要和植物周围的建筑风格相配合、相衬托。

2）因材制宜，合理配置。因材制宜的“材”表现在植物的生态习性和观赏特性上，全面考虑植物在造景上的综合利用，结合立地条件和功能要求，合理布置。首先，不同的园林植物对生态环境的要求是不同的，进行园林布置时，必须考虑园林植物对环境的适应性，根据当地的生态环境来选择适宜的园林植物。例如，在郁闭度较高的的树林下，由于光照较弱，玉簪、紫萼、黄杨和山茶花等耐阴的草本和灌木，它们不仅能适应树林下的阴湿环境，而且由于个体比较小，还能与高大的树木相互辉映，形成高低错落、层次分明、疏密相间的园林氛围；在地势低洼易积水的地方，可以选择一些喜湿、耐涝的植物，如高大的水杉、橙色的萱草和紫色的鸢尾等；至于强光干燥的环境，则应选择喜阳耐干燥的植物，如桃花、杨树和合欢等。其次要将设计的要求与树种的观赏特性结合起来，园林植物的配置就是以本地树种和具有民族特色的花木为主，以外来的树种为辅，既要充分体现园林的地方特色和风味，又要创造出生机勃勃的景色。此外观赏树木的种植方式也十分讲究，一般来说，有孤植、对植、列植、丛植和群植等方式，在园林植物的配置中，采用不同的种植方式，可以表现不同的园林主题。

3）因时制宜，季季有景。植物和建筑不同，植物的色彩和形态随时间的变化而不断变化，春花、秋实、冬青，给园林增添了无限的动态美景。因此在实际的树种选择和配置上，应将花木成片栽植，加强艺术效果，突出各景区的风景特征，形成景景不同、季季不同的园林景色。随着树龄增长，不同树木本身的树形、树皮、生长速度、对外界环境的要求都会发生一定的变化，如松树在幼龄时团簇如球，壮年时亭亭如盖，老龄时则枝干盘虬如飞舞之姿；在配置时，要创造出足以表现其美妙身姿的条件。园林树木随树龄的增长，种间关系也发生了相应的变化，所以在树种生长的过程中，要适当地分批进行疏伐，保证目的树种的生长，特别是在乔灌木混交的园林中，当树木接近郁闭时，由于灌木树冠和根系体系庞大，可能对乔木生长产生一定的抑制作用，这就要对灌木进行一定程度的调节，从而协调乔灌木之间的关系。

4）因景制宜，突出功能。园林植物的健康配置应遵循美学原理，重视园林的景观功能。在遵循生态和谐的基础上，根据美学要求，进行融合创造，不仅要求园林植物的现实景观，更要重视园林植物的季相变化及长远的景观效果，从而达到步移景异，时移景异，创造“胜于自然”的优美景观。

首先，营造园林景观形态美。园林植物形态各异，其不同部位、不同时期的欣赏价值不同，植物的花、叶、果实等形状、颜色、质感常各具风姿，在园林植物配置时，应注意观赏位点的表现和搭配。园林植物姿态各异，常见乔木的树形有柱形、塔形、圆柱形、伞形、圆球形、匍匐形、垂枝形等，不同姿态的树种给人以不同的感觉，或高耸入云，或波涛起伏，或平和悠然。园林树木的主干、枝条形状，树皮结构也是千变万化，千姿百态的，合理地利用树木形态，可以配置出各具情态的优美景观。颜色变化亦是园林景观的特色，不同的颜色变化都会给人以不同的感觉。万紫千红的“花”世界越来越丰富地呈现在人类的面前，叶片的颜色也越来越受到人们的重视，在植物景观营造中，发挥着巨大的作用，如叶色缤纷的彩叶草兼具花纹、斑纹、斑点，叶片本身就是一副美丽动人的画面。园林植物众多的形态美位点，为植物景观的营造创造了有利条件，不同季节景观、不同风格景象，都可通过不同的植物配置实现。

其次，布局合理，疏朗有致，单群结合。自然界植物既有群生的，也有孤生的。园林植物配置就有孤植、列植、片植、群植、混植多种方式。这样不仅可欣赏到孤植树的风姿，而且可欣赏到群植树的华美。

再次，注意园林植物自身的文化性与周围环境相结合，如岁寒三友（松、竹、梅），在许多文人雅士的私家园林中相得益彰，但松、柏则多栽于陵园中。

总之，园林植物的健康配置在遵循生态学原理的同时，还应遵循美学原理。此外，园林植物配置还可以根据需要结合经济性、文化性、知识性等内容，扩大园林植物功能的内涵和外延，充分发挥其综合功能，服务于人类。

二、园林生态系统的清洁养护

1. 园林生态系统清洁养护的方法

（1）防止园林生态系统的污染　目前，园林生态环境问题的四大公害仍然是废气、废水、废渣和噪声污染。对园林生态系统的清洁最根本的就是要防止园林生态系统的污染，这就要对园林生态问题进行防治。

1）防治城市大气污染，应采取的措施：调整能源结构，开发新能源；合理工业布局；改进燃烧设备和燃烧方法；采用除尘装置，减少烟尘污染；减少机动车尾气污染。

2）防治城市水污染，应采取的措施：加强水资源的保护，节约用水；控制工业废水排放量和污染物的浓度；重视园林排水系统和污水处理厂的建设。

3）处理园林固体废弃物，应采取的措施：减少垃圾的来源；回收利用工业废渣。

4）控制园林噪声，应采取的措施：降低或者减弱噪声来源；控制噪声传播途径；对受污染者保护。

（2）对园林植物进行养护

1）灌溉与排水。用人工方法向土壤补充水分，大致可分为三个时期，即保活水时期、生长水时期和冬水时期。保活水，即在新植株定植后，为了养根保活，必须浇足大量水分，加速根系与土壤的结合，促进根系生长，保证成活。生长水，即夏季是植株生长旺盛期，大

量干物质在此时形成，且此时气温高，蒸腾量也大。因此，需水量大，雨水不充沛时要大量浇水，如果遇干旱更应勤浇水。冬水，冬水有三大作用：一是水的比热大，热容量高，可适当提高地温，保护树木免受冻害；二是较高地温可推迟根系休眠，使根系能吸收充足水分，供蒸腾消耗需要，可免于枯梢；三是浇足冬水，使土壤有充足的贮备水，第二年春干时也不致受害。除上述三大时期浇水外，在给植物施肥后应立即灌水，促进肥料渗透土壤内形成溶液状态为根系所吸收，同时浇水可使肥料浓度稀释而不致烧根。

夏季中午及气温较高时不宜浇水，温差较大容易造成植物死亡。冬季早晚气温较低不宜浇水，特别是晚上浇水易造成根系冻害而死亡，中午气温较高时浇水比较适宜。

土壤出现积水时，如果不及时排水，对植株生长会产生严重影响。排水时用的方法，一是利用自然坡度排水，二是开沟排水。

2）施肥。栽植的各种园林植物，尤其是木本植物，将长期从一个固定地方吸收养料，即使原来肥力很高的土壤，肥力也会逐年消耗而减少，因此应不间断地给土壤施肥，确保所栽植株旺盛生长。施肥要有针对性，即因种类、年龄、生育期等不同要施用不同性质的肥料，才能收到最好的效果。肥料通常分速效肥和迟效肥（也可分为无机肥和有机肥）两大类，前者一般做追肥用，后者多做基肥用。

不同的植物类型、同一类型的不同植物以及同一植物的不同生长发育阶段分别考虑施肥方式和施肥量。例如：植物苗期要多施氮肥；花芽分化和孕蕾阶段则需要施较多的磷、钾肥；观叶植物应多施氮肥等。由于许多园林植物生长缓慢，施肥时要少量多次，室内园林植物多是人工土壤栽培，为防止土壤盐分蓄积，应施偏酸性肥料，并要使用无臭味、无怪味的肥料。

3）除草松土。除草松土是植物养护管理中一项十分繁重的工作。除草可以减少水分、养分的消耗，尤其是能增加主景区的美化效果。松土可以切断土壤表层的毛细管，减少土壤水分的蒸发；在盐碱地上，还可以防止土壤返碱；疏松土壤，改善土壤通气状况，促进土壤微生物的活动，有利于难溶养分的分解，提高植物对土壤有效养分的利用率。

除草松土的次数要根据气候、植物种类、土壤等而定。如乔木、大灌木可两年一次，草本植物则一年多次。具体的除草松土时间可以安排在天气晴朗或雨后、土壤不过干和不过湿的情况进行，方可获得最大的保墒效果。

4）整形与修剪。植物是园林绿地的构成要素之一，其姿态直接影响着绿化美化的效果，因此，整形修剪是保证园林植物健壮生长，充分发挥其各种功能和作用的一项重要养护管理措施。整形与修剪是园林植物栽培过程中一项十分重要且很有情趣的养护管理措施。整形修剪的目的除了可以调节和控制园林植物生长与开花结果、生长与衰老更新之间的矛盾外，重要的在于满足观赏的要求，达到美的效果。整形修剪受植物自身和外界环境等诸多因素制约，是一项理论性和实践性都很强的工作。

5）防冻。某些园林植物，尤其是南种北移的树种难以适应北方的严寒冬季或早春树木萌发后遭受晚霜之害，而使植株枯萎，为防止以上冻害的发生，常可采用以下措施：加强栽培管理，增强树木抗寒能力；灌冻水与春灌；保护根颈和根系；裹草绳保护树干；搭风障；打雪与堆雪。

6）植物病虫害防治。植物在生长发育过程中，时常遭受各种病虫害，轻者造成生长不良，失去观赏价值，重者植株死亡，损失惨重。因此，对病虫害的防治，以防为主，早发

现，早控制，有效保护植物，使其减轻或免遭各种病虫害。

(3) 对水体、居住区植物景观以及道路植物进行的养护　完善水体空间布局，创造宜人的亲水景观。处理好水体与绿化、建筑、道路、桥梁的关系。城市形成以中心城区块状绿地为核心，以三江六岸绿化为主线，近郊生态防护绿地和大面积的风景园林林地为基础。

对居住区内的植物景观进行精细的生态管护，保证居住区内有良好的生长条件，对环境较差的地段应进行重点管护，喜湿的草坪要适时浇灌，规则的植物造型要定期修剪等。

要保持道路植物的美学景观、生态效应的长期性，以及不影响交通及行走，进行连续的生态管护。保持植物的旺盛生命力，发挥景观效应和生态效应。植物，特别是城市道路植物，必须进行人工管理，如浇水、防治病虫害等。在植物的生长过程中，还要采取整枝、修剪等措施，保持植物的外部形态美，以保证达到最初设计时的效果。

2. 园林生态系统清洁养护应注意的问题

(1) 增强意识，形成共识　通过加大宣传力度，引导市民爱护身边的一草一木，积极投身到城市园林的建设中，在全社会形成重视园林生态系统清洁养护的良好氛围，并且将此制定成长期有效机制，各级部门（从主要领导到负责基层园林绿化工作的人员；从市政园林部门到各企事业单位；从政府官员到市民）对城市园林绿化与美化，清洁与养护的重要性要达成共识。

(2) 考虑经济的承受能力　以生态园林的理论为依据，大力倡导以改善生态环境为最高目标，按照生态学规律，追求最大的投入产出比和多方面、多层次的产品，使得园林的生态和美学价值随时间而增值。不要刻意模仿，以免耗费巨大的环境资源和经济实力。特别是应着力发展节水、节能、控制污染的园林植物，利用自然植被，摒弃刻意修饰的造园手法。

(3) 制定城市生态环境保护措施　使城市环境有长效的保护机制，积极推动市政、环卫、园林等行为市场化，运用经济手段，引导各种所有制单位、个人通过招投标、入股等方式，参与城市园林、绿地养护，减轻政府参政支出。

三、园林生态系统的监测

园林生态系统的监测是指环境监测，包括环境污染监测和生态监测两类。

1. 环境污染监测

(1) 环境污染监测的定义　环境污染监测是指间断或连续地测定环境中污染物的浓度，分析和研究其变化对环境影响的程度，为环境治理和法规实施提供依据。

(2) 环境污染监测的分类

1) 按监测目的划分：研究性监测、常规监测、污染事故监测。

2) 按监测对象划分：大气污染监测、水体污染监测、土壤污染监测、生物污染监测。

3) 按污染物性质划分：化学毒物监测、热污染监测、放射性污染监测、富营养化监测。

(3) 环境污染监测具体技术手段

1) 化学、物理监测

① 化学方法：容量分析、质量分析、光化学分析、电化学分析、色谱分析。

② 物理方法：遥感技术的运用，如建立自动监测系统等。

2) 生物监测

① 大气污染中的生物监测——植物监测器。观察植物的生理生化反应；测定植物体内的污染物的残留量；测定树木的生长量、年轮。

② 水体污染中的生物监测——水生生物群落监测器。利用指示生物监测水体污染状况；利用水生生物受到毒害产生的生理机能变化，测定水质污染状况。

2. 生态监测

（1）生态监测的定义 生态监测的内容、指标体系和监测方法等，都表现出了全面性、系统性，既包括对环境本底、环境污染、环境破坏的监测，也包括对生命系统的监测（系统结构、生物污染、生态系统功能、生态系统物质循环等），还包括人为干扰和自然干扰造成生物与环境之间相互关系的变化的监测。

因此，生态监测是指通过各种物理、化学、生化、生态学原理等各种技术手段，对生态环境中的各个要素、生物与环境之间的相互关系、生态系统结构和功能进行监控和测试，为评价生态环境质量，保护生态环境、恢复重建生态、合理利用自然资源提供依据。

（2）生态监测的内容

1）生态环境中的非生命成分的监测。它包括对各种生态因子的监控和测试，既有自然环境条件的监测（如气候、水文、地质等），还有物理、化学指标的异常（如大气污染物、水体污染物、土壤污染物、噪声、热污染、放射性等）。这些内容不仅包括环境监测中的监测内容，还应包括自然环境条件的监测。

2）生态环境中生命成分的监测。它包括对生命系统的个体、种群、群落的组成、数量、动态的统计和监控，污染物在生物体中的量的测试。

3）生物与环境构成系统的监测。包括对一定区域范围内生物与环境之间构成的生态系统的组合方式、镶嵌特征、动态变化和空间分布格局等的监测，相当于宏观生态监测内容。

4）生物与环境相互作用及其发展规律的监测。它包括对生态系统的结构、功能进行研究，既包括监测自然条件下（如自然保护区内）的生态系统结构、功能特征的监测，也包括生态系统在受到干扰、污染或恢复、重建、治理后的生态系统的结构和功能的监测。

5）社会经济系统的监测。人类在生态监测这个领域扮演着复杂的角色，它既是生态监测的执行者，又是生态监测的主要对象，人所构成的社会经济系统是生态监测的内容之一。

（3）生态监测的指标体系 根据生态监测的定义和监测内容，传统的生态监测指标体系无法适应于现今对生态环境质量监测的要求。从我国正在开展的生态监测工作来看，生态监测构成了一个复杂的网络，各地纷纷建立了生态监测网站与网络，生态监测的指标体系丰富而庞杂。

1）非生命系统的监测指标

① 气象条件：包括太阳辐射强度和辐射收支、日照时数、气温、气压、风速、风向、地温、降水量及其分布、蒸发量、空气湿度、大气干湿沉降等，以及城市热岛强度。

② 水文条件：包括地下水位、土壤水分、径流系数、地表径流量、流速、泥沙流失量及其化学组成、水温、水深、透明度等。

③ 地质条件：主要监测地质构造、地层、地震带、矿物岩石、滑坡、泥石流、崩塌、地面沉降量、地面塌陷量等。

④ 土壤条件：包括土壤养分及有效态含量（N、P、K、S）、土壤结构、土壤颗粒组成、土壤温度、土壤 pH、土壤有机质、土壤微生物量、土壤酶活性、土壤盐度、土壤肥力、交

换性酸、交换性盐基、阳离子交换量、土壤容重、孔隙度、透水率、饱和含水量、凋萎水量等。

⑤ 化学指标：包括大气污染物、水体污染物、土壤污染物、固体废弃物等方面的监测内容。

a. 大气污染物：二氧化硫（SO_2）、氟化氢（HF）、氯（Cl_2）、氯化氢（HCl）、光化学污染、臭氧（O_2）、氮的氧化物（NO_x）、一氧化碳（CO）、乙醛（CH_3CHO）、过氧酰基硝酸酯［$RC(O)OONO_2$］等。

b. 水体污染物：pH、溶解氧、电导率、透明度、水的颜色、嗅及感官性状、流速、悬浮物、浑浊度、总硬度、矿化度、侵蚀性二氧化碳、游离二氧化碳、总碱度、碳酸盐、重碳酸盐、氨氮、硝酸盐氮、亚硝酸盐氮、挥发酚、氰化物、氟化物、硫酸盐、硫化物、氯化物、总磷、钾、钠、六价铬、总汞、总砷、镉、铅、铜、溶解铁、总锰、总锌、硒、铁、锰、铜、锌、银、大肠菌群、细菌总数、COD（化学需氧量）、BOD_5（生化需氧量）、石油类、阴离子表面活性剂、有机氯农药、六六六、滴滴涕、苯并（a）芘、叶绿素a、丙烯醛、苯类、总有机碳、底质（颜色、颗粒分析、有机质、总氮、总磷、pH、Eh、总汞、甲基汞、镉、铬、砷、硒、酮、铅、锌、氰化物和农药）。

c. 土壤污染物：包括镉、汞、砷、铜、铅、铬、锌、镍、六六六、滴滴涕、pH、阳离子交换量。

d. 固体废弃物：包括颗粒物（TSP）、氨、硫化氢、甲硫醇、臭气浓度、悬浮物（SS）、COD、BOD_5、大肠菌值等，以及苯酚类、酞酸酯类、苯胺类、多环芳烃类、苯系物。

⑥ 其他指标如噪声、热污染、放射性物质等。

2）生命系统的监测指标。生物个体的监测，主要是对生物个体大小、生活史、遗传变异、跟踪遗传标记等的监测。

物种的监测，包括优势种、外来种、指示种、重点保护种、受威胁种、濒危种、对人类有特殊价值的物种、典型的或有代表性的物种。

种群的监测，包括种群数量、种群密度、盖度、频度、多度、凋落物量、年龄结构、性别比例、出生率、死亡率、迁入率、迁出率、种群动态、空间格局。

群落的监测，包括物种组成、群落结构、群落中的优势种统计、生活型、群落外貌、季相、层片、群落空间格局、食物链统计、食物网统计等。

生物污染监测，包括汞、铬、铅、铜、砷、氟等无机化合物和农药（六六六、滴滴涕、有机磷等）、多环芳烃、多氯联苯、激素等有机化合物。

3）生态系统的监测指标。主要对生态系统的分布范围、面积大小进行统计，在生态图上绘出各生态系统的分布区域，然后分析生态系统的镶嵌特征、空间格局及动态变化过程。

4）生物与环境之间相互作用关系及其发展规律的监测指标。生态系统功能指标：生物生产量（初级生产、净初级生产、次级生产、净次级生产）、生物量、生长量、呼吸量、物质周转率、物质循环周转时间、同化效率、摄食效率、生产效率、利用效率等。

5）社会经济系统的监测指标。包括人口总数、人口密度、性别比例、出生率、死亡率、流动人口数、工业人口、农业人口、工业产值、农业产值、人均收入、能源结构等。

（4）生态监测的新技术手段　其表现为生态监测的内容和指标体系的丰富和完善，分析测试方法涉及的学科领域庞杂，如气象学、海洋学、水文学、土壤学、植物学、动物学、

微生物学、环境科学、生态科学。此外，还表现为新技术新方法在生态监测中的实际运用。

1）3S技术。生态监测的新内涵中包括对大范围生态系统的宏观监测，因此，许多传统的监测技术不适应于大区域的生态监测，只有借助于现代高新技术，高效、快速地了解大区域生态环境的动态变化，为迅速制定治理、保护的方案和对策提供依据。遥感、地理信息系统与全球定位（统称3S集成）一体化的高新技术可以解决这个问题，在实际中通过建立生态环境动态监测与决策支持系统，有效获取生态环境信息，实时监测区域环境的动态变化，进而掌握该区域生态环境的现状、演变规律、特征与发展趋势，为管理者提供依据。国内有些地方已经成功地应用3S技术进行了生态监测并获得成功，如成都理工学院遥感GIS研究所杨武年教授等采用3S技术，利用卫星遥感数据，结合野外实地调查，顺利完成了对国家863－308主题“西部金睛行动”之一的“岷江中上游地区生态环境综合动态监测”的研究。青海省遥感中心也成功地利用3S技术，对青海湖环湖重点区域的本底调查，快速查清了共和县和龙羊峡库区土地利用和土地覆盖的现状，并将植被、地貌、土壤和土地利用四要素进行叠加，制作出共和县和龙羊峡库区生态环境分类图，建立了生态环境数据库，为政府规划决策、资源开发、环境保护、重点工程建设等提供科学依据和服务。

其中，已经投入应用最多的是遥感技术，如国家海洋环境监测中心暨国家海洋局海洋环保所，成功地利用卫星遥感对1998年渤海特大赤潮进行监测，获取了特大赤潮的光谱特征，为渤海的环境问题与富营养化评价，以及赤潮灾害的行政管理提供了科学依据，并于1999年将赤潮灾害卫星遥感监测列为专项计划，由国家海洋环境监测中心负责，在渤海、长江口和珠江口三个重点海域实施业务化示范监测，进行每天一次的卫星监测，发布卫星监测通报，为赤潮灾害的减轻和防污，提供了有力的决策依据。目前，卫星监测已于2000年正式列入全国海洋环境监测计划。孙飒梅等也利用TM卫星遥感数据对城市热岛强度进行监测研究，提出将城市热岛强度作为城市生态环境状况的监测指标之一。杨玉明（2002）对GPS在生态监测网中的应用进行了研究，提出要将WCS-84坐标系转换为实用的国家或地方坐标系，并注意基准点的选择与检验。

2）电磁台网监测系统。高星在我国西部地区进行环境地球物理监测的探讨中认为，可以利用电磁台网络监测系统进行西部脆弱生态环境的监测。以中长电磁波近地表传播衰减因子观测为基础的环境调查监测系统克服了天然地震层析、卫星遥感等技术对包括沙漠、黄土、冰川、湖泊沉积在内的地球表层和浅层监测的不足，以其对环境变化敏感、有一定穿透深度、不同频率信号反映不同深度信息、台网观测技术方便等优点而应用到生态监测中来。该系统通过对中长电磁波衰减因子数据的研究，利用现代层析成像技术，建立西部地区高分辨率浅层三维导电率地理信息系统，为监测、研究、预测西北地区浅层环境变化打下了基础。

3）其他高新技术。中国技术创新信息网上发布了用于远距离生态监测的俄罗斯高新技术——可调节的高功率激光器，在距离300m的范围内，可以发现和测量甲烷以及其他C_nH_{2n+2}系列（乙烷、丙烷、m-丁烷、异丁烷等）的碳氢化合物的浓度，浓度范围为0.0003%～0.1%（在3μm区间），该项技术正在推广。其他高新技术如俄罗斯已有的军用无人机技术，是由俄卡莫夫直升机设计局在“卡-37”的基础上，成功研制的“卡-137”多用途无人直升机，该机可用于生态监测。

任务2　园林生态系统的调控原理、机制和原则

园林生态系统是一个人工管理的生态系统，既有自然生态系统的属性，又有人工管理系统的属性。它一方面从自然界继承了自我调节能力，保持一定的稳定性；另一方面它在很大程度上受人类各种技术手段的调节。充分认识园林生态系统的调控机制及调控途径，有助于建立高效、稳定、整体功能良好的园林生态系统，有助于利用和保护资源，提高系统生产力。

一、调控的生态学原理

1. 系统的整体效应

园林生态系统是以人的行为为主导、自然环境为依托、资源流动为命脉、社会体制为经络的规模宏大、结构复杂、功能多样的人工环境系统，它具有自然、社会、经济等多层次性、开放性，各层级内部和层级之间，关系复杂。但不论怎样复杂，这些组分都相互作用和制约，形成了园林生态系统这一整体，表现出整体功能。所以在对园林生态系统进行调控时，必须从整体出发，合理规划，统一安排，使系统内各组分协调发展，形成系统整体高效的转化途径。

2. 生物与环境协调发展的生态平衡原理

生态平衡是指特定条件下生物间、生物与环境间处于一种恒定协调的状态。只有在此状态下，生物才能处于最佳生长发育状态，环境资源的生产潜力才能最大限度地转变为现实生产力。可见，保持生态平衡是园林生态系统稳定、高效发展的基础，只有遵循这一原理，园林生态系统的调控才行之有效，才能达到系统调控的高产、高效的目的。对园林生态系统中的生物和环境组分调控时，必须时刻牢记这一点。凡是有利于生物生长发育的环境改造措施，如增加林草覆盖度、农田基本建设、合理轮作倒茬等，均有利于调控系统的生态平衡。反之，毁林开荒、土地只用不养、不合理施用化肥及农药等，都会导致生物与环境的不协调，进而产生生产和环境问题。

3. 生态系统结构决定功能原理

生态系统中生物种群的组成、数量、比例及时空分布构成了园林生态系统的结构，它是系统的内在要素，而功能是表现形式，系统结构决定着系统功能。不良结构常伴随物质循环和结量转化受阻，生产力低；而良好结构则伴随着较高的转化效率和系统的良性运行。所以，生产实践中，对园林生产系统的调控可以直接从结构入手，即首先建立与资源及环境相适应的系统结构。

4. 限制因素原理

对园林生态系统的调控，必须时刻考虑环境所允许的变动范围。生态系统在不降低自身自动调节能力的前提下，对外界压力有一个最大忍受限度，即生态阈值。生物只有分布和生存在该限度以内，才可维持稳定的生产力，只有通过调控的手段克服了限制因素，生物才能良好地生长发育。

二、调控机制

1. 园林生态系统自然调控机制

园林生态系统自然调控机制是从自然生态系统中继承下来的生物与生物、生物与环境之

间存在的反馈调控、多元重复补偿稳态调控机制。如光温对作物生长发育的调节作用，昼夜节律对家畜家禽行为的调节作用，林木的自疏现象，功能组分冗余现象，反馈现象等多种自我调节机制。

（1）反馈机制　园林生态系统具有多种正负反馈机制，能在不同的层次结构上行使功能控制。

1）在个体水平上，通过正负反馈，使得个体与环境、个体与群体之间保持一定的协调关系。

2）种群之间，捕食者与被捕食者之间的数量调节也是一种反馈机制。

3）在群落水平上，一方面生物种群间通过相互作用，调节彼此间种群数量和对比关系，同时又受到共同的最大环境容纳量的制约。

4）在系统水平上，交错的群落关系、生态位的分化、严格的食物链量比关系等，都对系统的稳态机制起积极作用。

生态系统的反馈调节机制及其作用是有一定限度的。系统在不降低和不破坏其自动调节能力的前提下所能忍受的最大限度的外界压力（临界值），称为生态阈值。外界压力包括自然灾害、不利环境因素的影响等自然力，也包括人力的获取、改造和破坏。生态容量也是一类生态阈值，指的是某种物质（通常指有害物质）的最大容纳量，即系统通过自净作用维持稳定状态的能力。生态容量的大小，取决于有毒、有害物质的性质以及生态系统本身的抗毒自净能力。

（2）多元重复补偿　多元重复补偿是指在生态系统中，有一个以上的组分具有完全相同或相近的功能，或者说在网络中处在相同或相近生态位上的多个组成成分，在外来干扰使其中一个或两个组分破坏的情况下，另外一个或两个组分可以在功能上给予补偿，从而相对地保持系统的输出稳定不变。这种多元重复有时也理解为生态系统结构上的功能组分冗余现象。

生态系统中的反馈控制和多元重复往往同时存在，使系统的稳定性得以有效地保持下去。这些自然调控相对人为调控来说，往往更为经济、可靠和有效，对保护生态环境更为有利。

2. 园林生态系统人工调控机制

人工调控是指园林生态系统在自然调控的基础上，受人工的调节与控制，人工调节遵循园林生态系统的自然属性，利用一定的技术和生产资料加强系统输入，改变园林生态环境，改变园林生态系统的组成成分和结构，以达到提高生产、加强系统输出的目的。

（1）生境调控　生境调控就是利用技术措施改善生物的生态环境，以达到调控的目的。它包括对土壤、气候、水分、有利有害物种等因素的调节，其主要目的是改变不利的环境条件，或者削弱不良环境因子对生物种群的危害程度。

调节土壤环境，可通过物理、化学和生物等方法进行。传统的犁、耙、耕耘、起畦，以致排灌、建造梯田等同于物理方法，它们改善耕层结构，协调水、肥、气、热的矛盾。化肥、除草剂和土壤改良剂的使用，能够改善土壤中营养元素的平衡状况，属于化学方法。而施用有机肥、种植绿肥、放养红萍、繁殖蚯蚓等措施属于生物方法，它们既能改善土壤的物理性状，又能改善土壤中营养元素的平衡状况，有利于提高土壤肥力。

调节气候环境，表现在区域气候环境的改善上，可通过大规模绿化和农田林网建设，人工降雨、人工驱雹、烟雾防霜等措施来得以实现。局部气候环境的改善，可通过建立人工气候室和温室、动物棚舍、薄膜覆盖、塑料大棚、地膜覆盖、施用地面增温剂等方法实现。

调节水分的方法有很多，如修水库、打机井、建水闸、田间灌排、喷灌、滴灌、施用叶面抗蒸腾剂等方法都可以直接改善水分供应状况。通过土壤耕作，增施有机肥料，改良土壤结构，也可以增强土壤的保水能力。

（2）输入输出调控　园林生态系统的输入包括肥料、饲料、农药、种子、机械、燃料、电力等生产资料；输出包括各种农业产品。输入调控包括输入的辅助能和物质的种类、数量和投入结构的比例。输出调控包括调控系统的储备能力，使输出更有计划；或对系统内的产品加工，改变产品输出形式，使生产加工相结合，产品得到更充分的利用，并可提高产品的经济值；同时，控制非目标性输出，如防止因径流、下渗造成的营养元素的流失。

（3）生物调控　生物调控是在个体、种群和群落各水平上通过对生物种群遗传特性、栽培技术和饲养方法的改良，增强生物种群对环境资源的转化效率，达到调控目的。

个体水平的调控，其主要手段包括品种的选用和改良，以及有关物种的栽培和饲养方法。如优良品种的选育，杂种优势的利用，遗传工程手段，生长期间整枝打顶、疏花疏果、激素喷施等措施调节生长。

种群水平的调控，主要是建立合理的群体结构和采取相应的栽培技术，调节作物种植密度、畜牧放养密度、水域捕捞强度、森林砍伐强度等，从而协调种群内个体与个体、个体与种群之间的关系，控制种群的动态变化，保持种群的最大繁荣和持续利用。

群落水平的调控，是调控生物群落的垂直结构、平面结构、时间结构和食物链结构，以及作物复种方式、动物混养方式、林木混交方式等，建立合理的群落结构，以实现对资源的最佳利用。

（4）系统结构调控　园林生态系统的结构调控是利用综合技术与管理措施，协调园林内部各产业生产间的关系，确定合理的农、林、牧、渔比例和配置，用不同种群合理组装，建成新的复合群体，使系统各组成成分间的结构与机能更加协调，系统的能量流动、物质循环更趋合理。在充分利用和积极保护资源的基础上，获得最高系统生产力，发挥最大的综合效益。从系统构成上讲，结构调控主要包括以下三个方面：

1）确定系统组成在数量上的最优比例。如用线性规划方法得出农林牧用地的最佳比例。

2）确定系统组成在空间上的最优联系方式。要求因地制宜、合理布局农林牧生产，使生态位原理进行立体组合，按时空二维结构对农业进行多层配置。

3）确定系统组成在时间上的最优联系方式。要求因地制宜找出适合地区优先发展的突破口，统筹安排先后发展项目。

三、调控原则

（1）协调共生原则　城市生态系统中各子系统之间、各元素之间是互相联系、互相依存的，在调控中要保证它们的共生关系，达到综合平衡。共生可以节约能源、资源和运输，带来更高的效益。如采煤和火力电厂的配置、公共交通网的配置等。

（2）循环再生原则　注重综合利用物质，建立生态工艺、生态工厂、废品处理厂等，把废物变为能够被再次利用的资源。如再生纸、垃圾焚烧发电、污水的净化处理和再利

用等。

（3）持续自生原则　园林生态系统是一个半自然生态系统或人工生态系统，在考虑到园林土地、淡水、能源等资源状况的条件下，在一定的阈值范围内，使系统保持具有自我调节和自我维持稳定的机制，或者说使人能够控制园林生态系统。园林生态系统的控制主要是人为的，而不像在自然生态系统中那样，依靠负反馈机制。其系统自我调节能力的强弱主要取决于信息反馈的准确和迅速程度，以及管理决策部门判断的水平。如果信息失真或不通畅，决策跟不上，就会造成失误。

任务3　园林生态系统的调控技术

一、个体调控

园林生态系统从个体水平上的调控和控制主要包括个体遗传特性的调控和个体生长发育的调控两个方面的内容。

1. 个体遗传特性的调控

个体遗传特性的调控是指对生物个体，主要改变生物个体的生理及遗传特性，使个体表现出更广的适应性、更高的生产性和更强的抗逆性。

同种遗传基础的个体就形成一个品种，所以园林生态系统个体遗传特性的调控手段主要是新品种的选育。我国的植物资源丰富，通过新品种的选育可以大大增加园林植物的种类，同时，可以获取各种不同优良特性的植物个体，运用栽培、嫁接、组织培养或基因重组等育种方法产生优良新品种，使之具有较高的生产能力和观赏价值，进而不断为农业生产提供新的优良品种。此外，可以从国外引进各种优良品种，来丰富植物资源。

2. 个体生长发育的调控

个体的生长发育都有其内在的规律，每个个体都要遵循一定的程序、按照一定的方式来完成其生命周期。但是这个生命周期并不是按照人们的主观愿望来完成的，有时甚至是相互矛盾的，为了使每个个体更好地服务于人类，就需要对个体的生长发育进行调节和控制。如剪枝打顶、修根割芽、农业植物生产中激素的使用等，都能影响个体的生长发育，使之朝着人类需要的方向发展。

二、群体调控

园林生态系统的群体调控是指调节园林生态系统中个体与个体之间、种群与种群之间的关系，充分了解园林植物之间、园林植物与园林环境之间的相互关系，在特定的环境条件下合理地进行园林植物配置，形成高效、稳定、健康的园林植物群落。

具体措施包括种群密度的调节和繁殖的调控、生物群落的调控、有害生物综合防治等。

三、环境调控

环境调控的目的主要是改善园林生态系统的物理环境，使之有利于园林植物的生长发育。通过生物的、化学的、物理的或工程的方法，来调节和控制园林生态系统的各种环境因子，以满足园林植物对环境的要求。它包括土壤、气象、水分、火等因素的调节。

运用物理（传统的犁、耙和建造梯田等）、化学（施用化肥、土壤结构改良剂、硝化抑制剂等）和生物（施用有机肥、种植绿肥、秸秆还田和合理轮作换茬等）等方法改良土壤环境条件；通过建立塑料大棚、人工降雨、烟雾防霜、温室和人工气候室等方法调节环境；通过开采地下水、建水闸、喷灌、滴灌等方法调节生物生存环境的水分状况。

四、其他调控技术

1. 适当的人工管理

园林生态系统是在人为干扰较为频繁的环境下的生态系统，人们对生态系统的各种负面影响必须通过适当的人工管理来加以补偿。当然，有些地段特别是城市中心区环境相对恶劣，对园林生态系统的适当管理更是维持园林生态系统平衡的基础。而在园林生物群落相对复杂、结构稳定时可适当减少管理的投入，通过其自身的调节机制来维持。

2. 生态环境意识的普及

加强法制教育，围绕发展生态经济、建设生态文明，开展丰富多彩、形式多样的宣传教育活动，着力培养人们热爱和保护生态环境的自觉意识。通过大力宣传、依法保护生态，来提高公民的生态意识，进而维持园林生态平衡；建立生态文化建设群众监督举报制度，设立举报接待日、举报热线、举报信箱等，对群众反映的问题及时做出处理。建立生态建设考核激励机制，将生态建设纳入各级各部门综合目标考评体系；提倡节约用水和水资源二次使用；提倡使用环保型交通工具以减少废气、噪声污染；提倡使用生态建筑，用生态建材进行适度装修；提倡生态旅游；提倡食用绿色食品；提倡健康文明的生活方式和娱乐方式；提倡对生活垃圾进行分级分类处理，养成科学卫生的生活习惯。在此基础上主动建设园林生态系统，维持园林生态系统的平衡。

3. 系统综合关系调控

为了最大限度地提高园林生态系统内能量、物质、资金、劳动力等资源的投放效益，强化系统功能，在对园林生态系统内的生物、环境，以及系统的输出输入进行合理调控的同时，还应根据系统的自然、社会和生产条件，协调园林生态系统各组分的构成和比例关系，调整系统的物流、物流衔接关系，使系统内各业生产彼此协调、相互促进。所以，系统综合调控的内容，就是协调和组织好系统内各组分间的构成和比例关系，调整各亚系统间的能流、物流衔接关系，使园林生态系统内各业生产协调发展。

4. 设计与优化调控

随着系统论、控制论的发展和计算机应用的普及，系统分析和模拟已逐渐地应用到生态系统的设计与优化之中，使人类对生态系统的调控由经验型转向定量化、最优化。

实训6　园林环境评价

一、实训目的

1. 通过对某一园林现状和历史上主要生产活动、主要污染源、污染物排放和污染事件的调查，确定该园林生态环境状况。

2. 通过取样分析，了解园林环境中主要污染物的分布和水平，以此分析和评价环境中主要污染物对未来的城市居民健康的影响，并在此基础上提出园林环境污染的治理方法及相关建议。

二、实训原理

园林生态评价的一个主要方面就是对园林及其周边环境生态状况的评价，具体来说，包括园林及其周边的大气污染、水污染、城市粉尘和固体污染以及园林整体环境评价，通过评价对其存在的问题进行分析，为园林生态规划、建设和管理提供基础信息和依据。

三、实训仪器

取样铲、高效液相色谱仪、原子吸收分光光度计等。

四、实训方法

1. 环境污染识别

通过对该园林相关资料的收集与分析、现场访问与调查，识别或判断生产、生活现状对园林环境可能造成的污染及污染来源和污染途径。调查内容包括：园林及其周围生产活动现状及其变迁；历史及现状使用过的原料、特别是有毒有害物质的使用情况；历史及现状各类污染物的排放及处理情况；放射性物质的使用、管理与泄漏现象等。

2. 采样与分析

通过对该园林的采样（土壤样品和水样）与分析，确定或否定第1步环境中关于污染情况的结论，并初步分析可能的环境风险。

3. 风险评估与治理措施

通过进一步采样分析确定环境污染的具体分布范围和污染程度，分析其对未来用地的环境风险，并提出场地环境评价，一般包括采样与分析、未来土地利用的风险评估及治理方案的评估与选择。

五、实训报告

完成一份园林环境评价报告。

知识归纳

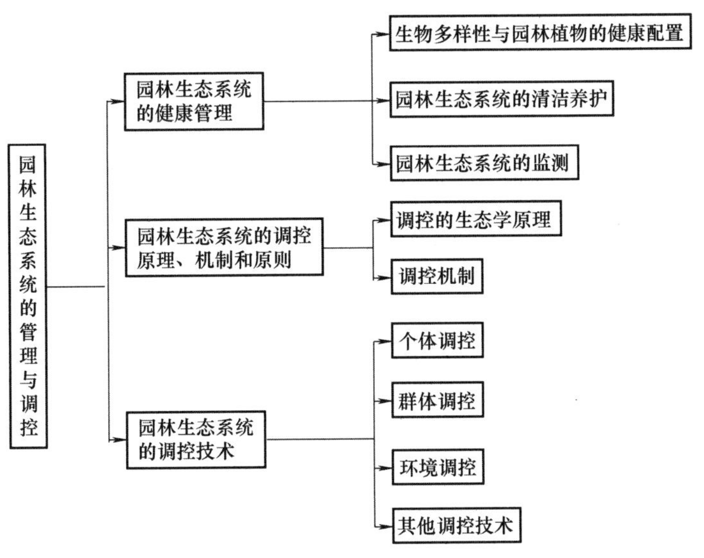

习题

一、单项选择题

1. 园林生态系统的环境组分包括气候、土壤和水分，生物组分是指人类及其他生物类群。在组成系统的诸元素中，有些是人为可以控制的可控因子，而有些是无法直接进行人为控制的，下列属于非可控因子的是（　　）。

A. 土壤　　B. 水分　　C. 气候　　D. 养分

2. 海南岛濒临大海，常有台风吹过，因而在进行园林规划时，抗风性这一因子是树种选择的主要因素之一。这种现象属于园林植物配置原则的（　　）。

A. 因地制宜，适地适树　　B. 因材适宜，合理布置

C. 因时制宜，季季有景　　D. 因景制宜，突出功能

二、多项选择题

1. 生物多样性可分为（　　）层次。

A. 遗传多样性　　B. 物种多样性　　C. 生态系统多样性　　D. 景观多样性

2. 园林生态系统是一个开放的人工生态系统，调控技术包括（　　）。

A. 个体调控　　B. 群体调控　　C. 环境调控　　D. 其他调控技术

3. 生态监测的新技术手段包括（　　）。

A. 3S 技术　　B. 电磁台网监测系统

C. 其他高新技术　　D. 可调节的高功率激光器

三、简答题

1. 简述园林生态系统清洁养护的方法及园林生态系统清洁和养护应注意的问题。

2. 环境污染监测要把握哪些原则？简述环境污染监测的意义和方法。

四、论述题

试述园林生态系统健康的概念，并说明园林生态系统健康管理的本质。

项目8 园林生态规划与设计

知识目标

- 了解园林生态规划的基础知识，包括含义、原则、步骤、内容等。
- 掌握园林生态设计的原则、范畴。

能力目标

- 能够将所学的园林生态规划及园林生态设计的基础知识运用到园林规划实践中。
- 能应用园林生态规划知识进行某地区的园林生态规划。
- 能应用园林生态设计知识进行园林一般生境的生态设计。
- 能根据园林生态调查资料进行园林植物的选择、群落设计、养护方案等。

随着生态科学的迅速发展，生态学思想逐步渗透到社会、经济、文化各个领域，城市的生态规划是以生态学原理为理论依据，以实现人类与生存环境的和谐统一。园林生态规划是园林生态建设的基础工作，做好前期的规划工作对园林生态建设的可持续发展至关重要。

任务1 园林生态规划

一、园林生态规划的含义

园林生态规划是指运用园林生态学的原理，以区域园林生态系统的整体优化为基本目标，在园林生态分析、综合评价的基础上，建立区域园林生态系统的优化空间结构和模式，最终的目标是建立一个结构合理、功能完善、可持续发展的园林生态系统。生态规划与园林生态规划既有差异也有共同点，生态规划强调大、中尺度的生态要素的分析和评价的重要性，如城市的生态规划、景观生态规划；而园林生态规划则以在某个区域生态特征的基础上的园林配置为主要目标，如对城市公园绿地、广场、居住区、主题公园、生态公园、道路系统等的规划。

传统的园林绿地系统规划是以园林学、园林景观学和城市规划学为基础的，是在总体规划编制完成后所进行的专项用地规划，通过规划手段，对城市不同绿地及其物种在类型、规模、空间、时间等方面所进行的系统化配置及相关安排。城市园林绿地设计的主要内容多以塑造室外空间环境、满足城市居民对绿地空间的使用要求为主，城市绿地布局要结合城市其他规划综合考虑，全面安排。园林绿地系统规划主要从以下四个结构考虑：第一，点、线、面相结合。点是城市中分布的各类公园绿地，主要指公园、游园、花园等；线主要是指城市道路绿化带、滨河绿带、工厂及城市防护林带等；面是指城市中居住区、工厂、机关等单位分布广大的附属绿地。第二，大、中、小相结合。第三，集中与分散相结合。第四，重点与一般相结合，将城市绿地构成一个有机总体。但是，从具体的实施效果来看，传统的城市园林绿地系统规划也存在较多的问题，如园林绿地系统规划设计缺少科学的理论支撑，缺少生态学方面的考虑，对城市绿地系统在再现自然、维持生态平衡、保护生物多样性、保证城市功能良性循环和城市系统功能的整体稳定发挥等方面的考虑与认识明显不足；城市园林绿地规划设计过分强调绿地的形式美，绿地人工化倾向较为严重，部分城市甚至把建设大草坪广场作为一种时尚，以破坏自然为代价来换取整齐的人工园林景观，缺少对原有自然环境的尊重，忽略了景观整体空间上的合理配置，致使园林景观封闭、物种单一、异质性差、功能不完善；在城市园林绿地的建设过程中，受经济利益的驱动致使城市大量现有规划绿地被侵占，公共绿地建设速度极其缓慢。园林绿地建设往往同社会效益、经济效益明显对立起来，这是造成城市园林绿地实际实施效果不佳的主要原因之一。

以园林生态学为指导的园林绿地系统规划十分注重融合生态学及相关交叉学科的研究成果，在城市绿地系统规划中应该运用生态学的原理，从绿地系统的布局结构上、绿地的数量上，以及植物配置的原则上注重绿地生态效益的综合发挥，以提高城市绿地对城市生态环境的改善作用。城市绿地系统规划要将生物多样性保护作为工作内容之一。要突出区域特征，强调改善生物多样性及生态环境，实现城市区域社会、经济、环境和空间发展的有机结合，用战略的眼光构建一体化的绿地空间结构和分工协作的绿地功能结构，发现、利用、创造新的景观形态和空间载体。

城市园林绿地是为人服务，为城市服务的，满足城市生产、生活安全的要求。城市绿地系统规划必须考虑现在的需要与未来发展的和谐、绿地与其他建设用地的和谐、绿地发展与人口增加的和谐。

所以，要倡导在城市园林绿地系统规划中融入生态学和园林规划学的思想，使城市园林绿地规划与园林生态规划实现有机结合，对城市绿地系统的布局进行深入的分析研究，使建成的城市园林绿地不仅外部形态符合美学规律以及居民日常生活行为的需求，同时其内部和整体结构也符合生态学原理和生物学特性要求，城市绿地系统在城市复合生态系统中肩负着提供健康、安全的生存空间，创造和谐的生活氛围，发展高效的环境经济，以实现城市可持续发展。

二、园林生态规划的原则

生态园林城市的设计不仅要注重其观赏性和艺术美，更要注重其生态服务功能，为进一步构建人与自然和谐发展的城市环境服务。因此，在城市园林生态规划中应遵循以下原则。

1. 整体性原则

园林生态规划应遵循整体性原则：第一，要保证相当规模的绿色空间和绿地总量，要充分尊重城市原有的自然景观和人文景观；第二，要增加园林绿地的空间异质性，合理进行植物配置，构筑稳定的复层混合立体式植物群落，提高环境多样性和多维度，丰富物种多样性；第三，要合理布置城市绿地空间布局，构筑生物廊道，重视城郊绿化，完善园林绿地系统结构与功能；第四，要提高绿地的连接度，为边缘物种提供生境，注重保护郊区大面积绿

地，通过生物通道的合理设计和建造来维持景观稳定发展，保持物种多样性。

2. 生态位原则

通俗地讲，生态位就是生物在漫长的进化过程中形成的，在一定时间和空间拥有稳定的生存资源（食物、栖息地等），进而获得最大生存优势的特定的生态定位。

Whittaker 首先将生态位理论应用于研究森林生态学中。生态位理论在认识种间、种内竞争和森林群落结构及演替的生理生态机制等方面已被广泛应用。Odum 和 Whittaker 的研究表明，植物群落作为植物群对环境梯度的集合体，其自身的生态特性也随着环境梯度的变化呈现出一定的变化规律，这深刻揭示了种与环境的必然联系。生态位理论对于指导林业生产和植物种群改良具有实践意义。在林业上进行种间配置时，应该要考虑各个种群的生态位宽度、种群之间的生态位相似性比例和生态位重叠，以及它们之间是否有利用性竞争的生态关系，如果是竞争性的生态关系，那么至少要求将某一维度的资源不要重叠。在生态园林城市建设过程中，由于不同植物的生长速度、寿命长短以及对光、水、土壤等环境因子的要求不同，在城市园林绿地的植物配置中应遵循生态位原则，充分考虑物种的生态特征，合理选配植物种类，避免物种间直接竞争，形成结构合理、功能健全、种群稳定的复层群落结构，以利于物种间互相补充，既充分利用环境资源，又能形成优美的景观。城市中空气污染、土壤理化性能差等因素不利于园林植物的生长，所以在植物选择上应以适应性较强的乡土树种为主，乡土树种的生命力和适应性强，能有效地防止病虫害暴发，能较快地产生生态效益，体现地方特色。同时园林植物选择还要根据绿地性质和地域环境要求形成不同的植物群落类型，例如：在污染严重的工厂应选择抗性强、对污染物吸收强的植物种类；在医院、疗养院应选择具有杀菌和保健功能的种类；街道绿化要选择易成活，对水、土、肥要求不高，耐修剪、抗烟尘、树干挺直、枝叶茂盛、生长迅速而健壮的树；水体边绿化要选择耐水湿的植物，要与水景协调等。

在城市生态环境建设中人类通过高效合理利用现存生态位、开发潜能生态位、引进外部生态因子增加生态位的可利用性、定向改变基础生态位等途径，最大限度地开发、组合、利用各种形式的时间、空间生态位，使地面和空间的土地、空气、光能、水分等环境资源得到充分合理的利用，使经济效益、生态效益和社会效益统一起来，创造高效的生态位效能。

3. 自然优先原则

自然有它的演变和更新的规律，同时具有很强的自我维持和自我恢复能力，生态设计要充分利用自然的能动性使其维持自我更新，减少人类对自然影响的同时，带来了极大的生态效益。保护自然景观资源和维持自然景观生态过程及功能，是保护生物多样性及合理开发、利用资源的前提，是景观持续性的基础。自然景观资源包括原始自然保留地、历史文化遗迹、森林、湖泊以及大的植物斑块等，它们对保持区域基本的生态过程和生命维持系统及生物多样性保护具有重要意义。佐佐木事务所（Sasaki Associates）在美国查尔斯顿水滨公园（Charleston Waterfornt Park）设计中成功地运用和发展了这一设计方法，设计师不仅保留而且扩大了公园沿河一侧的河漫滩用以保护具有生态意义的沼泽地，同时，为满足人们的亲水性，公园设计了一条 120m 长的平台步道，步道尽端为一大钓鱼台。

城市园林绿地规划建设应将人工要素和自然要素有机地结合，构建多样化的园林植物景观，从市民生存空间和自然过程的整体性与连续性出发，重视绿地的镶嵌性和廊道的贯通性，不仅要在人口密集的城市中心区发展绿地，同时还要大力发展郊区的公园绿地风景区和

生态林地，要十分重视道路林网、水系绿化等生态廊道建设，形成林路相连、林水相映、林园相依、城郊一体的点、线、面结合的城市生态网络体系。

地带性植被是最稳定的植被类型，它是在大气候条件下形成和发展的。规划种植的植物必须因地制宜、因时制宜，要借鉴地带性植被的种类组成、结构特征和演替规律，以乔木为骨架，以木本植物为主体，在城市中艺术地再现地带性植被类型。此外，城市的自然地理因素是重要的景观资源和生态要素。城市园林生态系统规划应充分利用这些要素，因地制宜地组织由城市景观廊道及各类斑块绿地构成的、完整的、连续的城市绿地空间系统。

4. 生物多样性原则

生物多样性是指生命有机体及其赖以生存的生态复合体的多样性和变异性，包括遗传基因的多样性、生境的多样性和生态系统多样性 3 个层次，生态规划时应综合考虑各个层次的多样性。多样性维持了生态系统的健康和高效，因此是生态系统服务功能的基础，与自然相结合设计就应尊重和维护其多样性，保护生物多样性的根本是保持维护乡土生物与生境的多样性，如何通过景观格局的设计来保持生物多样性，是园林生态规划的一个最重要方面。

随着城市化进程的加剧，城市生物多样性的结构受到了破坏，物种多样性的减少，影响了城市生态环境的协调发展。生态园林强调园林建设与自然生物群落的有机结合，这为保护生物多样性创造了条件。生物多样性是提高城市绿地系统生态功能和城市景观多样性的关键，也是城市绿化景观生态化、多样化、科学化的标志。

5. 以人为本原则

城市绿地空间组织中要贯彻以人为本的原则，满足人的审美需求、对自然生态环境的要求，为人们建起绿色生态屏障，让人们充分享受绿地带来的好处。因此，生态绿地空间的定位、具体的空间规划设计要考虑园林对人类的安全性；并要考虑园林生态系统的安全性，如引进的外来物种是否对系统的稳定造成危害等；还要预计到居民的行为方式和绿地的实用性，布置幼儿、青少年、成年人和老年人各种不同需要的生活和游憩空间，反映一定的文化品位。高品位的绿地规划设计尊重和保护生态环境的要求。真正的环境艺术创造是与自然友好相处。这样做是实现生态绿地系统规划所要达到的最美好的人居环境目的的重要工作内容，同时说明了居民参与的重要性。

6. 可持续发展原则

可持续发展的基本思想是既能满足当代人的需要，又不能对后代人满足其需要构成危害的发展。这就要求在使用自然资源中要提倡减量使用、重复使用、循环使用、保护使用。在规划中尽量合理使用自然资源，尽量减少使用能源；对废弃的土地可通过生态修复得到重复使用；对新建的园林景观，对原有的植物资源要尽量地再利用，减少浪费；促进园林生态系统资源的循环使用，如将枯枝落叶作为肥料归还大自然；充分保护不可再生的资源，保护特殊的景观要素和生态系统，如保护湿地景观、自然水体等。

7. 可操作性和经济性原则

规划的可操作性和经济性是检验规划合理的重要原则。任何园林生态系统的规划必须是可实施的，不能脱离一定的时代经济背景。经济性是指既考虑投资成本的经济性，不可能超越社会的承载力，同时又要追求社会经济效益的最大化。

8. 绿与美协调发展原则

园林绿地系统除了具有维持生物多样性、提供动植物生境、基因库保存、生态系统的维

持、碳氧平衡、蒸腾吸热、吸污滞尘、杀菌降噪、涵养水源、土壤活化、养分循环和防灾减灾等功能外，还有一个比较重要的功能是景观美学文化功能。园林不仅是外在山水之美，而且是具有艺术内涵和文化韵味的，园林文化是园林的灵魂。因此，要求园林生态规划既要充分考虑外在景观的美，又要考虑园林的意趣、意境，考虑园林空间的主题。

三、园林生态规划的步骤与内容

1. 园林生态规划的步骤

有关园林生态规划的步骤目前尚无统一标准。一般可概括为以下8个步骤。

（1）编制规划大纲　接受园林生态规划任务后，应首先明确园林生态规划的目的，确立科学的发展目标（包括生态还原、产业地位和社会文化发展）。为达到园林生态规划的目的、保证规划的合理，使规划的目的和对象明确，在规划工作展开的前期，应做可行性分析。对于不可能实现的园林生态规划任务应主动放弃；对难以实现的任务，应在反复研究、充分论证的基础上考虑重新立项，或改变规划的目的和对象；对于能够实现的任务，要分析背景，提出问题，编制规划大纲。

（2）园林生态环境调查与资料搜集　园林生态环境调查是园林生态规划的首要工作，主要是调查、搜集规划区域的气候、土壤、地形、水文、生物、人文等方面资料，包括对历史资料、现状资料、卫星图片、航片资料、访问当地人获得的资料、实地调查资料等的搜集，然后进行初步的统计分析、因子相关分析以及现场核实与图件清绘工作，建立资料数据库。

（3）园林生态系统分析与评估　主要是分析园林生态系统结构与功能状况，辨识生态位势，评估生态系统健康度、可持续度等，提出自然—社会—经济发展的优势、劣势和制约因子。该步骤是园林生态规划的主要内容，为规划提供决策依据。

（4）园林生态环境区划和生态功能区划　主要是对区域空间在结构功能上的类聚和划分，是生态空间规划、产业布局规划、土地利用规划等规划的基础。

（5）规划设计与规划方案的建立　根据区域发展要求和生态规划的目标，在研究区域的生态环境、资源及社会条件在内的适宜度和承载力范围内，选择最适于区域发展方案的措施，一般分为战略规划和专项规划两种。

（6）规划方案的分析与决策　根据设计的规划方案，通过风险评估和损益分析等对方案进行可行性分析，同时分析规划区域的执行能力和潜力。

（7）规划的调控体系建立　生态监控系统，从时间、空间、数量、结构、机理等方面监测人、事、物的变化，并及时反馈与决策；建立规划支持保障系统，包括科技支持、资金支持和管理支持系统，从而建立规划的调控体系。

（8）方案的实施与执行　规划完成后由有关部门分别论证实施，并应由政府和市民进行管理和执行。

具体的规划编制流程如图8-1所示。

2. 园林生态规划的内容

（1）生态环境调查与资料搜集

1）生态环境调查。生态环境的调查内容包括生态系统调查、生态结构与功能调查、社会经济生态调查和区域特殊保护目标调查等。

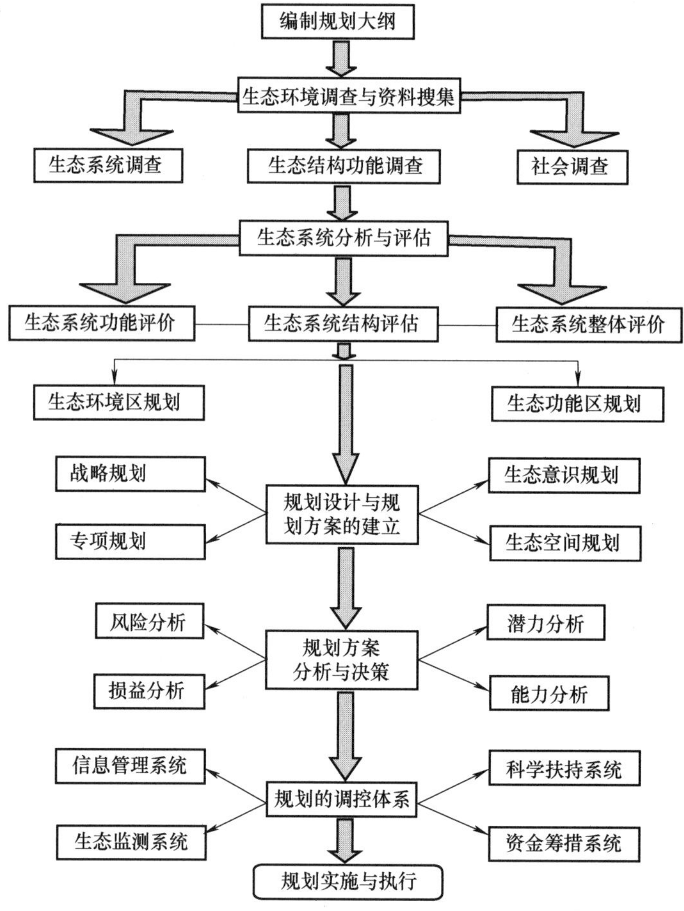

图 8-1　园林生态规划编制流程

① 生态系统调查包括动、植物物种特别是珍稀濒危物种的种类、数量、分布、生活习性、生长、繁殖及迁移行为规律；生态系统的类型、特点、结构及环境服务功能；与其他环境因素关系等生态限制因素。

② 社会经济生态调查包括社会生态调查和经济生态调查。社会生态调查主要包括人口、环境意识、环境道德、科技、环境法制和环境管理等方面问题。经济生态调查主要有产业结构调查与分析、能源结构调查与分析、经济密度及其分布、投资结构调查与分析等。

③ 生态结构与功能调查包括形态结构调查、绿地系统结构调查和区域内主要生物群落结构特点及变化趋势调查。形态结构调查的主要内容有景观结构调查、绿地系统结构的调查分析、区域内主要群落结构特点及变化趋势调查分析。绿地系统结构调查主要包括公共绿地、道路绿地、防护绿地、专用绿地、生产绿地等各种绿地所占的比例，乔、灌、草的组合及树种的组合，绿化覆盖率及其分布，以及人均公共绿地等。

④ 区域特殊保护目标调查需重点关注和特殊生态保护目标，有地方性敏感生态目标（如自然景观、风景名胜、地质遗迹、动植物园等）、脆弱生态系统（如荒漠生态系统等）、生态安全区、重要生境（如热带雨林、原始森林、湿地生态系统等）等。

2）调查方法

① 搜集现有资料。从农、林、牧、渔等资源部门搜集植物区系及土壤类型地图等形式的资料；搜集各级政府部门有关土地利用、自然资源、自然保护区、珍稀和濒危物种保护的规划或规定、环境功能区划、生态功能规划及确认的有特殊意义的栖息地和珍稀濒危物种等资料。

② 现场调查。采用现场踏查考察和网格定位采样分析。

③ 搜集遥感资料，建立地理信息系统，应用3S技术采集大区域、最新最准确的资料和信息。

④ 借助专家咨询、民意测验等公众参与的方法来弥补数据的不足。

（2）生态系统分析与评估　生态系统分析与评估包括生态过程分析、生态潜力分析、生态敏感性分析、环境容量和生态适宜度分析等内容。在具体分析过程中，除对上述调查的内容进行分析外，还要进行生态系统结构和功能分析、生态环境现状分析、生态破坏的效应分析、生态环境变化趋势分析。该步骤是园林生态规划的主要内容，为规划提供决策依据。

（3）生态功能区划　生态功能区划是实施区域生态环境分区管理的基础和前提，是进行生态规划的基础。生态功能区划的要点是以正确认识区域生态环境特征，生态问题性质及产生的根源为基础，以保护和改善区域生态环境为目的，依据区域生态系统服务功能的不同、生态敏感性的差异和人类活动影响程度，分别采取不同的对策。综合考虑生态要素的现状、问题、发展趋势及生态适宜度，提出工业、农业、生活居住、对外交通、仓储、公建、园林绿化、游乐功能区的综合划分以及大型生态工程布局方案。例如，在城市规划时，根据城市功能性质和环境条件而划分为居民区、商业区、工业区、仓储区、车站及行政中心区等。

由于生态环境问题形成原因的复杂性和地方上的差异性，使得不同区域存在的生态环境问题有所不同，其导致的结果也可能存在较大的差别。这就要求在充分认识客观自然条件的基础上，依据区域生态环境主要生态过程、服务功能特点和人类活动规律进行区域的划分和合并，最终确定不同的区域单元，明确其对人类的生态服务功能和生态敏感性大小，有针对性地进行区域生态建设政策的制定和合理的环境整治。生态功能区划应充分考虑各功能区对环境质量的要求及对环境的影响。具体操作时，可将土地利用评价图、工业和居住地适宜度等图样进行叠加、综合分析，进行生态功能区划。生态功能区划必须遵循有利于经济和社会发展、有利于居民生活、有利于生态环境建设这三个原则，力求实现经济效益、社会效益、生态效益的统一。

（4）环境区划　环境区划是生态规划的重要组成部分，应从整体出发进行研究，分析不同发展时期环境污染对生态状况的影响，根据各功能区的不同环境目标，按功能区实行分区生态环境质量管理，逐步达到生态规划目标的要求。其主要内容包括：区域环境污染总量控制规划，如大气污染物总量控制规划、水污染物总量控制规划等；环境污染防治规划，如水污染防治规划、大气污染防治规划、环境噪声污染规划、固废物处理与处置规划、重点行业和企业污染防治规划等。

（5）人口容量规划　人类的生产和生活对区域及城市生态系统的发展起决定性作用。人口容量规划的研究内容包括人口分布、密度、规模、年龄结构、文化素质、性别比例、自然增长率、机械增长率、人口组成、流动人口基本情况等。制定适宜人口环境容量的规划是城市生态规划的重要内容，将有助于降低按人口平均的资源消耗和环境影响，节约能源，充分发挥城市的综合功能，提高社会、经济和环境效益。

（6）产业结构与布局规划　合理调整区域及城市的产业布局是改善区域及城市生态结构、防治污染的重要措施。城市的产业布局要符合生态要求，根据风向、风频等自然要素和环境条件的要求，在生态适宜度大的地区设置工业区。各工业区对环境和资源的要求不同，对环境的影响也不一样。在产业布局中，隔离工业一般布置在城市边远的独立地段上；污染严重的工业布置在城市边缘地带；对那些散发大量有害烟尘和毒性、腐蚀性气体的工业，如钢铁、水泥、炼铝、有色冶金等应布置在最小风频风向上、下风侧；对于那些污水排放量大，污染严重的造纸、石油化工和印染等企业，应避免在地表水和地下水上游建厂。

（7）园林绿地系统规划　园林绿地系统是区域生态系统中具有自净能力的组成部分，对于改善生态环境质量、丰富与美化景观有重要的作用。近年来人们对绿地系统的认识已从过去把园林绿化当作单纯供游览观赏和景观装饰，向着改善人类生态环境、促进生态平衡的方向转化，向城乡一体化绿化建设的方向转化；从过去单纯应用观赏植物，向着综合利用各类资源植物的方向转化。因此，城市生态规划应根据区域的功能、性质、自然环境条件与文化历史传统，制定出城市各类绿地的用地指标，选定各项绿地的用地范围，合理安排整个城市生态绿地系统的结构和布局形式，研究维持城市生态平衡的绿量（绿地覆盖率、人均公共绿地等），合理设计群落结构、选配植物，并进行绿化效益的估算。

制定区域生态绿地系统规划，首先必须了解该区域的绿化现状，对绿地系统的结构、布局和绿化指标做出定性和定量的评价。然后按以下步骤进行生态绿地系统规划：①确定绿地系统规划原则；②选择和合理布局各项绿地，确定其位置、性质、范围和面积；③拟订绿地各项定量指标；④对原绿地系统规划进行调整、充实、改造和提高，并提出绿地分期建设及重要修建项目的实施计划，以及划出需要控制和保留的绿化用地；⑤编制绿地系统规划的图样及文件；⑥提出重点绿地规划的示意图和规划方案，如果有需要，可提出重点绿地的设计任务书。

（8）自然资源开发利用与保护规划　在区域建设与经济发展过程中，普遍存在对自然资源的不合理使用和浪费现象，导致了人类面临资源枯竭的危险。因此，区域生态规划应根据国土规划和区域规划的要求，依据社会经济发展趋势和环境保护目标，制定自然资源合理利用与保护的规划。其主要内容包括水资源和土地资源保护规划（包括城镇饮用水源保护规划），生物多样性保护与自然保护区建设规划，区域风景旅游、名胜古迹、人文景观等重点保护对象，确定其性质、类型和保护级别，提出保护要求，划定保护范围，制定保护措施。

（9）制定区域环境管理规划　主要内容有建立和健全区域环境管理组织机构的规划意见，区域范围环境质量常规监测以及重点污染源动态监测的规划意见，区域实施各项环境管理制度的规划设想，区域环境保护投资规划建议等。

任务 2　园林生态设计

园林生态设计是对园林生态规划的实施，根据园林生态的设计原则对园林各类型绿地进行生态设计，最终将其体现在园林植物的生态配置上。

一、园林生态设计的原则

1. 协调、共生原则

协调是指保持园林生态系统中各子系统、各组分、各层次之间相互关系的有序和动态平衡，以保证系统的结构稳定和整体功能的有效发挥。如豆科和禾本科植物、松树与蕨类植物种植在一起能相互协调、促进生长，而松和云杉之间具有对抗性，相互之间产生干扰、竞争、互相排斥。

共生是指不同种生物基于互惠互利关系而共同生活在一起。如豆科植物与根瘤菌的共生、赤杨属植物与放线菌的共生等。这里主要是指园林生态系统中各组分之间的合作共存、互惠互利。园林生态系统的多样性越丰富，其共生的可能性就越大。

2. 生态适应原则

生态适应包括生物对园林环境的适应和园林环境对生物的选择两个方面。因地制宜、适地适树是生态适应原则的具体表现。城市热岛效应、城市风及城市环境污染常改变城市的生态环境，给园林植物的适应带来障碍。因此，在进行园林生态设计时必须考虑这种现状。同时，环境决定园林植物的分布，温暖湿润的热带及亚热带地区，环境适宜，植物种类丰富，可利用的园林植物资源也丰富；而寒冷干旱的北方地区，植物种类明显减少。

某一特定环境，是由多个生态因子共同作用的，但通常会有一两个生态因子起主导作用，故考虑植物适应性时应注意当地的环境条件。如高山植物长年生活在云雾缭绕的环境中，在将其引种到低海拔平地时，空气湿度是存活的主导因子，种在树荫下一般较易成活。

乡土物种是经过与当地环境条件长期的协同进化和自然选择所保留下来的物种，对当地的气候、土壤等环境条件具有良好的适应性。园林生态设计时，应保护和发展乡土物种，限制引用外来物种，使园林生态系统成为乡土物种和乡土生物的栖息地。

3. 种群优化原则

生物种群优化包括种类的优化选择和结构的优化设计两方面。

种类选择除了考虑环境生态适应性以外，还应考虑园林生态系统的多功能特点和对人的有益作用。例如，居民区绿化，应选择对人体健康无害，并对生态环境有较好作用的植物，可适当地使用一些杀菌能力强的芳香植物，以香化环境，增强居住区绿地的生态保健功能。居民区切记不要选择有飞絮、有毒、有刺激性气味的植物，儿童容易触及的区域不要选择带刺的植物。

有针对性地选择具有抗污能力、耐污能力、滞尘能力、杀菌能力强的园林植物，可以降低大气环境的污染物浓度，减少空气中有害菌的含量，达到良好的空气净化效果。例如，可选择樟树、海桐、九里香、大叶黄杨、米兰、松树、栾树、椴树、柑橘、榕树、杧果等作为居住区绿地的绿化树种。

乔、灌、草结合的复层混交群落结构对小气候的调节、减弱噪声、污染物的生物净化均具有良好效果，同时也为各种鸟类、昆虫、小型哺乳动物提供栖息地。在园林生态系统中，如果没有其他的限制条件，应适当地优先发展森林群落。

4. 经济高效原则

园林生态设计必须强调有效地利用有限的土地资源，用量少的投入（人力、物力、财力）来建立健全园林生态系统，促进自然生态过程的发展，满足人们身心健康要求。我国是发展中大国，也是人口大国，土地资源极度紧张，人口压力十分巨大，人均收入居于世界落后水平。又由于近30年经济社会的高速发展，忽视了发展经济与保护环境的辩证关系，乱砍滥伐、侵吞耕地、破坏植被、污染水源的现象频繁出现，不少地方人们的基本生存条件都受到威胁，这样的国情不允许设计高投入的园林绿化系统。例如，园林中大量施用化肥、农药，大量设计喷泉、人工瀑布，大规模应用单一草坪和外来物种，大面积种植花坛植物，清除一切杂草等生态工程都是有悖于经济高效的原则的，因而也是不可行的。

二、园林生态设计的范畴

国家建设部2002年9月1日颁布实施的《城市绿地分类标准》（CJJ/T 85—2002），将城市绿地分为五大类，即公园绿地、生产绿地、防护绿地、附属绿地及其他绿地。园林生态设计主要是根据这五大类型园林绿地的分类标准进行规划设计。

1. 公园绿地的生态设计

公园绿地代码为G_1，它是面向公众开放，以游憩为主要功能，兼具生态、美化、防灾等作用的绿地，包括综合公园、社区公园、专题公园、带状公园及街旁绿地。

公园绿地的植物选择首先要保证其成活，特别是在环境条件相对差的条件下，要选择那些适应性较强、容易成活的种类，大量应用乡土植物，形成鲜明的地方特色。尽可能地增加植物种类，促进生物多样性，丰富园林植物景观，保持景观效果的持续性。避免选用对人体容易造成伤害的种类，如有毒、有刺、有异味、易引起过敏或对人有刺激作用的植物。

公园绿地的植物配置要结合当地的自然地理条件、当地的文化和传统等方面进行合理的配置，尽可能使乔、灌、草、花等合理搭配，使其在保证成活的前提下能进行艺术景观的营造，既能发挥良好的生态效益，又能满足人们对景观欣赏、遮阴、防风、森林浴、日光浴等方面的需求。为此，公园绿地植物的时空配置往往要分区进行，并尽可能增加植物种类和群落结构，利用植物形态、颜色、香味的变化，达到季相变化丰富的景观效果，满足不同小区的功能要求。

2. 生产绿地的生态设计

生产绿地代码为G_2，它是为城市绿化提供苗木、花草、种子的苗圃、花圃和草圃等园圃地。可依据园林生态设计原则，合理选择、搭配苗木生产种类，优化群落结构，提高土地生产力，并适当进行景观营造，美化园圃地。

3. 防护绿地的生态设计

防护绿地代码为G_3，它是城市中具有卫生、隔离和安全防护功能的绿地，包括卫生隔离带、道路防护绿地、城市高压走廊绿带、防风林、城市组团隔离带等，其布局、结构、植物选择一定要有针对性。

例如，卫生隔离带的生态设计，对于烟囱排放的污染源，防护林带要布置在点源污染物地面最大浓度出现的地点，而近地面无组织摊放的污染源，林带可近距离布置，以把污染物限制在尽可能小的范围内。一般林带越高，过滤、净化、降噪、防尘效果越好。乔、灌、草密植的复层混交群落结构降噪效果最为显著，以防尘为目的的林带间隔地带则应大量种植草坪植物，以防降落到地面的尘粒再度被风扬到空中。卫生防护林带的植物一定要选择对有毒气体具有较强的抗性和耐性的乡土植物。

4. 附属绿地的生态设计

附属绿地代码为 G_4，它是城市建设用地中绿地之外各类用地中的附属绿化用地，包括居住用地、公共设施用地、工业用地、仓储用地、对外交通用地、道路广场用地、市政设施用地和特殊用地中的绿地，其生态设计一定要坚持因地制宜的原则，针对性要强。

例如，工厂区防污绿化，树种的选择必须充分考虑植物的抗污能力、耐污能力与净化吸收能力以及对不良环境的适应能力，如油松、侧柏、国槐、栾树、白蜡、木槿、丁香、紫薇等。植物群落结构既不能太密集，又不能太稀疏，污染源区要留出一定空间以利于粉尘或有毒气体的扩散稀释，而在其与清洁区域的过渡地带，则应布置厂区内的防护绿地。

5. 其他绿地的生态设计

其他绿地代码为 G_5，它是对城市生态环境质量、居民休闲生活、城市景观和生物多样性保护有直接影响的绿地，包括风景名胜区、水源保护区、郊野公园、森林公园、自然保护区、风景林地、城市绿化隔离带、野生动植物园、湿地、垃圾填埋场恢复绿地等。

例如，风景名胜区植物种类的选择首先要与风景名胜区的主题或特色相一致，在此基础上，按照具体需求进行植物种类的选择，尽可能选用当地的乡土植物种类，以充分发挥其效应。植物配置则要在保护的前提下，按照具体地段和位置进行，以保证并保护自然景观的完整风貌和人文景观的历史风貌，突出以自然环境为主导的景观特征。

由此可见，园林生态设计的范畴非常广泛，从公园、附属绿地的生态设计，到生产、防护绿地的生态设计，以及风景名胜区、自然保护区、城市绿化隔离带、湿地、垃圾填埋场恢复绿地的生态设计等均可纳入园林生态规划与设计的范畴。其功能用途不同，生态设计重点自然也应有所区别。

任务3　园林生态规划与设计实例

一、广东中山城市景观生态规划

1. 引言

景观是一系列生态系统或不同土地利用方式的镶嵌体。在这一景观镶嵌体中发生着一系列的生态过程。从内容上来分，有生物过程、非生物过程和人文过程。从空间上分，景观中的这些过程可分为垂直过程和水平过程。

在尊重生态过程的前提下进行景观和城市规划是生态规划的核心。生态规划要特别注意到传统的城市与景观规划中功能分区方法的不足，而提出土地利用应体现土地本身的内在价值，这种内在价值是由自然过程所决定的。即自然的地质、土壤、水文、植物、动物和基于这些自然因子层的文化历史，决定了某一地段应适合于某种用途。

然而，生态规划的“千层饼”模式忽视了景观中的水平生态过程，“千层饼”生态规划模式只能反映类似从地质—水文—土壤—植被—动物—人类活动这样某个单一单元之内的生态过程与景观元素分布及土地利用之间的关系，它很难反映水平生态过程与景观格局之间的关系，如风、水、土的流动，动物的空间运动及人的流动，灾害过程如城市火灾的扩散过程与景观格局之间的关系。

岛屿生态学和景观生态学都有大量的科学观察证明，维护自然与景观格局连续性对人类

生态环境可持续性的意义。此外，自然景观格局的连续性还有更广的意义，包括人类的景观体验及其认知学的意义。

2. 中山市城市景观生态过程与格局的连续性

（1）景观格局现状　经过多年的努力，中山市已形成了良好的景观，集中体现在以下几个方面：

1）在区域范围内，普遍的土地绿化，使中山市有了一个良好的整体生态景观背景，即郊野景观基质。

2）在城区范围内，已建成了多个面积可观的公园绿地，包括紫马岭公园、孙文公园等。这些新建的公园绿地加上原有的城中山丘绿地，形成了颇有中山市特色的城中绿岛景观。

3）社区绿地、各类专有绿地、街头公共绿地星罗棋布，设计讲究、管理精细。

4）道路街道绿化质量较高。未来中山市欲求城市景观上的长足发展，应努力克服以下几方面的景观缺陷：

① 城区内外景观生态过程与格局上缺乏连续，城区与区域景观尚未成为有机的整体。特别是在城市边缘带，自然景观生态过程和格局得不到应有的尊重。

② 城区各绿地斑块之间缺乏联系，如中山公园和西山公园等均被建筑物所包围，没有绿色的生命廊道与外界相连。

③ 一些重要的自然过程与景观格局联系通道没有得到很好的维护和利用，包括水系廊道等。所以，中山市未来景观改进之重点方向应在于加强景观生态过程与格局的连续性。

（2）加强中山市景观生态过程与格局连续性的几个关键途径　在现有景观格局基础上，中山市可望通过以下几方面改善城区景观生态过程和格局的连续性。

1）建立水系廊道网络。首先，市政府提出的打通岐江两岸，建设绿化带的决定是明智的，它将使中山市区城市景观大大改善，造福市民。有必要强调指出的是，这一绿色廊道在规划设计时应特别注重多种功能，除了作为文化和休闲娱乐走廊外，最重要的是它应作为自然过程的连续通道来设计，切忌过于精雕细刻，而应把南部和西南部郊野景观引入城市，并使之成为中山城区南北部郊野景观的一个联系廊道，使生物跨越城市而运动成为可能，使被城区割断的自然通道重新打开，也使市区腹地居民有机会接触自然。

除了岐江两岸外，建议对以下四支自然河流及排洪水系进行治理。即城东的起湾道排洪渠；城西的西河；城南的白石涌；城北员峰山下的排洪渠，其西与石岐河接，东可与起湾道排洪渠打通。这四支水系与石岐河相贯通，使以水流为主体的自然生态流畅通连续，在景观上形成以水系为主体的“中”字形绿色廊道网络。在这些水系支流的治理中，应注意以下几个方面，否则，不利于上述理想连续景观格局的形成。

① 慎明渠转暗。在治理易于污染的城区，明渠的简单做法是将其覆盖，明渠转暗，从一定意义上讲这对改善城市卫生面貌有一定的益处。但在盖去明渠的同时，也埋葬了一种城里人能体验到的自然的过程。西方发达国家在经历了几十年填埋排水渠的历史之后，已开始回味明渠的意义，并重新考虑明渠的设计，它将成为城市难得之景观。起湾道排洪渠的南段已覆盖，而北段尚为明渠，建议不再覆盖。在可能的情况下打通已覆盖的暗渠，使之与现有明渠连为一体。

② 节制使用工程措施，还水道以自然本色。目前，国内对城市河渠的工程处理基本上

都是水泥衬底和驳岸，裁弯取直，这似乎对排洪排污有效，但实际上这种工程措施是落后的。目前，国际先进国家已普遍反对河道治理的这种工程措施，包括美国洛杉矶河流治理，都强调还河道以自然本色。拓宽河道使之成为一个水—湿地—旱地生境系列综合体，节制地使用钢筋水泥，至少有以下几大好处：

第一，减少了工程投资。

第二，利用自然的生态过程净化污水。

第三，维护城市中难得的自然生境。使垂直的和水平的生态过程得以延续，即可以成为自然水生、湿生和旱生生物的栖息地，也是联系城市各自然栖息地斑块以及与城郊自然基质间的生物廊道。

③ 治理污染，引注清水。除西河外，上述几个水系都已遭严重污染，主要是由城市生活污水排入其中所造成的。应设排污管将污水分别处理，同时沟通水系，引注自然清水，使污水河成为清溪。结合两岸绿化带，使河道两侧成为人们消暑纳凉、闻花香听鸟语之好去处，此也是中山市人民之理想。

2）连接城中残遗斑块。中山市城区目前保留有多个山丘，其成为建成环境中的自然残遗斑块，并陆续成为公园绿地。这些绿色斑块像是城市海洋中的孤岛，相互之间缺乏联系，与城外自然丘陵山地也没有结构和功能上的联系，建立这些联系是中山市整体景观可望发生重大改观的一个突破点。

建立这种景观联系，可以通过以下几个方面来实现：

① 水系廊道连接城中绿色斑块。以上述水系网络结构为联系，将城中孤立斑块连为一体，形成一种串珠式结构，这就要求城市扩展和旧城改造过程中有意识地留出绿化用地，以保持山体与水系之间的空间联系，这种空间联系是山、水景观元素之间自然过程的必然（如水源于山泉），也为生物提供了一个连续空间。许多生物需要两个以上生物一起生存，孤立的山丘就很难满足这些生物的生存，城中自然就失去鸟语花香的生物景观之美。目前景观格局下，通过较少的改造就可使员峰山与北部水系相连；葫芦山、莲峰山与东部排洪渠绿带相连；紫马岭、孙文纪念公园及筹建中的体育公园与白石涌相连。这样，基本上构成城区山水相连的整体景观格局。通过水系还可以将城中孤峰与郊野整体自然山水基质建立联系。

② 城区街道绿化作为联系通道。目前城中绿色孤岛与主要街道绿化带缺乏空间联系，如烟墩与城区主要绿化的街道包括孙文西路、光明路等，仅有几十米之隔，却被建筑物团团围住，缺乏绿色的连接通道。绿色被迫退缩到一个令人窒息的极小范围内。应有意识地设计这些绿色斑块与主要街道绿地的联系廊道，并通过主要街道绿地将城区各孤立斑块联为一体。如通过湖滨路可以有意识地将员峰山、逸仙湖和烟墩联为一体，通过延龄路和莲塘路，又可把莲峰山一带与上述绿地系统联为一体。

这在旧城区改造中显得尤为重要。旧城区融合了中山市城市历史的各种文化现象，如建筑、习俗，形成了中山市独特的传统文化景观，在旧城区改造中应审慎地加以保护，使之成为中山市有独特吸引力的一部分。但旧城区的道路、建筑缺乏适于现代化城市发展所需要的合理的规划，其街道狭窄、绿地空间缺乏。应该在保持旧城区原有的文化景观风貌的基础上，扩展旧城区内部的绿地，并通过道路和水系廊道建立旧城区与周围的生态联系。通过改造，使旧城区传统的文化景观和自然生态都得以保持和恢复。

③ 从整体景观格局出发开辟新绿地。建立城市景观生态连续体还可以通过有意识地增

设园林绿地来实现，这需要规划师和城市建设决策者从整体景观格局出发，在关键性的局部和连接点投子，使城市景观格局形成一盘活棋。在中山市有许多这样的关键性部位，经过全面分析可作为新建绿地的部位，这对全局景观会有重要影响。

④ 未雨绸缪，在城市扩展中维护景观生态过程与格局的连续性。在城市扩展过程中，应把维护景观生态过程与格局的连续性作为城市规划的主要内容。尤其应注重城市边缘带的土地利用格局。这就需要分析景观生态过程，通过其动态和趋势的模拟来判别对维护景观生态过程具有重要战略意义的景观局部、位置和空间联系，即景观生态安全格局。中山市城区在向东南山地扩展中尤其应注意山地与水系的连续性和完整性。

作为总结，景观生态过程与格局的连续性是现代城市生态健康与安全的重要指标。像中山市这样的园林绿化和城市建设先进城市，下一个目标应该是什么？不应该仅仅增加一两个公园或美化一两条街道，而应把城市放在区域的整体景观基质中，设计城市的景观格局，使之成为区域整体景观生态过程与格局的有机组成部分。

二、浙江黄岩永宁江河流再生设计

1. 概述

永宁公园位于永宁江右岸，总用地面积约为21.3hm^2。永宁江孕育了黄岩的自然与人文特色，堪称山灵水秀，自古以来为道教圣地，鱼米丰饶，盛产黄岩蜜橘；现代则有“小狗经济”之源、模具之乡等美誉。然而，近几十年来，人们并没有善待这条河流。由于人为的干扰，特别是河道硬化和渠化，导致河流动力过程的改变和恶化，水质污染严重，河流形态改变，两岸植被和生物栖息地被破坏，休闲价值损毁。永宁江公园对黄岩的自然、社会和文化有很多的意义。如何延续其自然和人文过程，让生态服务功能与历史文化的信息继续随河水流淌，是设计的主要目标。

2. 设计战略

为实现此目标，永宁江公园方案提出以下6大景观战略，具体介绍如下：

(1) 保护和恢复河流的自然形态，停止河道渠化工程　设计开展之初，永宁江河道正在进行裁弯取直和水泥护堤工程，高直生硬的防洪堤及水泥河道已吞噬了场地1/3的滨江岸线（图8-2）。实现设计目标的关键是能否立即停止正在进行的河道渠化工程。考察完场地后，设计组即向当局最高领导提出了停止工程的建议，并向有关人员进行了一次系统的生态防洪和生物护堤的介绍，列出河道渠化的害处。最终使当局认同了生态设计的理念，并通过行政途径停止了“水利工程”。

图8-2　滨江沿线

接着，进行了流域的洪水过程分析，得出洪水过程的景观安全格局，提出通过建立流域的湿地系统，来与洪水为友，把洪水作为资源而不是敌人。

在此前提下，用3种方式改造已经硬化的防洪堤：

1）保留原有水泥防洪堤基础，在保证河道过水量不变的前提下，退后防洪堤顶路面，将原来的垂直堤岸护坡改造成种植池，并在堤脚面一侧铺设亲水木板平台。

2）保留原有水泥防洪堤基础，在保证河道过水量不变的前提下，放缓堤岸护坡，退后防洪堤顶路面，将原来的垂直堤岸护坡堆土，改造成种植区，并在堤脚铺设卵石，形成亲水界面。

3）保留原有水泥防洪堤基础，在保证河道过水量不变的前提下，放缓堤岸护坡，退后防洪堤顶路面，全部恢复土堤，并进行种植。

三种软化江堤的改造方式由东向西逐渐推进，与人的使用强度和城市化强度的渐变趋势相一致。

剩余的西部江堤设计是在没有经过渠化的江堤上进行的，方式如下：

4）根据新的防洪过水量要求，保留江岸的沙洲和苇丛作为防风浪的屏障物，并保留和恢复滨水带的湿地；完全用土来做堤，并放缓堤岸护坡至 1∶3 以下；部分地段扩大浅水滩地，形成滞流区或人工湿地、浅滩，为鱼类和多种水生生物提供栖息地、繁育环境和洪水期间的庇护所；进行河床处理，造成深槽和浅滩，在形成的鱼礁坡上种植乡土物种，形成人可以接近江水的界面。

江堤的设计改变了通常单一标高和横断面的做法，而是结合起伏多变的地形，形成亦堤亦丘的多标高和多种断面的设计，形成丰富的景观感受（图 8-3、图 8-4）。

图 8-3　恢复后的堤外生态湿地

图 8-4　当地乡土茅草作为固堤材料，成为颇受欢迎的自然游憩地

（2）一个内河湿地，形成生态化的旱涝调节系统和乡土生境　本公园设计的第二大特点，是在防洪堤的外侧营建了一块带状的内河湿地。它平行于江面，而水位标高在江面之

上，旱季则开启公园东端的西江闸，补充来自西江的清水，雨季可关闭西江闸，使内河湿地成为滞洪区。尽管公园的内河湿地只有 2hm^2 左右，相对于永宁流域的防洪、滞洪来说，无异于杯水车薪，但如果沿江能形成连续的湿地系统，必将形成一个区域性的、生态化的旱涝调节系统。

这样一个内河湿地系统为乡土物种提供了一个栖息地，同时创造了丰富的生物景观，为休闲活动提供场所（图 8-5）。

图 8-5　内河湿地

（3）一个由大量乡土物种构成的景观基底　应用乡土物种形成绿化基底，整个绿地系统平行于永宁江分布如下几种植被类型：

1）河漫滩湿地，在一年一遇的水位线以下，由丰富多样的乡土水生和湿生植物构成，包括芦苇、菖蒲、千屈菜等。

2）河滨芒草种群，在一年一遇的水位线与五年一遇的水位线之间，用当地的九节芒构成单优势种群，它是巩固土堤的优良草本，场地内原有大量九节芒杂乱无章地分布，可进入性较差。经过设计的芒草种群疏密有致，形成安全而充满野趣的空间。

3）江堤疏树草地，在五年一遇的水位线和 20 年一遇的水位线之间，用当地的狗牙根作为地被草种，上面点缀乌柏等乡土乔木，形成一条观景和驻足休憩的边界场所，在其间设置一些座椅和平台广场。

4）堤顶行道树，结合堤顶道路，种植行道树。

5）堤内密林带，结合地形，由竹林、乌桕、无患子、桂花等乡土树种，构成密林，分割出堤内和堤外两个体验空间：堤外面向永宁江，是个外向型空间；堤内围绕内河湿地形成一个内敛式的半封闭空间。

6）内河湿地，由观赏性较好的乡土湿生植物构成，如睡莲、荷花、菖蒲、千屈菜等。

7）滨河疏林草地，沿内河两侧分布，给使用者一个观赏内湖湿地和驻足休憩的边界场所。

8）公园边界，在公园的西边界和北边界，繁忙的公路给公园环境带来不利的影响，为减少干扰，设计了用香樟等树种构成的浓密的边界林带，使公园有一个安静的环境。

（4）水杉方阵，平凡的纪念　水杉是一种非常普通而不被当地人关注的树种，它们或孤独地伫立在水稻田埂之上，或排列在泥泞不堪的乡间机耕旁，或成片分布于沼泽湿地和污水横流的垃圾粪坑边。本设计通过方格网状分布的树阵，在一个自然的乡土植被景观背景之上，将这种平凡的树按 5 棵 ×5 棵种在一个方台上，给它们一个纪念性的场所，重显高贵典雅。树阵或漂于水上，或落入繁茂的湿生植物之中，或嵌入草地，无论身处何地，独特的水杉个性都会显露无遗。

（5）景观盒，最少量的设计　在自然化的地形和林地以及乡土植物所构成的基底之上，分布了8个25m^{2}的景观盒。它们是公园绿色背景上的方格点阵体系，融合在自然之中，构成了“自然中的城市”肌理。同时，野生的芦苇、水草、茅草等自然元素也渗透进入盒子，使体现人文和城市的盒子与自然达到一种交融互含的状态。这些盒子由墙、网或柱构成，以最简单的方式，给人以三维空间的体验（图8-6、图8-7）。

图8-6　景观盒与乡土野草

图8-7　景观盒与黄岩石

相对于中国古典园林中的亭子，景观盒同样具有借景、观景、点景等功能，但亭子的符号意义是外向的，而盒子的符号意义是内敛的。因此，通过景观盒，体验的是“大中见小”和“粗中见细”，相悖于中国传统园林中的“小中见大”。现代城市公园和自然地的大尺度和非精致，要求用对比的手法来营造小空间和精致感，这就是采用景观盒的主要原因。

空间本身是带有含义的，盒子的尺度、色彩和材料，以及盒子中的微景观设计，都传达了这种含义。它在两个层面上被赋予含义，第一个层面是直觉的、建立在人类生物基因上的、先天的，是通过空间和构成空间的物理刺激所传达的；第二个是文化层面的，可以通过文字和文化的符号传达。这两层含义都是本公园的设计者想通过盒子来传达的。

在第一个层面上，盒子给人一种穿越感和在自然背景中对“人”的定义和定位。面对盒子，挑战和危险同时存在，由此产生美感：远望盒子时，它具有吸引人前往的诱惑力，因为里面潜藏着一个未知的世界，即所谓的可探索性或神秘性，另一个指标是可解性，当人接近盒子时，这种可探索性和神秘性会急剧增强，并伴随着产生危险感，唤起紧张和不安的情绪；而当突然跨入只有一墙之隔的盒子内的时候，一个外在者变成了内在者，探索者变成了盒子的拥有者和捍卫者，盒子变成了“领地”。这种“神秘—危险—安宁”的变化，是盒子的穿越美感的本源。当然，作为公共场所，“危险”感的创造是以实际上的安全保障为基础的。所以，盒子的选址都在主要人流交通道路边或由道路穿越。

在第二个层面上，作为一种尝试，设计者希望通过盒子来传达地域特色和文化精神。因此，8个盒子被赋予8个主题，它们分别被称为：山水间、石之容、稻之孚、橘之方、渔之纲、道之羽、武之林、金之坊。

实际上，这种文化含义是否能被理解并不重要，重要的是各个盒子因此而有不同的形式和产生不同的体验，并显示了设计和文化的存在。从这个意义上说，盒子就像黄岩盛产的模具，人一旦穿越了一个盒子，就接受了某种塑造人的信息或符号，它将永远地附着在人脑中，成为塑造其未来状态的一种元素。

（6）延续城市的道路肌理，最便捷地实现公园的服务功能　公园是为市民提供生态服务的场所，因此，公园不应该是封闭式的，而应该为居民提供最便捷的进入方式。为此，公园的路网设计是城市路网的延伸，当然公园的边界以内机动车是不允许进入的。直线式的便捷通道穿过密林成为甬道，越过湖面湿地成为栈桥，穿越水杉树阵成为虚门，穿越盒子成为实门，并一直延伸到永宁江边，无论是游玩者还是行路者，都可以获得穿越空间的畅快和丰富的景观体验（图 8-8、图 8-9、图 8-10）。

图 8-8　柱阵与乡土野草

图 8-9　公园中的竹径

图 8-10　公园中的水杉阵

3. 结语

永宁公园于 2003 年 5 月正式建成开园，由于大量应用乡土植物，在短短的一年多时间内，公园就呈现出生机勃勃的景象。设计之初的设想和目标已基本实现，2004 年夏天还经受了 25 年来最严重的台风破坏，也很快得到了恢复。作为生态基础设施的一个重要节点和示范地，永宁公园的生态服务功能在以下几个方面得到了充分的体现：

（1）自然过程的保护和恢复　长达 2km 的永宁江水岸恢复了自然形态，沿岸湿地系统得到了恢复和完善；形成了一条内河湿地系统，对流域的防洪、滞洪起到积极作用。

（2）生物过程的保护和促进　保留滨水带的芦苇、菖蒲等种群，大量应用乡土物种进行河堤的防护，在滨江地带形成了多样化的生境系统。整个公园的绿地面积达到 75%，初步形成了物种丰富多样的生物群落。

（3）人文过程　为广大市民提供了一个富有特色的休闲环境。无论是在江滨的芒草丛中，还是在横跨内河湿地的栈桥之上，或是在野草掩映的景观盒中，都可以看到男女老幼在

快乐地享受着公园的美景和自然的服务；远山被引入公园中的美术馆，黄岩的历史和故事不经意间在公园中传咏着、解释着；不曾被注意的乡土野草突然间显示出无比的魅力，一种关于自然和环境的新的伦理犹如润物无声的春风细雨在参观者的心中孕育；爱护脚下的每一种野草，它们是美的；借着共同的自然和乡土的事与物，更便于人和人之间的交流。

永宁公园通过对生态基础设施关键地段的设计，改善和促进了自然系统的生态服务功能，同时让城市居民能充分享受到这些服务。

实训7 城市河道两侧或住宅区、工业区等的园林生态设计

一、实训目标

通过给定地段的综合生态因子分析和群落配置设计，使学生掌握不同园林植物种类的生物学特性、生态学特性以及园林植物对生态环境的适应。

二、仪器设备

给定地段的平面图、生境条件及相关背景资料、2号图纸（594mm×420mm）、铅笔、橡皮、比例尺、丁字尺等。

三、实训过程

根据园林生态规划和园林生态设计要求进行园林植物的群落配置设计，绘制平面图。

1）教师布置任务。根据给定地段的平面图和生境条件进行讲解、分析，现场调查，掌握具体情况。

2）学生分组，每组5人。学生以团队为单位进行群落配置设计，要求学生讨论完成，要考虑设计原则、设计的要求、植物种类的选择方法、群落的结构等。

3）形成平面图。学生以团队为单位，每个团队形成一个设计图，附有设计说明。

4）汇报。学生以团队为单位进行汇报，方案交流。

5）教师点评。教师根据学生的设计作品进行点评，包括设计中的亮点、错误运用等，同时，对本项目内容进行总结分析，使学生进一步掌握相关知识。

知识归纳

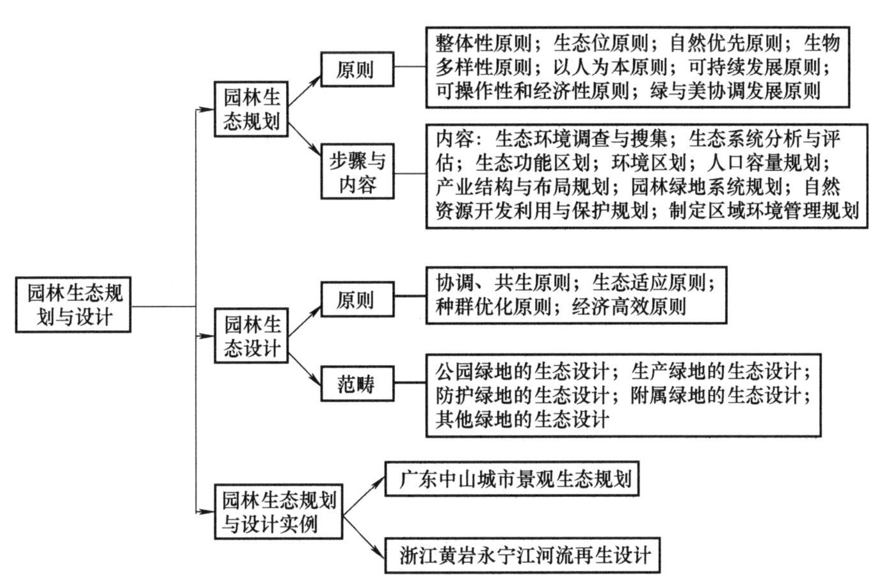

习题

一、单项选择题

1. 下列不属于生态规划原则是的（　　）

A. 自然优先　　B. 和谐原则　　C. 多样性原则　　D. 可持续发展原则

2. 下列符合园林生态规划原则中的生态位原则的是（　　）

A. 尽可能多的选择物种　　B. 选配生态位重叠较少的物种

C. 选配生态位重叠较多的物种　　D. 增大种植密度

3. 下列那个树种不适宜应用到居住区绿化（　　）

A. 国槐　　B. 夹竹桃　　C. 榆叶梅　　D. 云杉

4. 下列哪项不是园林生态设计的原则（　　）

A. 种群优化原则　　B. 生态适应原则　　C. 以人为本原则　　D. 经济高效原则

二、多项选择题

1. 下列属于园林生态规划原则的是（　　）

A. 整体性原则　　B. 以人为本原则　　C. 自然优先原则　　D. 生态位原则

2. 园林绿地系统具备哪些功能（　　）

A. 维持生物多样性　　B. 吸污滞尘　　C. 生态系统维持　　D. 杀菌减噪

3. 下列哪些树种适合工厂区绿化（　　）

A. 皂荚　　B. 圆柏　　C. 臭椿　　D. 紫穗槐

4. 下列树种属于花灌木又可用于厂区绿化的是（　　）

A. 紫薇　　B. 榆叶梅　　C. 女贞　　D. 侧柏

三、简答题

1. 简述园林生态规划的原则。
2. 简述园林生态规划的步骤及内容。
3. 简述园林生态设计的原则。
4. 简述园林生态设计的范畴。
5. 以校园为例，进行实地调查、分析，形成调查分析报告。

项目9 园林生态系统评价与可持续发展

知识目标

- 了解生态系统评价指标体系建立的原则。
- 掌握园林生态系统健康的具体评价标准。
- 掌握园林生态系统健康评价的四个方向。
- 掌握园林生态系统健康评价的等级。

能力目标

- 能根据提高园林生态系统健康水平的原则来设计生态园林。
- 能熟练运用园林可持续发展的技术体系。

园林生态系统作为一个特殊的生态系统，是城市生态系统的重要组成部分，既是城市生态系统的初级生产者，也是城市生态平衡的调控者，受人类的影响最大，人类对其的投入也相当大。因而在人类投入大量资金和人才的同时，如何确保园林生态系统的健康、更好地发挥其服务功能和实现可持续发展是当今园林规划设计中必须要解决的问题。

任务1 园林生态系统评价

一、园林生态系统状态评价

生态系统状态在当代生态系统管理中很重要。一个健康的生态系统将不受“生态系统胁迫综合症”的影响，能够自我维持、提供一系列的服务，如贮存水分、生产生物资源等。众多的学者对生态系统状态给出了不同的定义，在这些定义中包括生态系统生理、人类健康、社会经济、伦理道德等方面。许多定义是基于胁迫对生态系统健康影响的基础之上，强调胁迫的时空累积性，而有些则基于自我压力，强调其与特殊胁迫有关的风险。还有一些人用“健康”以外的术语如“整合性”来评价在胁迫状态下的生态系统变化。

Costanza这样定义生态系统健康：如果一个生态系统是稳定和持续的，也就是说，它是活跃的，能够维持它的组织结构，并能够在一段时间后自动从胁迫状态恢复过来的话，这个生态系统就是健康的和不受胁迫综合症的影响，并把生态系统健康概念归纳如下：健康是生态内的稳定现象；健康是没有疾病的；健康是多样性或复杂性的；健康是稳定性或可恢复性的；健康是有活力或增长的空间；健康是系统要素间的平衡。他强调生态系统健康恰当的定义应当是将上面6个方面结合起来。

总之，生态系统健康是一门研究人类活动、社会组织、自然系统的综合性科学。其具有以下特征：①不受对生态系统有严重危害的生态系统胁迫综合症的影响；②具有恢复力，能够从自然的或人为的正常干扰中恢复过来；③健康是系统的自动平衡，即在没有或几乎没有投入的情况下，具有自我维持能力；④不影响相邻系统，也就是说，健康的生态系统不会对别的系统造成压力；⑤不受风险因素的影响；⑥在经济上可行；⑦维持人类和其他有机群落的健康，生态系统不仅是生态学的健康，而且还包括经济学的健康和人类的健康。

生态系统健康的概念可以扩展到园林生态系统。健康的园林生态系统不仅意味着提供人类服务的自然环境和人工环境组成的生态系统的健康和完整，也包括城市人群的健康和社会健康，为城市生态系统健康的可持续发展提供必要条件。因此，了解园林生态系统的健康状况，找出其胁迫因子，提出维护与保持园林生态系统健康状态的管理措施和途径是非常必要的。

1. 评价指标体系建立原则

在建立生态系统健康评价指标体系之前，应该确定指标选择原则。生态系统健康评价指标涉及多学科、多领域，因而种类项目繁多，指标筛选必须达到3个目标：一是指标体系能够完整准确地反映生态系统健康状况，能够提供现代的代表性图案；二是对生态系统的生物物理状况和人类胁迫进行监测，寻求自然压力、人为压力与生态系统健康变化之间的联系，并探求生态系统健康衰退的原因；三是定期地为政府决策、科研及公众要求等提供生态系统健康现状、变化趋势的统计总结和解释报告。园林生态系统在人类的干扰和压力下表现出整体性、有限性、不可逆性、隐显性、持续性和灾害放大性等重要特征。生态系统健康指标体现生态系统的特征，反映区域生态系统健康变化的总体趋势，指标选择的原则概括如下：

（1）科学性原则　任何生态系统健康评价的指标体系必须能真实反映园林生态系统的健康状况，能准确反映评价目标与指标之间的关系，指标体系要大小适宜，要保证评价结果的真实性和客观性。

（2）动态性和稳定性原则　园林生态系统的发展不是一成不变的，客观上指标体系需要具有动态性，要能够适应不同时期园林生态系统的发展特点，在动态的过程中描述园林生态系统健康状况，即不仅要反映园林生态系统健康的现状，还要能对未来的健康状况进行预测。园林生态系统总是随着时间的变化而变化，并与周围环境及生态过程密切联系。生物内部之间、生物与周围环境之间相互联系，使整个系统有畅通的输入、输出过程，并维持一定范围的需求平衡。

（3）层次性原则　即根据评价需要和园林生态系统的复杂性，鉴于科学分析，将指标体系分解为若干层次结构，使指标体系合理、清晰，便于分析，这也是运用层次分析法进行量化的基础。因此，指标体系通常由3~4层构成，越往上，指标越综合；越往下，指标越具体。

（4）可操作性和简明性原则　指标体系应建立在科学的基础上且尽可能简单的前提下，选择易于获取、易于计算的指标，且有足够的数据量。指标的数据采集应尽量节省成本，用

最小的投入获得最大的信息量。纯粹理论意义上的指标体系是毫无意义的，是否选取实用的指标对该指标体系能否推广具有重要的影响。评价指标的选择要考虑我国的经济发展水平，无论从人力还是物力上，均要符合我国现有生产力水平，同时还要考虑各技术部门的技术能力。为保证评价指标的准确性和完整性，指标要可测量，数据要便于统计和计算，有足够的数据量。

（5）系统全面性和整体性原则　任何生态环境问题都不是孤立存在的，生态系统内部和系统与系统之间相互联系、相互影响。当说明这些问题时，必须从生物、物理、社会经济和人类健康等方面综合考虑。而园林生态系统健康指标应能体现区域内社会、经济、资源、环境、生物等各个方面的基本特征，全面反映生态系统的服务功能。园林生态系统健康评价的指标体系覆盖面要广，能够最大限度地反映园林生态系统健康的状况。

（6）可比性原则　生态系统健康评价是一项长期工作，所获取的数据和资料无论在时间上还是空间上，都应具有可比性。因此，所采用指标的内容和方法都应做到统一和规范，不仅能对某一生态系统进行评价，而且要适合不同地域、不同时间尺度的生态系统间的健康状况比较。

（7）多样性原则　园林生态系统结构的复杂性和生物多样性对生态系统至关重要，它是生态系统适应环境变化的基础，也是生态系统稳定和功能优化的基础。维护生物多样性是园林生态系统评价中的重要组成部分。

（8）可接受性原则　应使指标体系中的各项指标能为大多数人理解或接受，尤其是比较重要的指标。

（9）人类是生态系统的组成原则　人类是园林生态系统中的重要组成部分，人类的社会实践对园林生态系统影响巨大。

（10）定性与定量相结合原则　指标体系要将定性与定量相结合，以定量评价指标为主，但考虑到指标体系涉及面广，描述现象复杂，无法做到直接量化，必然要采用一些具有主观评价的定性指标。

2. 园林生态系统健康的具体评价标准

在生态系统健康提出之后，评价标准一直是生态系统健康评价最困难的问题之一。Schaeffe 和 Cox 提出了生态系统功能的阈值，认为人类对环境资源的开发利用和社会经济的发展不能超过此阈值。目前，在具体操作中，所谓健康的生态系统，就是未受人类干扰的生态系统，即在同一生物地理区系内寻找同一生态类型的未受或者少受人类干扰的系统。但在当今人类足迹几乎遍及生物圈各个角落的前提下，这恐怕是难以做到的。另外一条途径是从被评价系统的历史资料中获得在较少受到人类干扰条件下的状态描述，作为健康参照系。然而这种方法仍然是有缺陷的，一是在具有该历史资料的时期，被评价系统是否已受到一定程度的影响难以确定；二是这种历史资料的获得往往是有限的。总之，如何建立一个更合理的评价标准和参照系仍需要大量的工作，并有待于从新的角度开拓思路。

Calow 则认为生态系统不存在健康标准，即最佳状态。Rapport 承认最优化概念在生态系统水平无效，但健康的生态系统可以定义为长期的持续性，但不是一般控制论意义上的稳定状态。生态系统健康标准可以通过这些状态特征和过程来确定，通过将原始和受损生态系统特征的研究相结合而完成。实际上，生态系统本身不存在健康与否的问题，之所以关注生态

系统健康是因为生态系统只有处于良好状态才能为人类提供各种服务功能。说到底，生态系统健康标准是一个人类标准。

上面谈的是一般的自然生态系统健康标准问题，而关于园林生态系统健康的标准，因园林生态系统自身就是受人类活动改造和影响的人工生态系统，所以不能依据上述自然生态系统健康标准（未受人类干扰的生态系统即为健康的生态系统）来类推认定园林生态系统健康标准。

为了对园林生态系统健康与否做出准确的评价，必须根据园林生态系统健康的概念来制定相应的标准，并围绕这个标准派生出各种健康状态。绝对健康的生态系统是不存在的，健康是一种相对的状态，它表示生态系统所处的状态。任海等总结出生态系统健康的标准主要包括活力、恢复力、组织、生态系统服务功能的维持、管理选择、外部输入减少、对邻近生态系统的影响及人类健康影响 8 个方面，作为园林生态系统健康的评估，最重要的是活力、恢复力、组织及生态系统服务功能的维持、人类健康 5 个方面。

（1）活力　活力是指能量或活动性，即生态系统的能量输入和营养循环容量，具体指生态系统的初级生产力和物质循环。在一定范围内生态系统的能量输入越多，物质循环越快，活力就越高，但这并不意味着能量输入多、物质循环快的生态系统更健康，尤其对水生生态系统来说，高能量输入可导致富营养化效应。

（2）恢复力　恢复力为自然干扰的恢复速率和生态系统对自然干扰的抵抗力，即胁迫消失，系统克服压力及反弹恢复的容量，具体指标为自然干扰的恢复速率和生态系统对自然干扰的抵抗力，一般认为受胁迫生态系统的恢复力弱于不受胁迫生态系统的恢复力。

（3）组织结构　组织结构即系统的复杂性，可以用生态系统组分间相互作用的多样性及数量、生态系统结构层次多样性、生态系统内部的生物多样性等来评价。一般情况下，生态系统的稳定性越高，系统就越趋于稳定和健康。但在很多特殊情况下，如外来物种的侵入在生态系统物种数增加的同时，使系统的稳定性降低，严重的时候甚至会导致系统的崩溃。这一特征会随生态系统的次生演替而发生变化和作用。具体指标为生态系统中对策种与非对策种的比率，短命种与长命种的比率，外来种与乡土种的比率、共生程度，乡土种的消亡等。一般认为，生态系统的组织能力越复杂生态系统就越健康。

（4）生态系统服务功能的维持　这是人类评价生态系统健康的一条重要标准。生态系统服务功能是指生态系统与生态过程所形成及所维持的人类赖以生存的自然环境条件与效用。Costanza 等将生态系统的商品和服务统称为生态系统服务，将生态系统服务分为气体调节、气候调节、水调节、控制侵蚀和保持沉淀物、土壤形成、食物生产、原材料、基因资源、休闲、文化等 17 个类型。生态系统服务功能一般是指对人类有益的方面，一般包括有机质的合成与生产、生物多样性的产生与维持、调节气候、营养物质储存与循环、环境净化与有毒有害物质的降解、植物花粉的传播与种子的扩散、有害生物的控制、减轻自然灾害、降低噪声、遗传、防洪抗旱等，不健康的生态系统的上述服务功能的质和量均会减少。

（5）管理选择　健康生态系统可用于收获可更新资源、旅游、保护水源等各种用途和管理，退化的或不健康的生态系统不具有多种用途和管理选择，而仅能发挥某一方面功能。例如，许多半干旱的草原生态系统曾经在畜牧放养方面发挥很重要的作用，同时由于植被的缓冲作用又会起到减少水土流失的功能；但由于过度放牧，这样的景观大多退化为灌木或沙

丘，不再能承载像过去那样的牲畜量。

(6) 外部输入减少　健康的生态系统为维持其生产力所需的外部投入或输入很少或没有。因此，生态健康的指标之一是通过减少外部额外的物质和能量的投入来维持其生产力。一个健康的生态系统具有尽量减少每单位产出的投入量（至少是不增加）、不增加人类健康的风险等特征，所有被管理的生态系统依赖于外部输入。健康的生态系统对外部输入（如肥料、农药等）会大量减少。

(7) 对邻近系统的破坏　许多生态系统是以别的系统为代价来维持自身系统的发展的。健康的生态系统在运行过程中对邻近系统的破坏为零，而不健康的系统会对相连的系统产生破坏作用，如废弃物排放、农田流失（包括养分、有毒物质、悬浮物）等进入相邻系统都造成了胁迫因素的扩散，增加了人类健康风险等。

(8) 对人类健康的影响　生态系统的变化可通过多种途径影响人类健康，人类的健康本身可作为生态系统的健康的直接反映。与人类相关且对人类不良影响小的生态系统为健康的生态系统，其有能力维持人类的健康。

3. 园林生态系统健康评价的四个方向

对园林生态系统健康的综合评价可以从四个方面入手：生物学范畴、社会经济范畴、人类健康范畴、社会公共政策范畴。这四方面应综合在一起构成一个完整的体系。对园林生态系统的健康评价，既要从个体角度独立分析，也要对整体进行综合评价。

(1) 生物学范畴　从生物学角度评价园林生态系统健康涉及物质循环、能量流动、生物多样性、有毒物质的循环与隔离、生物栖息地的多样性等方面。特别是生态系统失调症状的表现，如初级生产力下降、生物多样性减少、短命的生物种群增多及疾病暴发率上升等。1993 年，美国林务署与环保局合作，实施长期的全国森林健康监测计划，该计划以标准的森林为指标（乔木的生物量估算、林下植被多样性、初级生产力、林龄分布、病虫害发生率等）。

(2) 社会经济范畴　该范畴着眼于一个完全不同的方面，即生态系统与人类社会的关系。生态系统的健康直接关系经济发展，直接或间接地影响人类社会的福利，且部分体现了全球的经济价值。人类经济的发展对地球生态系统带来了很大的压力甚至是起到破坏作用，而由于生态系统弹性下降引起的害虫暴发、作物减产、洪水灾害等也给人类社会带来巨大的财产损失。这一领域最近公布了一些研究成果，如估算了 16 类群落的 17 项服务功能的经济价值，并依此估算整个生物圈的经济价值（每年为 16 万～54 万亿美元，平均价值为 33 万亿美元/年）。由于一些不确定性因素的影响，这一估值很可能是一个最低值。当然，在估算中没有充分体现以人为中心的原则，也没有考虑生态系统的服务功能是动态变化的。但有一点可以肯定，离开了生态系统的服务功能，地球上一切经济活动将不复存在。从这一点来讲，生态系统服务的总价值是不可估量的。

(3) 人类健康范畴　健康的生态系统必须能够维持人类群体的健康，可以为人类提供清洁的空气、分解吸收废弃物等。没有一个健康的环境就不可能有真正的人类健康，但由于环境恶化，人类健康已受到严重的影响。日趋稀薄的臭氧层将增加人类患皮肤癌的概率，地球温室效应所导致的各种环境变化可能会增加人类的死亡率。在局部区域，生态系统失调症状（EDS）的出现对人类健康有重大影响，直接的影响如通过食物链中有害物质的富集、积聚危害身体健康，间接的影响如农业病害增多导致生态系统生产力下降，食物不足引起人类营养不良和身体抵抗力减弱，最终使人类更易受到疾病的侵害。

（4）社会公共政策范畴　公共政策是处理自然系统与人类活动关系的中介。健康的生态系统需要一套能够有效协调人类与自然关系的政策体系，由于生态系统的服务功能不能完全市场化，因此在制定政策时，往往不能得到足够的重视。而当前的一些公共政策只是用于应付冲突的出现，而不是解决冲突，这种不一致性本身就是生态系统病态的一个前兆。除了有关环境保护的国际协定外，许多国家和地区都已制定了一系列的环境政策来处理环境问题，但对这些政策的效率的研究还有待于开展。

4. 园林生态系统健康评价的等级

一般说来，健康评价等级的划分是为了确定评价工作的深度和广度，体现人类各种社会、经济、文化活动对园林生态系统内部功能、结构产生影响的程度。医学上对人体的健康评价等级分为健康、亚健康、疾病 3 个状态，参照这个分类法，可以把园林生态系统健康等级分为病态、不健康、亚健康、健康、很健康 5 个等级，见表 9-1。

表 9-1　园林生态系统健康评价等级

要　素	病　态	不 健 康	亚 健 康	健　康	很 健 康
活力	园林生态系统活力很弱，城市经济水平低下，经济效率也很低	园林生态系统活力较弱，城市经济水平低下，经济效率也较低	园林生态系统活力一般，城市经济水平一般，经济效率也一般	园林生态系统活力强，城市经济水平较高，经济效率也较高	园林生态系统活力很强，城市经济水平很高，经济效率也很高
恢复力	园林生态系统恢复力很差，一旦受到外界胁迫，系统很难恢复	园林生态系统恢复力较差，一旦受到外界胁迫，系统较难恢复	园林生态系统恢复力一般，对外界胁迫有一定的抵抗力	园林生态系统恢复力较强，对外界胁迫有较强的抵抗力	园林生态系统恢复力很强，对外界胁迫具有很强的抵抗力
维持生态系统服务功能	园林生态系统为人类所提供的服务功能很差，尤其是环境质量方面	园林生态系统为人类所提供的服务功能较差	园林生态系统为人类所提供的服务功能一般	园林生态系统为人类所提供的服务功能较好	园林生态系统为人类所提供的服务功能很好
人群健康	城市内居住的人群无论从身体健康和人口素质上看，健康状况都很差	城市内居住的人群身体健康和人口素质方面的健康状况较差	城市内居住的人群身体健康和人口素质方面的健康状况都一般	城市内居住的人群健康状况较好，包括身体健康和人口素质	城市内居住的人群健康状况很好，包括身体健康和人口素质

5. 生态系统健康评价存在的问题

1）由于生态系统健康的不可确定性，生态系统健康的评价还只限于定性的评价，难以量化。

2）生态系统健康要求考虑生态、经济和社会因子，但对各种时间、空间和异质性的生态系统而言实在太难，尤其是人类影响与自然干扰对生态系统的影响有何不同还难以确定，生态系统改变到何种程度其为人类服务的功能仍然能够维持，有待于进一步深入研究。

3）由于生态系统的复杂性，生态系统健康是很难概括为一些简单而且容易测定的具体

指标，很难找到能准确评估生态系统健康受损程度的参考点。

4）生态系统是一个动态的过程，有一个产生、成长到死亡的过程，很难判断哪些是演替过程中的症状，哪些是干扰或不健康的症状。

5）健康的生态系统具有吸收、化解外来胁迫的能力，但对这种能力很难测定其在生态系统健康中的角色如何。

6）生态系统需要发生多大程度的改变才能不影响它们的生态系统服务，需要进一步深入研究。

7）生态系统健康的时间尺度以及能够持续的时间，有待于进一步深入研究。

8）生态系统保持健康的策略是什么，有待于进一步深入研究。

9）园林生态系统作为一个自然生态系统与人工结合的特殊的生态系统，如何确保园林生态系统的健康、更好地发挥其服务功能，迄今为止还没有相关报道，如何促进园林生态系统健康，为城市创造一个舒适的环境是现代园林学科所需要研究的内容。

6. 提高园林生态系统健康水平的原则

园林生态系统的建设是以生态学原理为指导，利用绿色植物特有的生态功能和景观功能，创造出既能改善环境质量，又能满足人们生理和心理需求的近自然景观。在大量栽植乔、灌、草等绿色植物，发挥其生态功能的前提下，根据环境的自然特性、气候、土壤、建筑物等景观的要求进行植物的生态配置和群落的结构设计，达到生态学上的科学性、功能上的综合性、布局上的艺术性和风格上的地方性，同时，还要考虑人力、物力的投入。因此，园林生态系统的建设必须兼顾环境效应、美学价值、社会需求和经济合理的需求，确定园林生态系统的目标以及实现这些目标的步骤等。

（1）尊重自然原则　一切自然生态形式都有其自身的合理性，是适应自然发生发展规律的结果。景观建设活动都应从建立正确的人与自然关系出发，尊重自然，保护生态环境，尽可能小地对环境产生影响。

在园林生态系统中，如果没有其他的限制条件，应适当优先发展自然的森林群落。因为森林能较好地协调各种植物之间的关系，最大限度地利用自然资源，是结构最合理、功能最健全、稳定性强的复合群落结构，是改善环境的主力军；同时，建设、维持森林群落的费用也较低，因此，在建设园林生态系统时，应优先建设森林。在园林生态环境中乔木高度在5m以上，林冠盖度在30%以上的类型为森林。如果特定的环境不适合建设森林，也应适当发展结构相对复杂、功能相对较强的植物群落类型，在此基础上，进一步发挥园林的地方特色和高度的艺术欣赏性。

（2）景观地域性与文化性原则　任何一个特定场地的自然因素与文化积淀都有其特定的分布范围，同样，特定的区域往往有特定的植物群落、地域文化与其适应。也就是说，园林设计时，应先考虑当地的整体环境，结合当地的生物气候、地形地貌进行设计，充分使用当地的建筑材料和植物材料，尽可能保护和利用地方性物种，保证场地和谐的环境特征与物种多样性。例如，每个气候带都有其独特的植物群落类型，高温、高湿地区的热带典型的地带性植被是热带雨林，季风亚热带主要是常绿阔叶林，四季分明的湿润温带是落叶阔叶林，气候寒冷的寒温带则是针叶林。园林生态系统的建设与当地的植物群落类型相一致，即以当地的主要植被类型为基础，以乡土植物种类为核心，这样才能最大限度地适应当地的环境，保证园林植物群落的成功建设。

(3) 生态学原则　充分利用生态位、生态演替理论，构建多层次、低养护的植物群落，改善和维护生态平衡，使生态效益和社会效益高度统一。

生态位在生物生态学中是指物种在群落中，在时间、空间和营养关系方面所占的地位。根据生态位理论，植物生态设计应充分考虑物种的生态位特征，合理选择与配置植物种类，避免种间直接竞争，形成结构合理、功能健全、种群稳定的复层群落结构，以利于种间相互补充。如杭州植物园的槭树-杜鹃园就是这样的配置。槭树树干高大，根深叶茂，可吸收上层较强的直射光和较深土壤中的矿质养分，杜鹃是林下灌木，只吸收较弱的散射光和较浅土层中的矿质养分，能较好利用槭树下的荫蔽环境。两者在个体大小、根系深浅、养分需求和物候期方面差异较大，既避免了种间竞争，又充分利用了光和养分等环境资源，保证了群落和景观的稳定性。

生态演替是指一个群落被另一个群落所取代的过程。在自然状态下，如果没有人为干扰，演替次序为杂草—多年生草本和小灌木—乔木等，最后达到“顶极群落”。生态演替可以达到顶极群落，也可以停留在演替的某一阶段。园林工作者必须充分利用这种理论，使群落的自然演替与人工控制相结合，在相对小的范围内形成多种多样的植物景观，既丰富群落类型，满足人们对不同景观的观赏需求，还可以为各种园林动物、微生物提供栖息地，增加生物种类。

(4) 保护生物多样性原则　生物多样性通常包括遗传多样性、物种多样性和生态系统多样性三个层次。物种多样性是生物多样性的基础，遗传多样性是物种多样性的基础，而生态系统多样性则是物种多样性存在的前提，物种多样性主要反映了群落和环境中物种的丰富度、变化程度或均匀度，以及群落的动态和稳定性，和不同的自然环境条件与群落的相互关系。生态学家认为，群落结构愈复杂，群落也就愈稳定。保护园林生态系统中生物多样性，就是要对原有环境中的物种加以保护，不要按同一格式更换物种或环境类型。另外，应积极引进物种，并使其与环境之间、各生物之间相互协调，形成一个稳定的园林生态系统。当然，在引进物种时要避免盲目性，以防生物入侵对园林生态系统造成不利影响。如白三叶、紫叶酢浆草、花叶蔓长春花等植物要慎用。

(5) 整体性优化原则　园林生态系统的建设必须以整体性为中心，发挥整体效应，各种园林小地块的作用相对较弱，只有将各种小地块连成网络，才能发挥最大的生态效益。另外，将园林生态系统作为一个统一的整体，才能保证其稳定性，增强园林生态系统对外界干扰的抵抗力，从而大大减少维护费用。

(6) 可持续发展原则　对于注重生态的园林设计而言，设计师借鉴可持续发展与生态学的理论和方法，从中寻找影响设计决策、设计过程的内容，使园林生态系统能够实现可持续发展。

(7) 最适功能原则　根据园林生态系统中不同的功能分区，在设计时不仅要考虑植物配置、交通组织、服务设施等，还要考虑文化内涵等，把每一部分的功能充分体现和发挥出来，达到功能最适。如湖南烈士公园的纪念区处理得就比较合理，既结合了地形，又把纪念的氛围突出出来。

(8) 美学原则　园林设计时应考虑美学的均衡、协调、韵律、统一原则，这不仅表现在植物景观的观赏特性和时序景观的营造上，也表现在植物与硬质景观的和谐、人群视觉效果和空间效果上等。

（9）环境敏感区保护优先原则　环境敏感区是对人类有特殊价值或具潜在天然灾害的地区，这些地区往往极易因人类不当的开发活动而导致环境负效果，依据资源特性与功能差异，环境敏感区可分为生态敏感区、文化敏感区、资源生产敏感区和天然敏感区四类。对城市园林来说，生态敏感区包括城市中的河流水系、滨水地区、特殊或稀有植物群落、部分野生动物栖息地等。文化敏感区指城市景观中具有特殊或重要历史、文化价值的地区。资源生产敏感区有城市水源涵养、新鲜空气补充、土壤维持、野生动植物繁殖区等。天然敏感区包括城市可能发生洪患的滨水区、地质不稳定区、空气污染区等。因此，在城市园林规划中应做好环境敏感区的保护规划。

（10）高效性原则　当今地球资源严重短缺，主要是由于人类长期利用资源和环境不当所造成的，虽然城市园林绿化以生态效益和社会效益为主要目的，但并不意味着可以无限制地增加投入，任何一个城市的人力、物力、财力和土地都是有限的，要实现人类的可持续性，必须高效利用能源，充分利用和循环利用资源，尽可能减少包括能源、土地、水、生物资源的使用和消耗，提倡利用废弃土地、原材料（包括植被、土壤、砖石等）服务于新的功能，循环使用。这其中主要包括4R原则，即更新改造、减少使用、重新使用、循环使用。

1）更新改造：在这里通常是指对工业废气地上遗留下来质量较好的对建设构筑物进行的改造，以满足新功能要求。这样可大大减少资源的消耗和降低能耗，还可以节约因拆除而耗费的财力、物力，减少对自然界废气物的排放。

2）减少使用：这里是指减少对不可再生资源如矿产资源的消耗，谨慎使用可再生资源如水、森林等，和减少对自然界的破坏；预先估计排放废气、废水量，事先采取各种措施，最后还包括减少使用和谨慎选用对人体健康有害的材料等。

3）重新使用：这里是指重复使用一切可利用的材料和构件，如钢构件、木制品、砖石配件、照明设施等。它要求设计师能充分考虑到这些选用材料与构件在今后再被利用的可能性。

4）循环使用：这里是指根据生态系统中物质不断循环使用的原理，尽量节约利用稀有物资和紧缺资源，这在废污水处理及一些垃圾废物的循环处理中表现明显，如目前常用于市政浇灌及一些家庭冲厕、洗车等的水利用系统。

7. 提高园林生态系统健康水平的建议

园林生态系统作为一个半自然与人工结合或完全的人工生态系统，要达到健康一定要通过人工调控。这在园林设计时就应该考虑到，生态设计概念是在20世纪80年代初期我国园林和生态两个领域的援救工作者根据我国城市园林建设中存在的规模小、类型单调、结构简单、功能单一、稳定性差、容易退化以及养护费用高等特点，结合国内外城市园林的发展趋势，以美化城市环境、改善城市生态条件为目的提出来的。通过生态设计来调控，不但可以保证系统的稳定性，还可以增加系统的生产力，促进园林生态系统结构趋于复杂等，增加对外界干扰的抵抗力和恢复力等，即促进园林生态系统的健康发展。

（1）生物调控　园林生态系统的生物调控是指对生物个体，特别是对植物个体的生理及遗传特性进行调控，以增加其对环境的适应性，提高其对环境资源的转化效率。这主要表现在新品种的选育上。我国的植物资源丰富，通过选种可大大增加园林植物的种类，而且可以获得具有各种不同优良性状的植物个体，经直接栽培、嫁接、组织培养或基因重组等手段

产生优良品种，使之既具有较高的生产能力和观赏价值，又具有良好的适应性和抗逆性。同时，从国外引进各种优良种质资源，也是营建稳定健康的园林植物群落的基础。但应该注意，对于各种新物种的引进，包括通过转基因等技术获得的新品种，一定要慎重使用，以防止各种外来物种的入侵对园林生态系统造成的冲击而导致生态失调。园林生物多样性维持了园林生态系统的健康和高效，是园林生态系统发挥其服务功能的基础。关于如何通过景观割据设计来保持生物多样性，是园林设计的一个重要方面。

1）利用植物间的化感作用。园林生态系统和自然生态系统一样，也存在一种植物抑制另一种或多种植物生长的现象，例如，洋槐能抑制多种杂草生长，松树和云杉间种发育不良，薄荷属和艾属植物分泌的挥发油阻碍豆科植物的生长等。另外，某些植物对另一些植物则有相互促进作用，如皂荚与七里香一起生长时，植株高度会显著增加；牡丹与芍药间种，能明显促进牡丹生长等。园林设计时可以利用植物间的化感作用，协调植物之间的关系，使其健康生长。

2）建立多样性生境。为动植物创造适宜的生存环境，对于物种多样性保护具有重要意义。城市公园景观类型多样，包括水体、林地、草地、硬质铺装等，可为生物提供多种生境类型。但大面积硬质铺装对物种的多样性有负面影响，可以设置特殊的水泥石头以及窝巢等为动物提供有效的栖息场所，提供鸟饮水的简单容器有利于动物多样性的增加和保护。园林植物除具有明显的植物特征和重要的环境效益外，不同年龄、不同类型以及不同的成层结构都是影响物种多样性直接的因素，例如，植被高度和数量的增加是鸟类物种定居的一个基本推动力。乔木能改善群落内部环境，为中、下层植物生长创造较好的小生境条件，有利于中、下层植物的生长。常绿树与落叶树形成的混合林比单一树种能增加动物的种类及数量。园林设计时还可以利用环境设计技术改变景观的朝向、微气候，结合仿生法，即通过人工方法使植物群落接近或达到原始植物群落的性质和功能，形成合理的植物成层结构，提高动植物栖息地的质量，为物种创造适宜的多样性的生境结构。

3）合理利用边缘效应。城市园林具有丰富的边缘生境，从理论上讲边缘效应对物种多样性起着非常重要的作用。但有的园林绿地由于交通、娱乐等增加了噪声和人类干扰，对边缘效应影响严重，从而影响园林物种多样性。对于那些人类干扰小的园林可以充分利用边缘效应的有利因素，保护物种多样性。而那些人流量大、人类干扰强的园林可以通过工程措施建立缓冲区缓解干扰。另外，园林设计中圆形的绿地具有最好的边线和面积比率，这种绿地的中心离边缘远于其他形状的绿地，而长形、线形的绿地都具有最近的边线，绿地内的各点都接近边缘，对同样面积的圆形和长形绿地来讲，圆形设计比较好，可以降低边缘效应的不利影响和片断化效应，当然，园林设计也不完全是几何图形问题，还要结合当地地形特点进行具体分析，合理利用边缘效应，对园林物种多样性保护有极大的潜力。

4）创造适宜大小的面积。一般认为物种的丰富度与园林绿地面积成正比关系，而且不同的物种具有不同的最小面积要求。目前，我国城市园林面积太小，对物种的保护能力较弱。设计时要适当增加绿地面积，满足物种自然生长所需的最小面积，有的城市园林绿地受周围条件限制，有时很难扩大，可以通过增加生境类型、改变生境结构或增加景观等方法来加强生物多样性保护。

在植物应用上多用本地的乡土树种，景观效果比较好。同时也引入了一些外来入侵的植

物种，虽然有很好的观赏效果，但是已经明显地表现出侵占其他植物趋势，如紫竹梅、花叶蔓长春花、白三叶、紫叶酢浆草等，应该少用或慎用。

（2）环境调控　环境调控是指为了促进园林生物的生存和生产而采取的各种环境改良措施。具体表现是通过物理（如整地、剔除土壤中的各种建筑材料等）、化学（如施肥、施用化学改良剂等）和生物（如施有机肥、移植菌根等）的方法改良土壤，通过各种自然或人工措施进行小气候调节，通过引水、灌溉、喷雾、人工降雨等进行水分调控等。

（3）合理的植物生态配置　充分了解园林生物之间的关系，特别是园林植物之间、园林植物与园林环境之间的相互关系，在特定环境条件下进行合理的植物生态配置，形成稳定、高效、健康、结构复杂、功能协调的园林生物群落，这是进行园林生态系统调控的重要内容。

（4）适当的人工管理　园林生态系统是在人为干扰较为频繁的环境下的生态系统，人们对其的负面影响必须通过适当的人工管理来弥补。当然，有些地段，特别是城市中心区环境相对恶劣的地段，对园林生态系统的适当管理更是维持园林生态平衡的基础，而在园林生物群落相对复杂、结构稳定时可适当减少管理投入，通过其自身的调控机制来维持。

园林基础设施作为园林生态系统必不可少的组成部分，如何发挥它的最大效益同样是应该关注的问题。Audra 提出设施必须安全、可达、易于看到，并易于维护，固体的铺装要选择耐久性的，并尽可能选用多孔渗水式的形式。道路设计首先应在线路选择上避开生态脆弱地带，尽量选择在生态恢复功能较强的区域进行，并充分利用自然现存的通道。同时增加园林基础设施地上、地下空间的多样性利用，创造灵活性的功能和良好的空间质量，形成美的、符合生态学原理的线形要素。此外在道路铺装等的用材方面，利用接近自然的无污染材质，满足最佳使用性能以及节约资源及能源消耗、减少环境污染等。

（5）以人为本，大力宣传，增加人们的生态意识和公众参与意识　我国园林自其产生以来都是遵循“以人为本”的思想，现代园林正在转变为以社会服务为导向，作为人类生活的一部分来到公众的生活中。

当前城市园林设计的过程，以设计师和领导为主导，而缺少使用者——公众的参与，忽视倾听公众的要求和愿望，自然难以满足公众的需求。公众是社会的主体，是社会根本利益的所在，城市园林设计合理与否，直接影响公众的生活质量，所以设计时如果加入公众的参与，集思广益，能使设计更具科学性和实用性，还可以促进公众对城市景观的理解力、提高公众的自身素质、增强公众的责任心。

大力宣传，提高全民的生态意识，是维持园林生态平衡，乃至全球平衡的重要基础。只有让人们认识到园林生态系统对人们生活质量、人类健康的重要性，才能从我做起，爱护环境，保护环境，并在此基础上主动建设园林生态环境，真正维持园林生态系统的健康。

（6）园林设计要注重人性化设计　园林生态系统服务的主要对象是人，所以在设计时应着眼于人的需求及外部空间与自然的和谐，即注重人性化设计，其主要表现在以下几个方面：

1）舒适性。有生理的舒适，也有心理的舒适。对一个生活空间而言，安静、无压抑感、尺度宜人、秩序井然，就会有舒适之感。

2）清晰感。一些历史文化名城（如北京、苏州等）以及一些村镇（如同里、宏村等），其布局、结构井井有条，街道脉络清晰，分区明确，标志丰富显著，泾渭分明，人出入其中不会迷失。

3）可达性。好的园林景观应当易于通达、接近，不仅交通结构完善，还应便于市民参与各种活动。同时要考虑残疾人，设置无障碍通道。

4）多样性。人的需求的多样性也决定着人们对空间模式多样性的需求，人们一般不喜欢与其相对立的单调、贫乏、单一。

5）选择性。多样化的结果就是有选择的可能性，人们没必要只为某种单一的活动而待在一个地方。

6）私密感。从动物和人的心理机能来看，他们都希望有一个属于自己的空间，在园林设计的时候应该闹中取静，让人有种“家”的感觉，有一种私密感的满足。

7）邻里感。人总是社会的人，人具有从众心理，害怕孤独，不愿长期待在陌生的环境中，因此，园林景观空间应具有生活气息，要有邻里感、归属感。

8）乡土感。乡土是人类思想深处从幼儿起积淀于内心的深层感情的居住环境。每个地方总会有它长期文化积累所形成的特色，有值得骄傲的人物和事物，它们共同构起地域的乡土情谊，使居住者其情依依，离去者有故土之思。如果在园林设计时能充分表达其乡土感，无疑是对人性的极大释怀和强烈震撼。

9）繁荣感。一个好的园林空间应该给人以欣欣向荣的感受，它不仅反映在经济生活、物质建设的基础上，也反映在人们的精神面貌和社会风气的朝气蓬勃上。一个人总要与别人交往，与人群接触，看热闹有时也是一种乐趣。园林空间中的广场空间是一个很容易体现繁荣感的空间，应该合理利用。

10）开放性。城市园林景观中道路和广场所构成的廊道式体系是最典型的开放空间体系，其必须遵循开放空间的一般原则，即不能用墙或其他方式封闭起来，而保持对居民自由选择的自发的行为活动的支持，从而表现出开放的特征。

二、园林生态系统服务功能的评价

园林生态系统的服务功能是指园林生态系统与生态过程为人类所提供的各种环境条件及效用。其主要表现在净化环境作用、生物多样性的产生与维持、改善小气候的作用、维持土壤自然特性的能力、缓解各种灾难功能、社会功能、精神文化的源泉及教育功能。

园林生态系统作为一个自然生态系统和人工系统的结合生态系统，既具有生态系统总体的服务功能，又具有其本身独特的服务功能。具体内容至少表现为以下几点：

1. 净化环境作用

园林生态系统的净化作用主要表现在对大气环境的净化作用以及对土壤环境的净化作用，维持碳氧平衡、吸收有害气体、滞尘效应、减菌效应、减噪效应、负离子效应等方面。据研究，一般城市中每人平均拥有10m^2的树木或25m^2的草坪才能保持空气中二氧化碳和氧气的比例平衡，使空气保持新鲜。园林生态系统对土壤环境的净化作用主要表现在园林植物的存在对土壤自然特性的维持上，以保证土壤本身的自净能力。园林植物对土壤中各种污染物的吸收，起到了净化作用。

2. 生物多样性的产生与维持

生物多样性是指从分子到景观各种层次生命形态的集合，通常包括生态系统、物种和遗传多样性3个层次。生物多样性高低是反映一个城市环境质量高低的重要标志，生物栖息地

的丧失和破碎化是生物多样性降低的重要原因之一。园林生态系统可以营建各种类型的绿地组合，不仅丰富了园林空间的类型，而且增加了生物多样性。园林生态系统中的各种自然类型的引进或模拟，一方面可以增加系统类型的多样性，另一方面可保存丰富的遗传信息，避免自然生态系统因环境变动，特别是人为的干扰而导致物种的灭绝，起到了类似迁地保护的作用。

3. 改善小气候的作用

园林生态系统能改善或创造小气候。园林植物通过蒸腾作用，可以增加空气湿度，大面积的园林植物群落共同作用，甚至可以增加降水，改善本地的水分环境，如 $1hm^2$ 阔叶林能蒸发 2500t 水，比同等面积裸地高 20 倍，可有效提高空气湿度，增加空气负离子浓度。园林植物的生命过程还可以平衡温度和湿度，使局部小气候不致出现极端类型，提高城市居住环境的舒适度。据研究，夏季城市中草坪表面温度比裸地低 6～7℃，林下树荫下气温较无绿地低 3～5℃。园林植物群落可以降低小区域范围内的风速，形成相对稳定的空气环境，或在无风的天气下，形成局部微风，能缓解空气污染，改善空气质量。园林植物还通过本身的净化能力改善环境质量，从而可以大大改善小气候。园林生态系统随着其范围的扩大和质量的提高，其改善环境的作用也会随之加大，并在大范围内改善气候条件。

4. 维持土壤自然特性的能力

土壤是一个国家财富的重要组成部分，在世界历史上，肥沃的土壤养育了早期的文明，有的古文明因土壤生产力的丧失而衰落。今天，世界上约有 20% 的土地因人类活动的影响而退化。通过合理的营建园林生态系统，可使土壤的自然特性得以保持，并能进一步促进土壤的发育，保持并改善土壤的养分、水分、微生物等状况，从而维持土壤的功能，保持生物界的活力。

5. 缓解各种灾难功能

建设良好、结构复杂的园林生态系统，可以减轻各种自然灾害对环境的冲击及灾害的深度蔓延，如防止水土流失，在地震、台风等自然灾害来临时给居民提供避难场所。由抗火树种组成的园林植物群落能阻止火势的蔓延。各种园林树木对放射性物质、电磁辐射等的传播有明显的抑制作用等。

6. 社会功能

良好的园林生态系统可以满足人们日常的休闲娱乐、锻炼身体、观赏美景、领略自然风光的需求。优雅的环境一方面可以在喧嚣的城市硬质景观中，为人们提供一个放松身心、缓解生活压力、安静的休息场所，另一方面，也为人们提供了一个非常重要的社会交往的机会，对促进社会交往和社区健康发挥着重要的职能。

7. 精神文化的源泉及教育功能

各地独特的动植区系和自然生态系统环境在漫长的文化发展过程中塑造了当地人们的特定行为习俗和性格特征，决定了当地的生产生活方式，孕育了各具特色的地方文化，一方水土养一方人就是源于此。城市的文化特色是城市历史发展积累、沉淀、更新的表现，同时也是人类居住活动不断适应和改造自然特征的反映。在城市文化特色中，城市园林是城市文化特色的自然本底，是塑造城市文化特色的基础。园林生态系统在提供给人们休闲娱乐的同时，还可以学习到各种文化，增加个人知识素养，并在自然环境中欣赏、观摩植物，可以对自然界的巧夺天工、生物界的无奇不有而赞叹不已，更能增加人们对大自然的热爱，从而懂得珍爱生命。

在城市中，特别是大型城市中，人们真正与大自然接触的机会较少，尤其是青少年教育中，园林生态系统是进行生命科学、环境科学知识教育的良好、方便的室外课堂，各种园林生物类型，特别是各种植物类型，具有教育的作用。如植物的进化过程、植物对环境的适应类型、植物的力量等，为人们提供了学习的教材。园林丰富的景观要素及物种多样性，为环境教育和公众教育提供了机会和场所。

任务2　园林可持续发展

一、可持续发展的生态伦理观

生态伦理即人类处理自身及其周围的动物、环境和大自然等生态环境关系的一系列道德规范。通常是人类在进行与自然生态有关的活动中所形成的伦理关系及其调节原则。

1. 生态伦理的内容与核心

就当前生态危机及生态失衡而言，与其说是因为人类没有保护生态环境造成的，倒不如说是因为人类的过度破坏造成的。近代以来，人类活动一直围绕着如何向自然索取更多的资源和能源以生产出更多的物质财富、追求更高水准的生活这一主题。工业文明创造出大量的物质财富，也消耗了大量的自然资源和能源，并产生了土壤沙化、生物多样性面临威胁、森林锐减、草场退化、大气污染等严重的生态后果。因此，维护和促进生态系统的完整和稳定是人类应尽的义务，也是生态价值与生态伦理的核心内涵。从宏观层面来看，与人类未来的生存问题关系最为密切的是生态伦理。

生态伦理成为可能的合理性建构就是“人是目的”。对“人是目的”的合理解读应该是对人的终极关怀。对人的终极关怀不应理解为对人的欲求的满足上，而应是人的需要满足。人的欲求往往带有明显的功利性、现实性、享乐性。人的欲求往往掩盖了人的本质需要，那就是人最终作为种的形式、作为类的存在物延续下去的需要，即人的生存和发展的需要。现实的欲求在很大程度上是人的虚假的需要，最终导致人的自我否定。本质的需求才是真实的需要。当人类以此为出发点来处理人与自然的关系时，生态伦理就有了现实的根据，生态伦理便成了人的伦理，最终也成了人的内在自觉了。

奈斯的观点：“最大限度的（长远的、普遍的）自我实现”是生态智慧的终极性规范，即“普遍的共生”或“（大）自我实现”，人类应该“让共生现象最大化”，从这种意义上来说，生态伦理学的内容及原则已成为人类可持续发展的哲理性道德规范。

2. 生态伦理的特点

（1）社会价值优先于个人价值　为了使生态得到真正可靠的保护，应制定出具有强制性的生态政策。在制定生态政策的过程中，必须处理好个人偏好价值、市场价格价值、个人善价值、社会偏好价值、社会善价值、有机体价值、生态系统价值等价值关系。在个人与整体的关系上，应把整体利益看得更为重要。所谓社会善价值，就是有助于社会正常运行的价值；而个人善价值代表的则是个人的利益。可见，生态保护政策不仅触及个人利益与社会利益的关系问题，而且主张社会价值优先于个人价值。

（2）具有强制性　生态伦理无论在内涵方面还是在外延方面，都不同于传统意义上的

伦理。传统意义上的伦理是自然形成的而不是制定出来的，通常也不写进法律之中，它只存在于人们的常识和信念之中。传统意义上的伦理仅仅协调人际关系，一般不涉及大地、空气、野生动植物等。传统意义上的伦理虽然也主张他律，但核心是自觉和自省，不是强制性的。由于生态保护问题的复杂性和紧迫性，生态伦理不仅要得到鼓励，而且要得到强制执行。

（3）扩展了道德的范围，超越了人与人的关系　单靠市场机制，很难确保人类与生态之间的和谐，很难确保正确地对待动植物以及生态系统，很难确保考虑后代的利益。因而，应通过制定生态保护政策来引导人们转变道德观念。任何政策的落实都需要得到公众认可，生态保护政策更需要公众发自内心的拥护。生态伦理所要求的道德观念，不仅把道德的范围扩展到了全人类，而且超越了人与人的关系。生态政策必须兼顾生态系统的价值，兼顾不同国家间利益的协调。

（4）努力实现人与自然和谐发展　生态危机主要是由于生态系统的生物链遭到破坏，进而给生物的生存发展带来困难所造成的。人类发展史表明，缓和人与自然的关系，必须重建人与自然之间的和谐。第一，控制人口增长，使人口增长与地球的人口生态容量相适应。据测算，地球可容纳的人口数最多为80亿。世界现有人口数已达70亿，若不加控制地继续增长，在2050年将突破100亿，超过地球人口生态容量的警戒线。因此，控制人口增长，以保障人类的需求与自然再生产的供给相协调，是一项紧迫任务。第二，把改造自然的行为严格限制在生态运动的规律之内，使人类活动与自然规律相协调。改造自然不应是人类对大自然的掠夺性控制，而应是调整性控制、改善性控制和理解性控制，即对自身行为的理智性控制。第三，把排污量控制在自然界自净能力之内，促进污染物排放与自然生态系统自净能力相协调。倘若人类排放的污染物超过了大自然的自净能力，污染物就会在大气、水体、生物体内积存下来，对生物和人体产生持续性危害。第四，促进自然资源开发利用与自然再生产能力相协调，为人类的持续发展留下充足空间。对于可再生资源的开发利用也必须坚持开发与保护并重的原则，促进自然再生产能力的提高，以保证在长期内物种灭绝不超过物种进化，土壤侵蚀不超过土壤形成，森林破坏不超过森林再造，捕鱼量不超过渔场再生能力等，使人类与自然能够和谐相处。人类应摆正自己在大自然中的道德地位。只有当人类能够自觉控制自己的生态道德行为，并理智而友善地对待自然界时，人类与自然的关系才会走向和谐，从而实现生态伦理的真正价值。

3. 可持续发展生态伦理观的深入思考

可持续发展生态伦理观的核心思想是强调生态平衡对人类生存、社会发展的积极意义，强调当代人之间以及人与自然的和谐共存原则，强调当代人不应危及子孙后代生存和发展的责任。这是人类社会走上可持续发展之路和实施可持续发展战略、生态伦理理念的必然选择。

1989年5月，联合国环境署理事会通过了《关于可持续发展的声明》，声明指出：“可持续的发展，系指满足当前需要又不削弱子孙后代满足需要之能力的发展”。可持续发展战略是人类对工业文明进行反思的结果，是人类为了克服一系列环境、经济和社会问题，特别是全球性的环境污染和广泛的生态破坏所做出的理性选择。其包括生态、经济和社会三个方面的持续发展，“经济发展、社会发展和环境保护是可持续发展的相互依赖，互为加强的组成部分”。可持续发展是一项功在当代、利在千秋的宏伟事业，它不仅要求人们有高度的科

学文化知识，明白人的活动对自然、对人类社会生存发展的长远影响和后果，更要求人们必须具备相适的伦理道德认识，认清自己对自然、社会和子孙后代应尽的责任，自觉地保护生态平衡，维持自然的持续发展。是否具备这种可持续生态伦理观，实际上成为检验人们是否掌握了可持续发展思想真谛的一块试金石。

可持续发展生态伦理观，简单地说，就是尊重自然、热爱自然，利用人与自然的和谐造福于人类社会，达到自然与人类社会持续发展。凡是与人类生存和发展相互联系的行为和事物，就有它的伦理价值。自然界是人类生存和发展的载体，并为人类的生存和发展提供必需的资源，它对人类生存和发展具有无以替代的伦理价值，而人们对待环境的态度和作风，也将受到他们生态伦理的影响。这种适时的生态伦理观同样是生态环境的可靠保障机制和良性运转因素。

一方面，现代科学尤其是现代物理学、生物进化理论和系统科学理论的进展，在瓦解旧自然观概念根基的同时，也给人们重新认识人与自然关系的可持续性提供了科学基础。现代生态危机的反思表现在人与自然的关系上，人既不是大自然的监护人，也不是精美造物（机器）的赞美者和鉴赏者；人与自然并非是两个彼此分立、外在的存在序列。科学地界定人在自然界中的地位，认清人类赖以生存的地球环境的系统性与整体性，认识人对自然的依赖和自然对人的包容以及人类与自然交互过程中的作用与影响，这是可持续发展生态伦理探讨的最基本内容。

另一方面，只有通过人类思维和行为的彻底改变，才能达到共同体“和谐、持续”的境地。可持续生态伦理不仅体现的是人与自然的关系，从本质上看，反映的是人与人的关系。今天的生态危机，表面上是人与自然的矛盾、人与自然关系的紧张，其深层却反射出人与人的矛盾、人与人关系的紧张，更确切地说的是人的伦理价值观念的危机，这也必然制约着人与自然的关系。人类仅仅认识和接收可持续生态伦理、人与自然的和谐是不够的，在此基础上的人类真正承担起人类社会发展的“责任”才是可持续发展生态伦理观的核心。

生态危机的实质是环境的恶化严重影响人类的生活，甚至威胁人类的持续存在，因此保护生态环境也就是对人类的自我保护，即使人类社会的同代人和后代人可持续地生存下去，这也是可持续发展的题中之意。在人与自然和谐的基础上，人是可持续发展的核心要素，可持续发展生态伦理观强调人的“责任”，人与自然和谐当然涵盖对自然的“责任”，而人对社会的发展也在责难逃。人的伦理责任在社会发展空间、时间两纬度里，表现为当代人之间和当代与后代人之间在合理利用自然资源满足自己的利益的过程中要体现出机会平等、责任共担、合理补偿，强调公正地享有地球，把大自然看成是当代人和后代人共有的家园，平等地享有权利，公平地履行义务。真正担负起可持续发展的伦理责任，是一种价值观、伦理观的升华，人类要可持续地生存下去必须兼顾当前而放眼未来，达到“天人合一”、代内和谐、代际延续。

在可持续发展生态伦理观中，人与自然是和谐共处的，和谐共处是指人与自然的关系不是单纯地利用和被利用、征服和被征服的关系，而是将人与自然看作一个整体，在这个整体中，人与自然和谐相处、互动共存。尽管其他环境伦理思想包括人类中心主义、动物福利、生物中心、生态中心，它们都不同程度反对在人与自然的关系中人类粗暴地干涉自然、随意破坏生态环境的情景，但只有可持续发展生态伦理观明确提出人、社会（经济发展）与自

然的和谐、持续。随着社会不断地向新的文明过渡，经过一代又一代人的不懈努力，可持续发展生态伦理中人与自然的生态道德会逐步得到世人的公认。这种生态道德强调人在地球这样一个巨大的有机生态系统中，人和自然物都是其中不可缺的组成部分。在地球上，一切事物在整个生态系统的金字塔内都是有其存在价值的，一个个体以自身为目的的内在价值，在生态系统中会转变维护其他自然物和系统价值的存在是不可或缺的。人类一旦侵犯或破坏这种不被人感知的价值，整个生态系统将会由此失去动态的平衡。人类是在正当介入和自觉约束的前提下维持人类社会的健康、持续发展的。同传统道德相比，这是一种全新的道德观念，传统的伦理道德只是用以调整人与人之间相互关系的，但生态道德的产生，将伦理道德的视野扩展到了自然，是对传统伦理道德的补充与升华；同超前环境伦理观相比，这可以普遍化的伦理观念，是环境保护的伦理底线，是对其他环境伦理观念的扬弃和超越。

二、园林可持续发展的支持体系及其建设

园林技术体系的理论基础

（1）生态绿地格局理论　生态绿地格局要能够满足城市中的绿地生态环境、文化、休闲、景观和防护等诸多功能的要求，并将这些要求作为理论建设的基础和前提。良好的生态绿地格局应当能够顺应城市空气动力学、水文学、热量耗散和人类活动等的规律，并能够让自身发挥出改善生态环境质量等的作用和价值。通过对不同功能空间属性的绿地进行区分，营造出树状的网络结构绿地格局，例如，具备静态功能空间属性的结构性绿地（Structural Green Space）和具备动态功能空间属性的过程性绿地（Processing Green Space），通过区分，能够帮助城市中心的开敞，城市水系和交通、气流和物流进行交流，形成循环的自然脉络。城市绿地生态网络中应当包括绿环、绿带、绿廊、绿心等，并且要布局均匀、流动性强、功能可达性高、体系稳定性好，并要具备空间开放性，特别是要具备布局均衡完整性和功能贯通连续性。

（2）群落营造理论　人工园林植物作为城市园林绿地中的基本结构单位，不仅能够直接对园林绿地整体景观产生影响，而且还能够为实现绿地系统生态功能提供基础和保障。通过对园林植物的群落进行科学、合理的营造，能够促进城市绿地的可持续、高效率、低成本、稳定性以及自维持特征的实现。我国建设部在《加快节约型园林绿化工作》报告中指出，城市绿化生态效益通过树叶量来进行衡量，并不是树的数量。树叶量能够决定绿化效果以及生态效益，同时也是园林绿化中的重要生态指标。因此，通过叶面积指数能够衡量出园林绿化生态效益。而园林植物群落营造，是促进高叶面积指数以及高生态效益的基础。虽然目前营造绿地植物群落逐渐成为主要绿化工作，但是关于群落的种植、结构、功能、效益等方面的评估相关研究和实践依然需要加强。

三、园林可持续发展的技术体系

1. 园林科技

1）开发和采用新树种、新品种。新树种、新品种是园林花苗木行业的栽培利用对象。坚持育种和引种试验、繁殖应用相结合的原则。在引种的同时，强化选种、育种工作，为园林建设培育出一批适应性强、花期长、有特色的品种。新树种和新品种的开发能构成合理的

产品结构，适应市场的需要，是本行业新的经济增长点。

2）利用科学技术发展副业生产。城市园林绿化行业，应积极利用科学技术，发展商品经济，以促进园林绿化事业的发展。进一步推动技术进步、促进生产单位提高技术水平和素质，促进单位经济增长和产业发展。如生产适用、特效的培养土、肥料、营养剂、生物防治媒体，建立综合性的苗木、盆景、花卉、鸟、鱼、虫、种子、肥料、饲料及机械设施等国内外市场。由单一的生产向开拓市场转变，向多元化生产经营转变。

3）广泛采用新技术、新材料、新工艺能迅速和持续不断地提高园林花苗木行业产量、质量，直接提高经济效益的技术，都应视作新技术。在技术水平上适当，经济上可行，行业能接受的技术，应该广泛采用。新技术更重要的是综合性系列技术、配套技术，它是在单项技术进步的推动下发展起来的。如工厂化育苗技术就是系统化的综合技术。

2. 生态学基本原理

（1）乡土植物的应用　乡土植物不仅能够发挥绿地生态功能，而且还能够为城市生物多样性奠定基础。目前我国绿化工作并没有对乡土树种给予关注，而是过度地欣赏、引进一些外来树种。其实乡土树种不仅成本相对较低，而且能够适应本地的气候和环境，具有先天优势，因此，在节约型园林技术体系中，要将乡土植物的应用融入其中。

（2）功能植物群落的应用　在城市园林绿化过程中，要根据不同城市用途，来选择不同的功能性植物群落，例如，观赏型、保健型、文化技术型、科普型、环保型以及卫生保健型等。通过构建吸污型、固碳型的植物群落，能够有效地修复土壤、水体、大气等问题，并能够改善城市环境质量，同时还能够释放大量的空气负离子，能够调节人体内血清素浓度，缓解精神压力，带来轻松愉快的心情。

（3）复层群落绿化模式　通过将乔木层、草本地被层和灌木层等组成群落绿化效果，能够促进城市绿地景观以及生态功能的实现。由于以往并没有对绿化植物的群落结构、配置、特性等进行充分了解，因此并没有将其具体进行应用，导致我国城市绿地群落配置比较单一，且过度为了强调效果，缩减工期，导致植物种类减少，群落结构毫无层次感。因此，要将复层群落绿化模式应用在节约型园林技术体系中，创造出具有层次感和美感的植物景观。

3. 园林施工技术

城市园林施工工程的新技术贯穿于园林的植物种植、园林小品、城市园林种植土的选用以及城市园林的植物养护等全过程，在城市园林施工过程中占据着重要的地位。

（1）园林施工原则　提高现代城市园林工程施工新技术使用的科学性。现代城市园林施工新技术直接影响着植物的生长和景观的效果，并且代表着城市园林工程施工的发展趋势。园林施工新技术的发展都是有内在的发展规律可循并且采用的，因此，园林工程建设在提高现有原理资源利用效率的同时，必须引进大量新技术，同时准确把握园林工程新技术的发展方向，积极探求园林工程施工新技术的内在规律，通过明确目标以及清晰思路来合理、科学地运用园林施工新技术，达到明显的园林景观效果。如在园林道路的施工过程中，必须保证路面的整洁、安全、舒适和耐用，不论路面是采用花岗岩、砂浆路面等岩石路面等，同时这些施工都还要有合理性。这种要求就是在采用新技术时，合理、科学、成功地运用新技术进行园路路面的施工，必须注重这些内在规律的作用。

增强园林施工新技术的综合运用。在园林施工新技术的采用上必须对园林工程所在地的

地域经济环境、地质水文条件、地区的人文环境、整个周边的气候条件以及现有地形地貌等有一个整体的认识，注重园林施工的合理性、科学性和可持续发展性，增强园林施工新技术运用的预见性，并通过现场试验来统筹规划园林施工的全面展开，采用科学论证等多种形式进一步检验新技术的使用效果。

如不论采用何种技术、采用何种新材料，在园林叠石、园林的顽石、园林的卧石、园林的点石等石材的施工新技术的采用上，都必须保证放置石材的基础必须牢固，叠石的堆叠、定位符合整体设计的要求，确保符合安全性标准，能够经得起强风、地面震动以及水流冲刷的考验。保持园林叠石和点石等走向符合合理性以及科学性的要求，要避免杂乱无章情形的出现，互相呼应，错落有致，确保勾缝材料的光滑度以及膨胀度、色泽度同所用石材相一致，园林叠石和点石等石材搭接的缝隙要采用新技术进行勾缝。石材的颜色、质地要令人赏心悦目，形状、观赏面以及放置场所、清洁度要符合美观性的要求。

科学合理配置城市园林施工资源。城市园林施工新技术的运用主要是最大限度地发挥有限的湿地、土地、林地等资源在园林施工中的作用，并且要坚持科学、合理配置园林施工资源的原则。运用园林施工新技术的一个重要目的就是园林工程各项资源的配置达到最优，合理配置有限的资源，从而来实现城市园林施工的可持续发展。如在园林施工的实践中，采用低耗费、高产出的施工技术来取代高耗费、低产出的施工技术，园林施工新技术的采用要经得起时间的考验。园林灌溉技术要从传统的大水漫灌向喷灌、滴灌等方向实现新技术的转换，充分体现高效节水的特点，园林灌溉新技术的采用可以在减少水资源耗费、有效节约水资源的基础上确保园林植物的用水需求。大胆探索新的园林施工技术，最大限度使现有的园林资源得到有效利用，寻求突破，对各类资源及时进行科学并且合理的分类，使园林工程所需灌溉、植物以及城市园林工程的建设、养护等各项资源达到最佳的配置，并区别对待，在实践中检验新技术的效果，通过园林工程新技术的采用，不断提高土地、水等资源的利用水平以及利用效率，针对园林工程施工新技术运用的效果，注重解决城市园林施工新技术的运用同传统技术运用之间的矛盾，实现资源配置的最优化，最终确定在城市园林施工中采取何种技术才能充分利用现有资源。

（2）摒弃园林工程中不利于可持续发展的因素　栽植树木今后的发展和利用问题，是园林事业的可持续发展问题。而在当前的园林建设工作中，存在许多不合理的做法。

1）片植：片植增加的是绿量，浪费的是资源。其施工技术简单，工程量大，最容易获利，但片植严重违背植物的自然生长规律，限制了植物的地上地下生长空间，养护成本大，需要经常修剪，植物寿命不长，造成资源浪费，增加经济成本。除非十分必要，否则尽量少用。

2）草花：草花是城市色彩最直接和有效的手段，但高成本是不利于绿化事业的可持续发展的。有资料统计，每平方米草花全年的费用，大约是一般绿地的50倍。尽量在一般的地块多用宿根花卉或是地产的可自播的花卉。

3）树种：要纠正外来树种比本地树种好的偏见。植物都有生态效益。怎么种植、养护决定其美观效果。要提倡多用乡土植物，少用外来植物，以降低维护成本。

4）土壤与施肥：植物地上部分出问题，主要是由于土壤中的养分不能满足植物需要所致。没有好的土壤，就长不出好的植物。一方面要尽力争取使用符合要求的种植土，另一方面要对绿地土壤进行改良。对植物适时施肥，以满足正常生长所需的营养需求。

5）地被草坪：从园林传统文化上和生态功能乃至综合成本上，草坪在城市绿化中大量使用并不适合中国国情。应提倡和推广用地被植物替换草坪，如麦冬、金银花、虎耳草、红花酢浆草、鸢尾、常春藤、吉祥草等。

6）植物资源再利用：对于城市植被密度过大的问题，可以通过人工方式解决其竞争压力。可以通过疏移的办法，解决植物竞争的问题，另外可以充分地利用植物资源。

4. 法律法规和政策的保障

曾经大力推行的绿化补偿费制度对于遏制绿化违法行为，促进城市绿化事业发展起到了重要作用。在新形势下，在立法中硬性规定各项绿化用地面积标准（如新建、改建单位和住宅小区的绿地率分别要求达到35%和25%）已很难适应新形势的要求，因此，北京市在绿化条例中，率先废除了绿化补偿费制度。很多开发商因占用绿化用地获得的收益远远大于其缴纳的绿化补偿费，有些开发商就通过缴纳绿化补偿费的办法来逃避绿化责任，使市民的绿化权益受到了侵害。2010 年 3 月 1 日的北京市绿化条例规定，任何单位和个人不得擅自改变绿地的性质和用途，未经许可擅自改变绿地性质和用途的，责令限期改正、恢复原状，并按照改变的面积处取得该处土地使用权地价款 3 ~ 5 倍的罚款。新的举措将有力促进绿化和保护已有成就。

5. 旅游开发及多种经营

园林绿化与旅游有着天然的联系，从具体的旅游活动来说，人们的旅游目的各不相同，但欣赏自然风光、游览名胜古迹通常是主要的旅游目的。据专家估计，到 21 世纪末旅游业将成为全球最大的创汇产业，因此，为旅游业提供优美环境空间的城市园林可以作为带动旅游业、服务业全面发展的龙头。在市场经济条件下，城市园林资源有商品属性和价值，可以作为一种特殊生产资料与旅游业一起参与市场经济运行，为旅游业创造经济收入，旅游业通过对自己的生产资料—城市园林资源进行投资，使资源的质量和旅游价值不断提高。实践证明，通过开发吸引了许多经济开发商参与投资，弥补了政府投资的不足。但目前大部分开发商的积极性主要在于营利性项目和局限于单位内部，未形成公益事业的投资主体，应采取措施对各开发商及投资者进行积极引导。

在不影响城市园林生态效益、社会效益正常发挥的前提下，从方便游客的角度出发开展适当的娱乐活动和饮食服务活动，并利用自身资源进行生产型加工活动，为社会提供多种物质产品，增加自我更新、自我改造的能力。

知识归纳

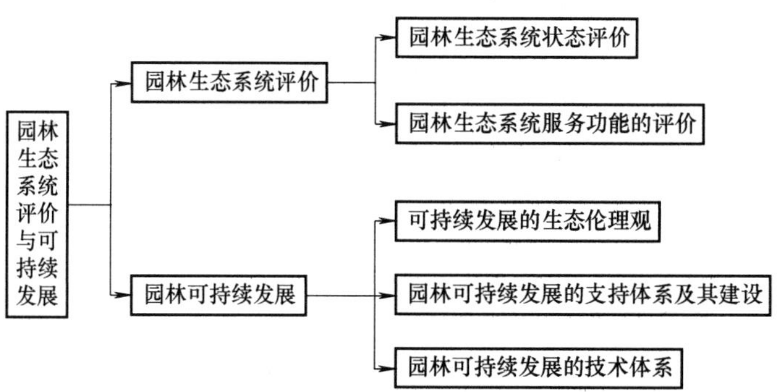

习题

1. 园林生态系统健康的具体评价标准是什么？
2. 园林生态系统健康评价等级是什么？
3. 提高园林生态系统健康水平的原则是什么？
4. 园林生态系统的服务功能有哪些？
5. 论述生态学基本原理在园林可持续发展中的应用有哪些？

参考文献

[1] 宋永昌，由文辉，王祥荣. 城市生态学 [M]. 上海：华东师范大学出版社，2003.
[2] 冷平生. 园林生态学 [M]. 北京：中国农业出版社，2008.
[3] 陈有民. 园林树木学 [M]. 北京：中国林业出版社，1990.
[4] 余树勋. 园林美与园林艺术 [M]. 北京：科学出版社，1987.
[5] 李敏，谢良生. 深圳园林植物配置与造景特色 [M]. 北京：中国建筑工业出版社，2007.
[6] 何平，彭重华. 城市绿地植物配置及其造景 [M]. 北京：中国林业出版社，2001.
[7] 彭一刚. 中国古典园林分析 [M]. 北京：中国建筑工业出版社，2009.
[8] 屈永健. 园林艺术 [M]. 杨凌：西北农林科技大学出版社，2006.
[9] 汪新娥. 植物配置与造景 [M]. 北京：中国林业出版社，2001.
[10] 李祖清. 单位绿色环境艺术 [M]. 成都：四川科学技术出版社，2008.
[11] 彭一刚. 建筑空间组合论 [M]. 北京：中国建筑工业出版社，2009.
[12] 林玉莲. 环境心理学 [M]. 北京：中国建筑工业出版社，2006.
[13] 张秀玲，赵生海，马桂花. 城市绿化中园林植物的选择 [J]. 中国林业，2007 (5)：61.
[14] 王云才，刘滨谊. 论中国乡村景观及乡村景观规划 [J]. 中国园林，2003 (1)：55-58.
[15] 谢花林，刘黎明，李蕾. 乡村景观规划设计的相关问题探讨 [J]. 中国园林，2003 (3)：39-41.
[16] 管君章. 现代环境美学的内涵与价值 [J]. 艺术百家，2005 (6)：180-181.
[17] 申益春. 生态学原理在园林设计中的运用 [J]. 海南大学学报：自然科学版，2006，24 (4)：395-398.
[18] 刘建斌. 植物生态学基础 [M]. 北京：气象出版社，2009.
[19] Eugene P. Odum，Gary W. Barrett. 生态学基础 [M]. 陆健健，王伟，等译. 北京：高等教育出版社，2009.
[20] 陈相强. 关于中国园林与生态园林的新思维与实践研究 [D]. 杭州：浙江大学，2007.
[21] 何长元. 北京市园林绿地的演变机制及格局研究——以海淀区为例 [D]. 北京：中国农业大学，2004.
[22] 郑芷青，董慧涵. 广州飞蛾岭与睡狮头岭园林绿地的环境效益 [J]. 广州师院学报：自然科学版，1996 (1)：17-23.
[23] 李丹. 论城市绿地系统的组成与分类 [J]. 西昌农业高等专业学校学报，2003，17 (1)：96-105.
[24] 范亚民. 城郊绿地系统生态效益研究——以南宁清秀山为例 [D]. 长沙：中南林业科技大学，2003.
[25] 徐凌. 城市绿地生态系统综合效益研究——以大连市为例 [D]. 大连：辽宁师范大学，2003.
[26] 廖飞勇. 风景园林生态学 [M]. 北京：中国林业出版社，2009.
[27] 刘建斌. 园林生态学 [M]. 北京：气象出版社，2005.
[28] 许绍惠，徐志钊. 城市园林生态学 [M]. 沈阳：辽宁科学技术出版社，1994.
[29] 谢宗强，陈志刚，樊大勇，等. 生物入侵的危害与防治对策 [J]. 应用生态学报，2003，14 (10)：1795-1798.
[30] 周曙东，易小燕，汪文，等. 外来生物入侵途径与管理的薄弱环节分析 [D]. 南京：南京农业大学，2007.
[31] 鲁长虎. 蚁对植物种子的传播作用 [J]. 生态学杂志，2002，21 (2)：64-66.
[32] 蔡晓明. 生态系统生态学 [M]. 北京：科学出版社，2001.
[33] 农业辞典编辑委员会. 农业辞典 [M]. 南京：江苏科技出版社，1979.

[34] 王献溥，等．保护人类之食粮（植物）［M］．北京：中国环境科学出版社，2001.
[35] 张彦明．动物性食品卫生检验技术［M］．西安：西北大学出版社，1994.
[36] 白鸥，朱一农．阻击生物入侵［J］．科技新时代，1999（5）：54-57.
[37] 丁建清．生物防治——杂草综合治理的重要内容［J］．杂草学报，1999，9（1）：60-65.
[38] 黄斌．外来物种入侵［J］．大自然探索，2000（7）：45-46.
[39] 刘红霞，温俊宝．重视生物入侵的影响（下）［J］．世界农业，2000（9）：34-35.
[40] 陆庆光．生物入侵的危害［J］．世界农业，1999（4）：38-39.
[41] 约翰·O·西蒙兹．景观设计学［M］．3版．北京：中国建筑工业出版社，2006.
[42] 王祥荣．生态园林与城市环境保护［J］．中国园林，1998（2）：14-16.
[43] 曲晓妍，张德娟．浅议植物分类与生态可持续发展性［J］．辽宁农业科学，2009（2）：55-56.
[44] 杜燕超．居住区公共绿地的植物配置与发展趋势［J］．国土绿化，2010（4）：52-53.
[45] 王阳，周立军．浅析居住区景观环境设计［J］．山西建筑，2010，36（9）：33-34.
[46] 庄桂玲．城市居住区生态型植物景观营造探讨［J］．现代农业科技，2009（19）：248-249.
[47] 房张飞，田雨．徐州市居住区植物景观设计研究——以开元四季小区为例［J］．安徽农业科学，2010（5）：2704-2706.
[48] 林迅．居住区园林绿地植物配置分析［J］．林业勘察设计，2005（1）：79-81.
[49] 吴林春，丁金华．对居住区环境建设中绿化设计的思考［J］．建筑知识，2002（3）：13-15.
[50] 李汉飞．环境为先巧在立意——浅谈居住区环境景观设计［J］．中国园林，2002（2）：11-12.
[51] 杨向杰．居住区绿化存在的问题及解决对策［J］．住宅科技，1997（6）：27-29.
[52] 胡珊．肖大威．试论岭南居住区绿化配置的科学性［J］．中国园林，2002（5）：45-47.
[53] 黄伙南．对居住区绿化建设中几个问题的思考［J］．建筑知识，2003（1）：5-7.
[54] 周武忠．园林植物配置［M］．北京：中国农业出版社，1999.
[55] 佟跃，王殊．城市居住区中的植物景观设计［J］．现代农业科技，2010（6）：229-230.
[56] 张鲁山．居住区环境设计［J］．住宅科技，1998（10）：5-7.
[57] 王毅娟，郭燕萍．城市道路植物造景设计与生态环境［J］．北京建筑工程学院学报，2004（4）：75-78.
[58] 侯银梅．植物造景在现代城市景观设计中的应用［J］．山西林业科技，2005（1）：30-31.
[59] 王洪成．城市园林街景创作浅识［J］．中国园林，1994（4）：23-24.
[60] 易建楠．生物多样性原则在生态园林建设中应用研究［J］．绿色科技，2012（4）：85-86.
[61] 谷茂．园林生态学［M］．北京：中国农业出版社，2007.
[62] 宋志伟．园林生态与环境保护［M］．北京：中国农业大学出版社，2008.
[63] 刘云强，王国东．园林生态［M］．南京：江苏教育出版社，2012.
[64] 俞孔坚，叶正，李迪华，段铁武．论城市景观生态过程与格局的连续性——以中山市为例［J］．规划研究，1998，22（4）：14-17.
[65] 俞孔坚，刘玉洁，刘冬云．河流再生设计——浙江黄岩永宁公园生态设计［J］．中国园林，2005（4）：1-7.
[66] 周春荣．生态园林城市的建设与可持续发展探讨［J］．绿色科技，2012（11）：30-31.
[67] 朱宝娣，于海鹰，孙壮，等．吉林市园林绿化存在的问题及对策［J］．现代农业科技，2009（21）：198，200.
[68] 张宇，牛榆平．城市园林绿化管理存在的问题与可持续发展措施［J］．安徽农学通报，2012，18（14）：146-147，167.
[69] 苏继申，杜顺宝．南京城市园林绿化建设的对策和措施［J］．江苏林业科技，2010，37（1）：48-51.
[70] 尤喜妹，梁国辉，何冲．城市园林绿地生态系统可持续发展存在的问题及对策［J］．现代农业科技，

2010（4）：264-265.

[71] 李军，杨新根．城市园林绿化可持续发展探讨［J］．山西农业科学，2007（12）：88-89.

[72] 杨好珍．城市化与生态型城市园林绿化若干问题的分析［J］．广西园艺，2007，18（5）：50-52.

[73] 何会娜．浅谈生态园林建设与可持续发展［J］．安徽农学通报，2012，18（10）：123，142.

[74] 刘焕婷，朱松岩．我国生态园林城市建设存在的问题及对策探讨［J］．防护林科技，2012（4）：124-125.

[75] 李秀华．生态园林城市建设初探［J］．现代园艺，2011（9）：131.

[76] Costanza R，Norton B G，Haskell B D. Ecosystem Health：new goals for environmental management［M］. Washington D C：Island Press，1992. 239-256.

[77] Schaeffer D J，Henricks E E，Kerster H W. Ecosystem health：1. Measuring ecosystem health［J］. Environ-men-tal Management，1988（12）：445-455.

[78] Peter P. Calow. The Blackwell's Concise Encyclopedia of Ecology［M］. New Jersey：Wiley-Blackwell，1999，151-153.

[79] Ryder RA. Ecosystem health，a human perception：Def-inition，detection，and the dichotomous key［J］. Journalof Great Lakes Research，1990，16（4）：619-624.

[80] Gallopin G C. The potential of a agroecosystem health as a guiding concept for agricultal research［J］. Ecosystem Health，1995（1）：129-141.